RECHERCHES

SUR

L'ALIMENTATION AZOTÉE

DES GRAMINÉES ET DES LÉGUMINEUSES

PAR

H. HELLRIEGEL et H. WILFARTH

En collaboration avec H. Rœmer, R. Günter, H. Mœller et G. Vimmer

TRADUIT DE L'ALLEMAND PAR E. GOURIER

MEMBRE DE LA SOCIÉTÉ CENTRALE D'AGRICULTURE DE MEURTHE-ET-MOSELLE

Extrait des *Annales de la Science agronomique française et étrangère*
Tome I, 1890

NANCY
IMPRIMERIE BERGER-LEVRAULT ET Cie
18, rue des Glacis, 18

1891

RECHERCHES

SUR

L'ALIMENTATION AZOTÉE

DES GRAMINÉES ET DES LÉGUMINEUSES

RECHERCHES

SUR

L'ALIMENTATION AZOTÉE

DES GRAMINÉES ET DES LÉGUMINEUSES

PAR

H. HELLRIEGEL et H. WILFARTH

En collaboration avec H. Rœmer, R. Günter, H. Mœller et G. Vimmer

TRADUIT DE L'ALLEMAND PAR E. GOURIER

MEMBRE DE LA SOCIÉTÉ CENTRALE D'AGRICULTURE DE MEURTHE-ET-MOSELLE

Extrait des *Annales de la Science agronomique française et étrangère*

Tome I, 1890

NANCY

IMPRIMERIE BERGER-LEVRAULT ET Cie

18, rue des Glacis, 18

1891

RECHERCHES

SUR

L'ALIMENTATION AZOTÉE

DES GRAMINÉES ET DES LÉGUMINEUSES

Sur une invitation qui m'en avait été faite, j'ai communiqué à la 29e section des naturalistes allemands, dans leur 59e réunion, un certain nombre d'essais culturaux, qui nous ont conduits à une nouvelle hypothèse au sujet de l'absorption de l'azote par les papilionacées.

Les expériences destinées à appuyer notre opinion ont pris fin dans le courant de l'année 1887 et nous pouvons aujourd'hui en publier les résultats. Si je suis forcé de m'étendre plus que je ne le désirerais moi-même, on voudra bien m'excuser, en considérant à combien d'objections notre travail doit répondre ; il nous faut donc être le plus explicite possible.

I

Ce travail, que nous étions certes loin d'avoir en vue tout d'abord, nous ne l'avons entrepris ni par l'ambition de faire du nouveau, ni par le besoin de voir des bactéries partout. Quelques observations, tout à fait dues au hasard, nous ayant frappés, nous ont seules poussés dans cette voie.

Votre rapporteur partit de cette idée, que certains composés chimiques sont indispensables à la nutrition des plantes et que chacun d'eux doit avoir un effet nutritif proportionnel à sa quantité, c'est-à-dire qu'un poids déterminé de telle matière alimentaire doit toujours, dans des conditions favorables de végétation, rendre une plante apte à produire une certaine quantité de substance sèche. Aussi, dès l'année 1862, de concert avec MM. les docteurs Fittbogen, Frühling, Sorauer et Marx, avait-il institué à la Station agronomique de Dahme un certain nombre d'expériences qui avaient pour but de déterminer expérimentalement et de fixer, par des chiffres, l'action de chacune des combinaisons qui servent à alimenter quelques-unes des plantes agricoles les plus importantes.

Le résultat de nos efforts trompa notre attente et fut tout d'abord défavorable, au moins en ce qui concernait les combinaisons de l'azote contenues dans l'ensemble des substances nutritives.

L'étroite relation, sur laquelle nous comptions, entre la croissance et la quantité d'azote assimilable contenue avec le sol, se montra surtout très clairement et d'une façon précise dans les céréales. A la diminution de l'azote dans l'alimentation correspondit constamment un abaissement dans la récolte ; et avec une alimentation dépourvue d'azote, les plantes n'offrirent, dans aucun cas, de production notable, à partir du moment où le germe sortit de terre. Les expériences de contrôle concordèrent d'une façon suffisante avec les résultats de plusieurs années. Non seulement une quantité déterminée d'azote du sol a toujours fourni la même quantité de substance sèche dans la récolte, mais partout les quantités d'azote contenues dans les produits se montrèrent en proportion à peu près exacte avec celle qu'on avait ajoutée au sol.

Mais il n'en fut pas de même pour les papilionacées. Nous avions observé de bonne heure que les plantes de cette famille peuvent croître dans un sol originairement dépourvu d'azote. En 1862 et 1863 nous voyions du trèfle rouge dresser ses charmantes têtes fleuries dans notre sable, où il recevait comme nourriture une solution dont l'azote était absent, et l'année suivante, des pois s'y développaient fort bien et donnaient un produit normal. Néanmoins, dans d'autres années, les mêmes espèces, plantées exactement dans les mêmes conditions d'expérience, mouraient d'inanition, sans qu'on trouvât moyen de les sauver.

Dans les essais de contrôle, une plante se développait parfaitement, tandis qu'une autre, sans aucune cause connue de maladie, se développait mal. Les mêmes additions, faites à leur alimentation, semblaient tantôt avoir une bonne influence, tantôt une action nulle, ou même être tout à fait nuisibles ; enfin dans le produit on ne trouvait aucune relation constante entre l'azote fourni à la plante et celui qu'elle contenait à la récolte.

Cette dernière observation, c'est-à-dire l'irrégularité constatée dans nos expériences, ou mieux l'absence complète de régularité dans cette allure des légumineuses, nous a déterminés à laisser de côté la publication de nos travaux, pour soumettre notre méthode à un examen approfondi.

Toute recherche faite sur les plantes agricoles donne lieu à des expériences synthétiques excessivement complexes. Ainsi se posait une question, qui s'est trouvée résolue, au terme de notre travail, à savoir s'il était possible, même approximativement, de déterminer ou tout au moins de soumettre à une règle les nombreux facteurs dont l'influence se fait sentir, et si nous pouvions attendre de nos expériences des résultats quantitatifs dans lesquels on pût avoir confiance.

Les recherches nombreuses que nous avons entreprises ensuite afin d'étudier l'influence qu'exerce sur le développement des plantes chacun des facteurs connus de la croissance, tels que la qualité de la semence, le volume du sol, sa constitution mécanique, l'époque de l'ensemencement, la lumière, la chaleur, l'air, enfin l'humidité du terrain, recherches qui nous ont occupés jusqu'en 1873, nous ont fait introduire dans notre méthode certaines améliorations, qui ne sont pas sans intérêt. Elles nous ont en outre conduits dans leur ensemble à des conclusions satisfaisantes [1]. (J'ai réuni les résultats de

1. Dans l'ouvrage intitulé : *Die Thomasschlacke,* von Prof. P. Wagner (Darmstadt, 1887), l'auteur s'exprime ainsi, p. 23 :

« Le professeur Hellriegel a apporté une heureuse modification à la méthode de « culture dans l'eau. Il ne fait pas végéter les racines des plantes dans une solution, « mais dans un sable quartzeux parfaitement purifié, qu'il arrose avec la solution nu- « tritive. Il a nommé cette méthode : Méthode de culture dans le sable. » Ce passage m'oblige à quelques mots de réponse.

Si je ne me trompe, la méthode de culture dans le sable a précédé celle de la culture dans l'eau. Dans tous les cas le sable quartzeux, c'est-à-dire le quartz pulvérisé ce travail dans un volume intitulé : *Beiträge zu der naturwissenschaftlichen Grundlage des Ackerbaus.* — Vieweg und Sohn, Braunschweig.)

Puis vint une interruption, et les expériences antérieures ne purent être immédiatement reprises. Votre rapporteur quittait Dahme dans le courant de l'année 1874. Dans son nouveau cercle d'activité, n'ayant à sa disposition ni laboratoire ni établissement qui lui permît de continuer ses recherches, ce n'est qu'en 1883, après la création de la Station agronomique de Bernburg, qu'il put revenir à ses expériences et les pousser plus loin.

Les trois premières années, 1883-1885, furent employées à reprendre les recherches qui avaient été faites antérieurement sur l'orge, l'avoine et les pois, à peu près uniquement, en perfectionnant notre méthode et nous servant de moyens mieux appropriés à notre but. Ces expériences confirmèrent, sans en excepter un seul, les premiers résultats obtenus. L'absence constante de produit dans les céréales, quand le sol est dépourvu d'azote, se manifeste de nouveau et on peut constater, encore une fois, d'un côté la relation étroite qui existe entre leur croissance et la teneur du sol en nitrates, d'un autre côté, la faculté qu'ont les légumineuses de croître et d'assimiler des quantités importantes d'azote, même quand le sol ne contient pas de combinaisons azotées en quantité appréciable. En

avec addition d'une solution nutritive, a été utilisé dans les essais de culture par d'autres expérimentateurs, qui s'en sont servi avant nous et plus fréquemment. Il me suffit de rappeler les nombreuses et intéressantes expériences du prince de Salm-Horstmar. Aussi n'est-ce pas moi qui ai donné son nom à la méthode, j'ai seulement dit qu'on la désigne sous le nom de « Méthode de culture dans le sable ». Les travaux dont nous avons parlé plus haut nous avaient, il est vrai, inspiré l'idée de modifier la culture dans l'eau ; mais nous désirions uniquement perfectionner la méthode en général, sans considérer le milieu (sable de quartz, terre de champ, ou eau distillée), dans lequel on placerait les plantes. En transportant cette culture des chambres et des serres à l'air libre et en tenant compte avec soin de tous les facteurs, dont l'influence se fait sentir sur le développement des plantes pendant la végétation, nous comptions non seulement obtenir une croissance normale dans des conditions plus naturelles, mais encore arriver à des rendements approchant le plus possible de ceux de la culture, comme quantité. En nous conformant à cette règle, nous n'employons pas exclusivement de sable de quartz dans nos expériences, nous n'y avons recours que lorsque sa nature nous semble, mieux que tout autre milieu de culture, répondre au but que nous avons en vue.

même temps nous trouvions dans le développement des pois placés dans les mêmes conditions de végétation, les contradictions frappantes et les irrégularités que nous avions précédemment constatées.

Un essai, destiné à éclairer les phénomènes observés, en partant des hypothèses admises jusque-là sur la composition des légumineuses, au point de vue de l'absorption de l'azote, demeura infructueux.

Par contre, on ne pouvait méconnaître que la cause du développement irrégulier ou du non développement de nos pois n'était lié en rien à la nature du terrain de culture ni aux autres conditions de l'expérience, étant purement accidentelle. Rattachant ce fait à différentes observations, dont nous parlerons plus loin, la question s'imposa de décider si, en définitive, il n'y avait pas lieu de chercher là l'influence des microbes, dont l'importance dans l'économie de la nature se révèle d'une façon si frappante de tous côtés.

Les premiers essais tentés dans cette voie, en 1886, aboutirent si rapidement, que je ne vis aucune difficulté à en faire l'objet d'une courte communication à l'assemblée de Berlin dont j'ai parlé plus haut. La continuation de ces expériences en 1887 confirma plus largement encore ce résultat.

En exposant ici les observations relatives à mon sujet, je n'ai pas l'intention de remettre au jour les expériences faites autrefois à Dahme ; mais la marche qu'a suivie notre travail m'oblige, non seulement à publier *in extenso* les recherches faites dans les années 1883-1885, quoique originairement elles aient eu un autre but, mais encore à décrire en détail la méthode de culture dont nous nous sommes servis.

II

Pour obtenir des résultats auxquels on puisse accorder confiance, dans un essai de culture qui a pour but de résoudre une question de nutrition, il ne suffit pas de remplir un vase convenable de la matière destinée à servir de sol, et d'y ajouter ensuite une solution nutritive bien appropriée, puis l'ayant ensemencé, de placer ce vase sur un vitrage et de l'arroser de temps en temps quand les feuilles se flétrissent ou que le sol paraît desséché. Non, il faut de plus, pour arriver à une démonstration :

1° Que la plante mise en observation, dans des conditions choisies, puisse se développer normalement jusqu'à la maturité ;

2° Qu'on soit certain d'obtenir toujours, dans des conditions connues, un rendement déterminé, qui puisse servir de règle et de point de départ à toutes les recherches ultérieures sur les récoltes ;

3° Il faut enfin que, si l'on modifie à dessein une des conditions et qu'une modification se manifeste à son tour dans la croissance de la plante observée, on soit certain que cet effet ne peut être attribué à aucune cause autre que l'altération de ce facteur de l'expérience.

Notre longue pratique de la culture des céréales nous a permis de répondre à ces exigences par le procédé suivant :

Nous nous sommes servis, comme milieu de culture, d'un sable fin quartzeux de formation tertiaire, provenant de l'Oberlausitz saxon. Ce sable, qui sert à de nombreux usages dans l'industrie, notamment à la fabrication du verre blanc, pouvait être obtenu en quantité suffisante, deux fois lavé et d'une composition régulière, en s'adressant à la compagnie qui a pour raison sociale : *Vereinigte Hohen-Bockaer Glassand-Gruben.* — Dresden, *H. Weichelt und C°.* Outre de petits morceaux de feldspath minéralisé, d'amphibole et de mica, ce sable contient encore des fragments anguleux de quartz de $0^{mm},2$ à $0^{mm},4$ de diamètre. En jetant un kilogramme de matière sur un tamis à mailles de $0^{mm},1$, on en faisait écouler une poussière fine qui ne pesait pas au delà de $0^{g},37$, et avec un tamis à mailles de $0^{mm},5$ on en séparait, en les retenant, $0^{g},82$ de grains de sable grossier.

Ce sable naturellement n'est pas chimiquement pur ; suivant l'analyse qu'en a faite le Dr Günther, on trouve comme résultat de trois extractions par coction avec de l'acide chlorhydrique concentré :

	POUR 100 gr. de sable.	POUR 1 kilogr.
	Gr.	Gr.
Acide sulfurique	0,0052	0,052
Chaux	0,0080	0,080
Magnésie	0,0030	0,030
Potasse	0,0014	0,014
Soude	0,0067	0,067
Acide phosphorique	Traces impondérables.	

La teneur en azote de diverses fournitures fut déterminée de la façon suivante, partie dès qu'elles nous parvinrent et partie après une année de séjour dans le laboratoire. Après avoir transformé l'azote en ammoniaque avec addition de sucre par le procédé de Kjeldahl, modifié par Wilfarth, la liqueur distillée, sans addition d'acide, fut titrée par l'acide sulfurique étendu, dont 1 cent. cube correspondait à $0^{mgr},68$ d'azote, au moyen de l'acide rosolique. On obtint ainsi les résultats suivants :

	SABLE employé.	AZOTE TROUVÉ.	AZOTE par kilogr. du sable.	ANALYSTES.
	Grammes.	Grammes.	Grammes.	
Sable employé aux expériences de 1883-1887 et ayant reposé plus ou moins longtemps.	20	0,000034	0,0017	Dr Wilfarth.
	20	0,000068	0,0034	»
	40	0,000109	0,0027	Moeller.
	40	0,000136	0,0034	»
	40	0,000150	0,0037	»
	40	0,000218	0,0054	»
	50	0,000218	0,0044	»
	50	0,000218	0,0044	»
	50	0,000150	0,0030	»
	50	0,000197	0,0039	»
	40	0,000183	0,0046	Wimmer.
	40	0,000142	0,0036	»
	40	0,000122	0,0031	»
	40	0,000142	0,0036	»
	40	0,000129	0,0032	»
	40	0,000156	0,0039	»
Utilisé dans les expériences de 1888 et analysé dès son arrivée.	40	0,000020	0,0005	»
	40	0,000020	0,0005	»
	40	0,000027	0,0008	»
	40	0,000014	0,0004	»
	40	0,000014	0,0004	»

Comme vases nous avons employé des cylindres en verre blanc, percés d'un trou à leur fond et de grandeurs différentes, suivant l'espèce de plante soumise à l'expérience.

Des deux formes dont nous nous sommes le plus servi, la plus petite, destinée aux céréales et aux pois, avait 24 cent. de hauteur, 15 cent. de diamètre à l'ouverture, 13 cent. à la base et contenait de 4 kilogr. à 4^{kg},600 de sable ; la plus grande, pour les lupins et autres plantes de mêmes dimensions, était haute de 40 cent. avec un diamètre de 15 cent. à l'ouverture, et de 14 cent. à la base, contenant 8 kilogr. de sable.

En remplissant le vase, pour suppléer à la porosité qui manque au verre, on mettait au fond tout d'abord une couche de 3 cent. environ de hauteur de fragments de quartz lavés, après qu'on les avait portés à la chaleur rouge. Ceux-ci servaient tout à la fois à drainer le vase, en permettant à l'air d'y circuler, et à égaliser le poids de chacun d'eux. Par-dessus ces fragments venaient une couche de ouate non glacée aussi épaisse que possible et enfin le sol de culture. Dans l'origine nous nous étions toujours contentés de mettre celui-ci simplement desséché dans le vase, puis de l'ensemencer et enfin de l'arroser avec la solution nutritive ; mais depuis l'année 1883, nous avons modifié le procédé en ce sens qu'avant l'ensemencement nous mouillons le sable avec la solution dans une capsule de porcelaine ou de terre émaillée et nous le pétrissons puis nous l'émiettons pour l'introduire dans le vase, dans cet état, en exerçant, de temps en temps, une légère pression.

Je puis affirmer que cette modification ne fut pas sans importance. L'expérience nous a appris que l'ancien procédé donnait à notre sable fin une très grande consistance, qui n'entravait pas le développement de certaines plantes mais qui, pour d'autres, ainsi que nos essais nous l'ont particulièrement démontré, était nuisible et parfois même absolument pernicieuse. Avec le nouveau procédé, au contraire, on arrive tout au moins à se rapprocher de cette structure grumeleuse particulière, qui est si favorable à la végétation dans les terres meubles et dont l'absence complète peut faire échouer nombre d'expériences.

Comme solution nutritive, nous avons employé un mélange de monophosphate de potasse, de chlorure de potassium, de sulfate de magnésie et de nitrate de chaux et nous avons adopté les proportions suivantes comme base pour toute la série de nos expériences :

	Pour 1 kilogr. de sable.
Monophosphate de potasse	0g,136
Chlorure de potassium	0 ,075
Sulfate de magnésie	0 ,060
Nitrate de chaux	0 ,492
Total	0g,763

Nous indiquerons avec soin, en leur lieu, les changements qu'on aura apportés à ces proportions, dès qu'on les aura modifiées pour une année ou pour une série d'expériences.

Le choix de cette composition n'était pas une conception de fantaisie, car nous pouvions être guidés par de nombreux essais que nous avions déjà faits avec cette solution nutritive ainsi qu'avec beaucoup d'autres. Déjà la culture des céréales et des pois pendant une année nous avait appris et matériellement démontré les points suivants :

1° Cette alimentation permettait d'obtenir toujours, dans notre sable, une végétation saine et normale des céréales et, si on le désirait, de les amener à une croissance au moins égale à celle des plantes des champs.

2° Elle fournissait dans nos petits vases de 24 centim. de hauteur et de 15 à 13 centim. de largeur, remplis de 4 kilogr. de sable, des récoltes d'orge et d'avoine donnant jusqu'à 25 grammes de substance sèche, sans aller au delà, proportion qui pouvait dans ce cas être considérée comme le rendement maximum correspondant au volume du sol qui leur était offert.

3° On put constater la sensibilité de l'orge et de l'avoine, pour le moindre écart dans les proportions du mélange, mais relativement au nitrate de chaux seul. Ainsi, dès qu'on augmentait la dose de ce sel d'un tiers, en la portant par exemple à 0g,656, correspondant à 0g,112 d'azote par kilogr. de sable, la végétation paraissait souffrir et de même une diminution d'un tiers, c'est-à-dire une dose de 0g,328 correspondant à 0g,056 d'azote par kilogr. de sable, avait pour conséquence une diminution dans le rendement, indiquant ainsi une relation avec le défaut d'azote dans le sol.

4° Chacun des autres sels au contraire pouvait être donné dans une proportion double, ou diminuée d'autant et même plus, sans que, dans le premier cas, on eût à constater un excès de végétation ou que dans le second la plante parût manquer de nourriture.

5° Les pois se comportaient tout autrement que les céréales vis-à-vis du nitrate de chaux; car la partie non azotée du mélange cité plus haut, restant dans les proportions que nous avions fixées pour chacun des composants, a toujours pu suffire aux exigences de cette plante.

Comme il est facile de démontrer matériellement l'exactitude de tous ces points, en en exceptant le paragraphe 4, d'après les nouvelles expériences faites de 1883 à 1885, je puis négliger de revenir sur les recherches qui, datant de temps plus anciens, ont servi de base à celles-ci. Il me suffira de rappeler un seul exemple relatif au 4e point.

En 1868, de l'orge et de l'avoine furent cultivées dans les conditions suivantes :

Dimensions des vases de culture en verre : 24 centim. de hauteur et 15 à 13 centim. de diamètre.

Sable : 4 kilogr.

Humidité du sol : oscillant entre 15 et 10 p. 100 pendant la végétation.

Semence : orge, 28 à 36 milligr., soit en moyenne 32mg,3 par grain séché à l'air.

Avoine, 33 à 45 milligr., soit, en moyenne, 37,8 par grain séché à l'air.

Nombre de plantes dans chaque vase : orge, 12 ; avoine, 18.

Composition du mélange nutritif :

	a. RICHE EN SELS dépourvus d'azote.		*b.* PAUVRE EN SELS dépourvus d'azote.	
	Total.	par kilogr. de sable.	Total.	par kilogr. de sable.
Nitrate de chaux	1gr,968	0gr,492	1gr,968	0gr,492
Monophosphate de potasse . .	1 ,089	0 ,272	0 ,272	0 ,068
Chlorure de potassium	1 ,194	0 ,299	0 ,075	0 ,019
Sulfate de magnésie	0 ,384	0 ,096	0 ,096	0 ,024
Chlorure de sodium	0 ,468	0 ,117	—	—
Totaux	3gr,135	0gr,784	0gr,443	0gr,111

La récolte obtenue fut la suivante :

		ORGE (Hord. vulg.).		AVOINE (avoine de pays).	
		a. Mélange riche.	b. Mélange pauvre.	a. Mélange riche.	b. Mélange pauvre.
Tiges portant des épis		16	16	22	23
Longueur des tiges en centimètres		73 à 106	81 à 102	60 à 88	66 à 92
Graines bien développées		407	430	510	508
Rendement en substance sèche.	Graines.	13gr,571	12gr,676	12gr,891	11gr,499
	Balles.	2 ,015	1 ,984	1 ,643	1 ,392
	Paille.	12 ,270	9 ,051	12 ,119	11 ,103
	Totaux.	27gr,856	23gr,711	26gr,653	23gr,994
		P. 100.	P. 100.	P. 100.	P. 100.
Proportion centésimale relativement à la récolte.	Graines.	48.7	53.5	48.3	47.9
	Balles	7.3	8.4	5.9	5.8
	Paille.	44.0	38.1	45.8	46.3

Ici s'est révélée une certaine différence dans les rendements, suivant que les plantes avaient reçu, comme alimentation, le mélange *a* ou le mélange *b*, et il est à remarquer que les plantes nourries dans le premier furent remarquablement plus riches en cendres que celles qui avaient crû dans le mélange *b*. On peut conclure de là qu'une partie de l'augmentation dans la récolte est due à l'excédent des sels absorbés et qu'elle n'est pas sans avoir une importance fondamentale, puisque les analyses des cendres ont donné comme résultat pour le poids de la matière organique [1] produite en grammes :

ORGE.		AVOINE.	
a.	b.	a.	b.
25gr,682	22gr,717	24gr,398	23gr,123

1. Qu'on veuille bien remarquer, en passant, que l'exemple cité a, en outre, conduit à des résultats qui ne manquent point d'intérêt, à quelques autres points de vue. Ainsi il montre quelle alimentation hautement concentrée les plantes peuvent supporter sans en souffrir dans du sable comme milieu de culture.

Au commencement de l'expérience citée plus haut, la solution contenait 600 gr. d'eau par 4 kilogr. de sable, quantité qu'on laissa ensuite descendre à 400 gr. par évaporation spontanée, et la somme des sels donnés dans le mélange *a* pesait 5gr,1. Il en résulte que la concentration de la solution alimentaire donnée au début aux jeunes plantes était dans la proportion de 8.5 p. 100 et cela aussi longtemps que l'assimilation des sels fut faible, mais a pu ensuite monter à 12 p. 100.

En outre on voit là quelle quantité considérable de sels les plantes peuvent absor-

Ces différences sont assez faibles pour rendre acceptable la 5e proposition énoncée plus haut et il serait superflu d'exposer plus complètement les expériences dans lesquelles il nous est arrivé de réduire chacune des substances nutritives contenues dans le mélange *b*, et cela dans des proportions importantes, sans que se révélât aucune apparence de défaut de nutrition, et sans que le rendement s'abaissât d'une façon sérieuse.

Quand on se sert de petits vases pour les cultures expérimentales, on est forcé de se contenter d'un nombre de plantes très restreint pour son travail, et quand il s'agit de recherches sur la nutrition, l'observation commence dès que le grain, ayant épuisé sa réserve alimentaire, cherche à s'assimiler activement une nourriture prise en dehors de lui. Il est donc de la plus haute importance de ne se servir dans les expériences que de grains sains et bien conformés, dont le développement soit aussi égal que possible pour chacun des essais.

Cette considération nous a déterminés à employer pour l'ensemencement le procédé suivant bien qu'il soit un peu minutieux.

Tout d'abord nous avons choisi, dans une grande quantité de semence, les grains qui, autant qu'on en pouvait juger extérieurement, étaient bons et d'un développement absolument normal. Puis, à l'aide

---

ber en surplus, sans que rien d'anormal se montre dans leur végétation et de plus il est clair que l'excédent s'accumule principalement dans la paille.

Dans l'exemple ci-dessus, voici les résultats fournis par l'orge :

		CENDRES BRUTES (simple résidu calciné).	CENDRES PURES (déduction faite du sable, du carbone et de l'acide carbonique).
		—	—
		P. 100.	P. 100.
Mélange *a*.	Graines	2.65	2.62
	Balles	9.46	8.50
	Paille	13.24	12.32
Mélange *b*.	Graines	1.86	1.80
	Balles	9.15	7.27
	Paille	6.39	4.38

Dans son dernier rapport à la 5e *Wanderversammlung* (assemblée ambulante) des chimistes agricoles allemands à Hohenheim, le rapporteur a cité un nombre considérable de preuves à l'appui de ces résultats. (V. *die landwirthschaft. Versuchs-Stationen,* les Stations de recherches agricoles, T. XI, p. 136 et suivantes.)

de la balance, on rejeta les grains trop légers ou trop lourds, de façon que ceux qu'on employait fussent d'un poids moyen presque uniforme. Ces grains furent mis en germination dans du papier à filtrer et, quand le germe fut sorti, on examina de nouveau la vigueur et l'état normal de la radicule, pour extraire ceux des grains qui présentaient une énergie égale dans la germination.

Enfin, prenant, dans cette élite, la semence dont nous avions besoin, on la planta en donnant à chaque vase un nombre de grains double de celui des plantes qui devaient y croître. L'excédent, dès la toute première jeunesse, fut ensuite enlevé, de façon qu'en écartant les petites plantes qui, ayant souffert dans leur développement, étaient sorties à une place défectueuse ou montraient des signes de faiblesse, il ne restât cette fois que les plantes qu'on voulait observer. Nous avons obtenu presque toujours ainsi de mettre en expérience, quel que fût le nombre de vases, des plantes saines et généralement très propres aux observations.

Nous ferons remarquer que, dans les cas où cela nous a paru nécessaire, nous avons déterminé directement le poids et la teneur en azote des jeunes plants supprimés comme ceux des grains rejetés, mais, en général, nous avons cru pouvoir admettre sans grande erreur, que le gain et la perte éventuels en azote se compensent. Il n'est pas en effet difficile pour les plantes dont on s'est longtemps occupé, de connaître avec quelque certitude le moment où les moyens d'alimentation du germe touchent à leur fin et où commence une assimilation active. L'exemple suivant, donné en passant, donnera la mesure de l'erreur qu'on commet par ce procédé.

En 1883, dans nos expériences sur l'orge et sur l'avoine, chaque vase reçut 14 grains à l'ensemencement et sur les 14 plantes qui levèrent 7 furent arrachées et mises au rebut.

Pour l'ensemencement on avait employé :

Dans l'orge, des grains pesant de 38 à 40 milligr., soit en moyenne 41^{mg},26, avec une teneur d'eau de 12.32 p. 100 et en azote de 1.54 p. 100.

Dans l'avoine, des grains pesant de 41 à 47 milligr., soit en moyenne 43^{mg},76, avec une teneur en eau de 12.25 p. 100 et en azote de 1.74 p. 100.

La semence apportait ainsi, dans chaque vase de culture, avec ses 7 grains :

Orge	0gr,2532	de substance sèche et	0gr,0044	d'azote.
Avoine.	0 ,2688	—	0 ,0053	—

Chaque groupe de 7 plantes arrachées dans 10 vases qui avaient reçu des solutions azotées diverses, y compris les débris des grains attachés à la racine, donna, pour 100 parties en poids, les oscillations suivantes, dans la substance sèche :

	ORGE.	AVOINE.
	Gr.	Gr.
	0,1937	0,3163
	0,1959	0,3109
	0,2063	0,2918
	0,2040	0,3170
	0,1897	0,3110
	0,2042	0,2977
	0,2027	0,2755
	0,1958	0,3127
	0,2190	0,2700
	0,2201	0,3038
En moyenne. . .	0,2031	0,3011

Une détermination de l'azote contenu dans l'ensemble des plantes arrachées, dans ces 10 vases, donne :

Orge.	2.11	p. 100 d'azote dans la substance sèche.	
Avoine.	2.23	—	—

Ainsi chacun des vases, par l'extraction des plantes, s'était vu enlever :

Orge.

En moyenne . . .	0gr,2031	de substance sèche et	0gr,0043	d'azote.
Maximum	0 ,2201	—	0 ,0046	—
Minimum	0 ,1897	—	0 ,0040	—

Avoine.

En moyenne . . .	0gr,3011	de substance sèche et	0gr,0067	d'azote.
Maximum	0 ,3170	—	0 ,0071	—
Minimum.	0 ,2700	—	0 ,0060	—

Et les différences, entre l'apport fait par la semence et la perte résultant de l'extraction, montaient à :

Orge.

En moyenne. . .	+ 0gr,0501	de substance sèche et	— 0gr,0001	d'azote.
Maximum	+ 0 ,0635	—	+ 0 ,0002	—
Minimum	+ 0 ,0331	—	— 0 ,0004	—

Avoine.

En moyenne. . .	— 0gr,0323	de substance sèche et	+ 0gr,0014	d'azote.
Maximum. . . .	— 0 ,0482	—	+ 0 ,0018	—
Minimum. . . .	— 0 ,0012	—	+ 0 ,0007	—

Pour offrir à la plante, pendant le temps de la végétation, les conditions extérieures qui se rapprochent le plus, sous tous les rapports, de la nature et qui soient le plus semblables possible pour chaque expérience, on a trouvé qu'il fallait suivre les règles suivantes :

Comme emplacement, pour les plantes en végétation, on choisit un point élevé dans le grand jardin d'un demi-hectare de la Station d'essais. Ce jardin qui touche immédiatement à la rive gauche de la Saale est entouré d'autres jardins et ne contient aucun arbre pouvant donner de l'ombre, de telle sorte la lumière, le soleil, un air pur et vif baignent les plantes de tous côtés sans obstacles.

Les plantes crurent ainsi à l'air libre dans des conditions généralement normales. Dans la façon dont on plaça les vases les uns à côté des autres, on eut soin, en outre, qu'aucun d'eux, autant que possible, ne fût une cause de gêne pour ses voisins.

Seulement pour les protéger contre la pluie et l'orage, on transportait les plantes dans un abri, qui limitait, au Nord, l'emplacement choisi pour la végétation. Cet abri, fort bien approprié à son but, était en fer et vitres et avait 25 mètres de longueur, 7m,50 de profondeur avec 3m,25 de hauteur jusqu'au toit, ce qui donnait 5m,50 au-dessous de la faîtière, offrant un emplacement tout à la fois spacieux, bien éclairé et très aéré.

Comme protection contre une chaleur anormale, on avait un autre emplacement ombragé touchant à la serre, ouvert sur les côtés et simplement couvert de carton. Mais les plantes n'y séjournaient que pendant les quelques heures les plus chaudes du milieu du jour et en plein été. Dans certaines années, il arriva même qu'on ne l'utilisa pas.

Pour rendre facile le transport des plantes d'une place à l'autre, les annexes, que nous venons de décrire, étaient reliées entre elles par des rails, sur lesquels glissaient facilement des caisses, pourvues de roues d'une hauteur de 70 centimètres et sur lesquelles au besoin on étendait un filet fait de grosse ficelle, comme protection contre les oiseaux. Les vases de culture étaient, dès le début, placés sur ces caisses et pouvaient ainsi être mis en place convenable rapidement et sans un ébranlement qui aurait pu leur être dommageable.

On ne se servait pour l'arrosage que d'eau distillée, dont on avait soin de rejeter le premier tiers obtenu, comme contenant peut-être quelques traces d'ammoniaque, et qu'on réservait à d'autres usages. C'est au moyen de cette eau qu'on entretenait une humidité constamment contrôlée, de façon que chaque vase fût maintenu à un degré maximum déterminé, dès le début de l'opération (de 15 à 17 1/2 p. 100 dans les petits vases et 12 p. 100 dans les grands). Puis on suivait avec soin, au moyen de pesées quotidiennes, la perte par évaporation de l'eau employée et aussitôt que l'humidité descendait dans un vase à un minimum déterminé (régulièrement 10 p. 100), on le ramenait au degré qu'il avait à l'origine.

Les règles, adoptées par nous au sujet de l'humidité du terrain, n'étaient pas le résultat de décision prise au hasard, mais, ainsi que pour la solution nutritive, elles se fondaient sur d'anciennes expériences.

De nombreuses observations nous avaient en effet appris :

1° Que, dans notre sable, une humidité variant de 18 p. 100 à 8 p. 100 pouvait, pleinement et, dans tous les cas, satisfaire aux exigences des plantes ;

2° Qu'on n'était pas certain d'écarter tout danger pour le développement normal, dès que le degré d'humidité du sol de culture montait à 20 p. 100 et, d'un autre côté, que si on le laissait descendre à 7 p. 100, la restitution de l'eau dans la plante ne pouvait être assez prompte ni assez abondante, pour qu'il n'en résultât pas un abaissement dans le rendement ;

3° Enfin, que jusqu'à 20 p. 100, l'eau, dans notre sable, pouvait être retenue uniformément et de façon constante dans une couche de $0^{m},20$ d'épaisseur, mais que si cette épaisseur s'élevait à $0^{m},40$, l'eau d'arrosage au-dessus de 12 p. 100 n'était plus constamment et uniformément répartie dans toute la hauteur, séjournant pendant des semaines dans les couches profondes, où elle était descendue et les saturant au point d'en faire un marais.

(J'ai publié les documents relatifs à ce sujet dans *Beiträge zu den naturwissenschaftlichen Grundlagen des Ackerbaus,* p. 545 et s. et p. 598 et s.)

Voilà les observations qui nous avaient guidés dans le choix des règles mentionnées plus haut, en ce qui regarde l'humidité.

Ce sont elles qui nous ont fait prendre la limite la plus large pour nos petits vases, puisqu'il était expérimentalement démontré que les plantes, à leur point de plus haut développement, consommaient en 24 heures, et même en un temps plus court, des quantités d'eau représentant un degré d'humidité variant entre 15, 17 1/2 et 10 p. 100.

Ce sont elles aussi qui nous ont conduits à restreindre l'arrosage dans nos grands vases. Certaines espèces de plantes, qui se développent très lentement dans leur jeunesse, comme le lupin et la serradella ne demandent, dans les premières semaines, qu'un degré d'humidité variant de 8 à 10 p. 100 et c'était ce que nous leur donnions. Puis, quand les plantes ayant un plus grand développement étaient soumises à une évaporation plus active, nous faisions monter l'humidité jusqu'à 12 p. 100 et même plus encore, suivant leurs exigences.

Cette méthode de culture — une longue expérience nous l'a appris — non seulement assure une végétation absolument normale des plantes mises en observation, mais permet en outre d'accorder confiance à la valeur quantitative des rendements obtenus. Nous concéderons cependant volontiers que ceux-ci ne peuvent jamais atteindre le degré de rigueur et de certitude des résultats quantitatifs que donnent les bonnes méthodes d'analyse chimique.

Voici maintenant les résultats que nous avons obtenus à l'aide de cette méthode.

III

Expériences faites de 1883 à 1885

a) Orge.

1883

Données générales.

Vases de culture : $0^m,24$ de hauteur ; $0^m,15$ à $0^m,13$ de diamètre.

Sable dans chaque vase : $4^{kg},600$.

Humidité du sol pendant la végétation, variant de 17 1/2 à 8 3/4 p. 100 (70 à 35 p. 100 de la faculté d'absorption du sable).

Variété mise en observation : *Hordeum distichum* (orge Chevalier).

Grains : poids spécifique de 1,244 à 1,269 ; poids absolu variant de 38 à 44 milligr. séchés à l'air ; poids moyen des grains $41^{mg},26$, contenant 12,32 p. 100 d'eau.

Ensemencement : 14 grains par vase, dont 7 seront enlevés après la sortie du germe et 7 seront laissés jusqu'à un complet développement.

Période de végétation : les grains ont été déposés le 20 avril dans l'eau distillée destinée à la germination et mis en place le 23 avril avec les radicules sorties.

Levée de la semence : 27 — 29 avril.

Récolte : 1er août.

Alimentation : Chaque vase sans exception a reçu tout d'abord 4 grammes de carbonate de chaux, distribué également et qui y a été incorporé en le mélangeant avec soin dans la masse du sable sec, puis on leur a donné, en solution :

Monophosphate de potasse.	$0^{gr},5441$
Chlorure de potassium	0 ,1492
Sulfate de magnésie	0 ,2100

Enfin, ils ont reçu, mêlé à la solution précédente et, en même temps qu'elle, les quantités suivantes de nitrate de chaux :

NUMÉROS des vases.	NITRATE de chaux.	TENEUR en azote.
	Gr.	Gr.
1	1,968	0,336
2	1,312	0,224
3	1,312	0,224
4	1,312	0,224
5	0,984	0,168
6	0,656	0,112
7	0,656	0,112
8	0,656	0,112
9	0,328	0,056
10	0,328	0,056
11	0,328	0,056
12	0,164	0,028
13	0,000	0,000
14	0,000	0,000

Résultats.

Au début de l'expérience, nos jeunes plantes ne laissèrent rien à désirer, sous le rapport de la constitution et de la croissance, et, pendant la première semaine de végétation, elles se maintinrent absolument égales dans les 14 vases.

Le 4 mai, une observation attentive révélait, chez les jeunes sujets des vases n°s 13 et 14, un retard dans la végétation, qui devint rapidement plus évident, chaque jour. Cet état indiquait clairement le point, où, la réserve alimentaire du grain étant épuisée en entier ou à peu près, la faim commençait à se faire sentir dans les milieux complètement dépourvus d'azote.

Quant aux autres plantes, leur croissance ne montrait encore aucune différence, à ce moment, ni même pendant les quelques jours suivants.

Au 9 mai seulement, un temps d'arrêt se laissa voir dans le vase n° 12; quelques jours plus tard, on le constatait dans les n°s 9, 10, 11, et enfin, à de courts intervalles, ensuite dans tous les autres vases, à l'exception du n° 1. Aussi, dans la 4e semaine de mai, pouvait-on déjà voir clairement l'influence des quantités d'azote données à chaque vase, influence qui continua à s'accentuer mieux encore chaque jour.

Cette influence se montra non seulement dans la vigueur et la hauteur des plantes, mais aussi dans le développement des hampes ; ainsi chacune d'elles avait en moyenne :

N° 1.	(336 milligr. d'azote),	5 talles, dont 2	portèrent des épis.
N°s 2, 3, 4 . .	(224 —),	4 — 1	—
N° 5.	(168 —),	3-4 — 1	—
N°s 6, 7, 8 . .	(112 —),	2-3 talles	Toutes celles-ci furent absorbées au profit de la tige mère, avant d'arriver à l'épiage.
N°s 9, 10, 11 .	(56 —),	2 —	
N° 12	(28 —),	1 —	

Dans les vases n°s 13 et 14, aucune plante n'essaya même de donner de talles.

Le défaut de nutrition ou l'état d'inanition, au cas particulier le besoin absolu d'azote, se révèle d'une façon caractéristique quand la plante a absorbé la réserve alimentaire du grain de semence, c'est-à-dire au moment où elle est en voie de former sa troisième feuille. Arrivée à ce point, elle ne meurt pas et continue à végéter presque aussi longtemps qu'une plante normalement nourrie, tous les organes jusqu'au fruit se développent ; mais restés de taille chétive, ils ne donnent pas un véritable produit ; car chacun d'eux, dès sa naissance, s'accroît aux dépens de la plus vieille feuille, qui à ce moment se dessèche épuisée.

Le manque relatif d'azote n'amène le desséchement et la consomption des feuilles les plus anciennes, chez les plantes qui ont reçu une nourriture azotée suffisante, que plus tard, dans la période de formation du grain. Quant à celles auxquelles on a donné de l'azote en excès, cela n'arrive pas ; elles produisent encore de nouvelles tiges, quand les premiers épis sont déjà jaunes ; leurs différentes parties ne parviennent pas à maturité en même temps. Quelquefois elles ne mûrissent pas du tout.

La récolte a présenté les poids, dimension et composition indiqués dans le tableau suivant :

TABLEAU.

NUMÉROS des vases.	AZOTE donné.	NOMBRE des tiges portant épis.	NOMBRE des tiges stériles.	LONGUEUR des 7 tiges mères sans égard aux barbes.	NOMBRE des épis.	NOMBRE des grains.
	Gr.			Mètres.		
1	0,336	21	23	0,68 — 0,76	470	306
2	0,224	15	24	0,67 — 0,82	311	263
3	0,224	13	20	0,67 — 0,78	290	232
4	0,224	14	21	0,73 — 0,84	314	260
5	0,168	12	19	0,66 — 0,82	241	194
6[1]	0,112	7	15	0,36 — 0,74[1]	124[1]	101[1]
7	0,112	7	18	0,54 — 0,74	147	124
8	0,112	8	16	0,42 — 0,78	152	126
9	0,056	7	14	0,43 — 0,56	108	78
10	0,056	7	14	0,45 — 0,52	88	77
11	0,056	7	14	0,25 — 0,54	89	70
12	0,028	7	7	0,27 — 0,42	51	43
13	»	6	1	0,13 — 0,18	10	8
14	»	7	0	0,11 — 0,18	11	3

NUMÉROS des vases.	AZOTE donné.	SUBSTANCE SÈCHE. Graines.	Balles.	Paille.	Total.	PROPORTION centésimale de la récolte totale. Grains.	Balles.	Paille.	POIDS moyen d'un grain sec.
	Gr.	Gr.	Gr.	Gr.	Gr.				Milligr.
1	0,336	10,3866	3,1408	15,8156	29,3430	35.4	10.7	53.9	33,9
2	0,224	8,1042	1,7680	11,2015	21,0737	38.5	8.4	53.1	30,8
3	0,224	7,4952	1,8102	11,1545	20,4599	36.6	8.9	54.5	32,3
4	0,224	8,7280	1,8880	11,1102	21,7262	40.2	8.7	51.1	33,6
5	0,168	6,1686	1,2770	8,9426	16,3882	37.6	7.8	54.6	31,8
6[1]	0,112	3,2135[1]	0,7218[1]	5,5393	9,4776[1]	33.9[1]	7.7[1]	58.4[1]	31,8
7	0,112	4,0682	0,8485	5,8880	10,8047	37.7	7.9	54.4	32,8
8	0,112	4,1512	0,8599	5,7905	10,8016	38.4	8.0	53.6	32,9
9	0,056	2,1726	0,4051	3,0165	5,5942	38.9	7.2	53.9	27,9
10	0,056	2,0371	0,4691	3,1980	5,7042	35.7	8.2	51.6	26,5
11	0,056	1,8306	0,4405	3,0512	5,3223	34.4	8.3	57.3	26,1
12	0,028	1,0418	0,2376	1,7158	2,9952	34.8	7.9	57.3	24,2
13	»	0,1174	0,3906		0,5080	23.1	76.9		14,7
14	»	0,0144	0,3702		0,4146	10.7	89,3		14,8

1. Dans le vase nº 6, un épi avait été mangé par les moineaux. (Les filets de protection mentionnés plus haut n'étaient pas encore en usage, en 1883.)

1884

Conditions générales.

Vases de culture : $0^m,24$ de hauteur ; $0^m,15$ et $0^m,13$ de diamètre.

Sable dans chaque vase : $4^{kg},600$.

Humidité du sol pendant la végétation, variant de 15 à 10 p. 100 (60 à 40 p. 100 de la faculté d'absorption du sable).

Variété mise en observation : *Hordeum distichum* (orge Chevalier).

Semence : Poids absolu variant de 31 à 36 milligr. par grain séché à l'air ; en moyenne $33^{mgr},84$.

Ensemencement : 14 grains par vase, dont 7 furent enlevés après la sortie de terre.

Période de végétation : les grains gonflés ayant leurs radicules sorties ont été plantés le 8 mai.

Récolte du 14 août au 4 septembre.

Alimentation : il a été donné, par vase, sans addition de carbonate de chaux :

Monophosphate de potasse	$0^{gr},5444$
Chlorure de potassium	0 ,1492
Sulfate de magnésie	0 ,2400

Puis enfin les quantités suivantes de nitrate de chaux :

NUMÉROS des vases.	NITRATE de chaux.	TENEUR en azote.
	Gr.	Gr.
15	2,624	0,448
16	2,624	0,448
17	1,968	0,336
18	1,968	0,336
19	1,312	0,224
20	1,312	0,224
21	0,656	9,112
22	0,656	0,112
23	0,328	0,056
24	0,328	0,056

Résultats.

Pour cette année, notre semence fut d'assez mauvaise qualité, ce qu'indiquait déjà le poids absolu des grains isolés et ce que vinrent confirmer ensuite les différences frappantes qui se présentèrent dans l'énergie de la germination. Aussi la levée des plantes fut moins bonne, leur état général beaucoup plus inégal, dès le début de l'expérience, qu'ils ne l'avaient été dans nos précédents essais et le développement ultérieur, en son entier, fut moins satisfaisant.

Néanmoins, cette fois encore, l'influence des doses variables d'azote se précisa d'une façon très claire.

L'excès d'azote, donné à dessein aux n°s 15 et 16, se montra étonnamment nuisible. La paille des plantes y fut fortement attaquée par la rouille, les grains en approchant de la maturité, au lieu de la teinte jaune habituelle, prirent une fausse couleur bleuâtre et la maturité complète fut surtout absolument anormale. Depuis longtemps, les grains des plus vieux épis, ayant perdu leur chlorophylle, avaient commencé à se dessécher, et, malgré cela, les barbes conservaient leur apparence verte ; les plus jeunes épis et les tiges poussées les dernières ne mûrirent pas, quoique la récolte de ces deux numéros eût été, pour cette seule raison, faite trois semaines plus tard que celle des autres vases. Le n° 16 souffrit beaucoup plus que le n° 15 de tous ces accidents.

L'ensemble des résultats est résumé dans le tableau suivant :

NUMÉROS des vases.	AZOTE donné.	NOMBRE des tiges portant épis.	NOMBRE des tiges stériles.	LONGUEUR des 7 tiges mères sans les barbes.	NOMBRE des épis.	NOMBRE des grains.
	Gr.			Mètres.		
15	0,448	25	25	0,65 — 0,74	519	270
16	0,448	18	24	0,61 — 0,72	409	212
17	0,336	20	19	0,72 — 0,80	425	289
18	0,336	19	17	0,74 — 0,96	402	276
19[1]	0,224	13[1]	23	0,76 — 0,84	265	225
20	0,224	17	24	0,71 — 0,82	314	240
21	0,112	8	18	0,57 — 0,82	137	113
22	0,112	7	15	0,58 — 0,74	137	99
23	0,056	7	13	0,39 — 0,57	94	74
24[2]	0,056	7	10	0,40 — 0,51	82	66

NUMÉROS des vases.	AZOTE donné.	SUBSTANCE SÈCHE. Grains.	Balles.	Paille.	Total.	PROPORTION centésimale de la récolte totale. Grains.	Balles.	Paille.	POIDS moyen d'un grain sec.
	Gr.	Gr.	Gr.	Gr.	Gr.				Milligr.
15	0,448	9,896	3,636	17,503	31,035	31.9	11.7	56.4	36,7
16	0,448	6,478	2,474	15,141	24,093	26.9	10.3	62.8	30,6
17	0,336	9,875	2,634	14,308	26,817	36.8	9.8	53.4	34,2
18	0,336	9,638	2,577	14,357	26,572	36.3	9.7	54.0	34,9
19[1]	0,224	6,254	1,590	10,612	18,456[1]	33.9	8.6	57.5	27,8[1]
20	0,224	7,558	1,661	11,177	20,396	37.1	8.1	54.8	31,5
21	0,112	3,679	0,723	5,898	10,210	36.0	7.1	56.9	32,6
22	0,112	3,556	0,844	5,693	10,093	35.2	8.4	56.4	35,9
23	0,056	2,001	0,467	3,160	5,628	35.6	8.3	56.1	27,0
24[2]	0,056	1,580	0,373	2,728	4,681[2]	33.7	8.0	58.3	23,9[2]

1. Dans le vase n° 19, une plante fut détruite par la rouille.
2. Dans le vase n° 24, une plante s'est flétrie.

1885

Données générales.

Vases de culture : $0^m,24$ de hauteur ; $0^m,15$ et $0^m,13$ de diamètre.
Sable par vase : $4^{kg},600$.
Humidité du sol : 15 à 10 p. 100, c'est-à-dire 60 à 40 p. 100 du pouvoir absorbant du sable.

Variété mise en observation : *Hordeum distichum* (orge Chevalier).

Semence : poids spécifique de 1,244 à 1,269 ; poids absolu de 32 à 38 milligr., soit en moyenne par grain sec 34^{mg},4.

Ensemencement : 14 grains par vase, dont 7 enlevés, après germination.

Période de végétation : le 20 avril, les semences sont déposées dans l'eau distillée ; le 22 et le 23 avril, les radicules sorties, les grains sont mis en place dans le sable ; la levée a lieu le 27 et le 28 avril ; l'enlèvement des plants de rebut se fait le 2 mai. Récolte le 25 juillet.

Alimentation : on a donné par vase :

Monophosphate de potasse.	0^{gr},5444
Chlorure de potassium	0 ,1492
Sulfate de magnésie	0 ,2400

et, de plus en nitrate :

NUMÉROS des vases.	NITRATE de chaux.	TENEUR en azote.	CARBONATE DE CHAUX mêlé d'avance au sol[1]. Quantité.	CARBONATE DE CHAUX mêlé d'avance au sol[1]. Proportionnellement au sable.
	Gr.	Gr.	Gr.	P. 100.
25	1,312	0,224	—	—
26	1,312	0,224	—	—
27	0,656	0,112	—	—
28	0,656	0,112	—	—
29	0,000	0,000	—	—
30	0,000	0,000	—	—
31	0,656	0,112	1,15	0,025
32	0,656	0,112	1,15	0,025
33	0,656	0,112	2,30	0,050
34	0,656	0,112	23,00	0,500

1. En 1884, la végétation de toute notre orge d'essai avait été moins belle qu'en 1883. On se l'expliquait facilement, comme on l'a vu plus haut, par la mauvaise qualité de la semence. Mais en 1883, avant de donner au sol la solution nutritive, nous l'avions additionné de carbonate de chaux, ce qui n'avait pas été fait en 1884. Comme on pouvait être porté à attacher à ce point une importance plus grande que celle que lui donnaient nos recherches antérieures, nous avons saisi l'occasion d'introduire incidemment dans les essais faits dans les vases n°s 31, 32, 33 et 34, des doses variables de carbonate de chaux.

Résultats.

Dès le début de l'expérience, la levée et l'état des jeunes plantes furent très bons et absolument uniformes. La végétation très satisfaisante ne présenta jusqu'à la fin aucun trouble.

Récoltes.

NUMÉROS des vases.	DOSES d'azote.	DOSES de carbonate de chaux.	NOMBRE des tiges portant épis.	NOMBRE des tiges stériles.	LONGUEUR des 7 tiges mûres sans les barbes.	NOMBRE des épis.	NOMBRE des graines.
	Gr.	Gr.			M. M.		
25	0,224	—	12	21	0,69 — 0,79	304	247
26	0,224	—	14	19	0,73 — 0,84	269	231
27	0,112	—	8	12	0,61 — 0,69	153	100
28	0,112	—	8	18	0,60 — 0,69	151	99
29	—	—	7	—	0,16 — 0,22	18	3
30	—	—	6	—	0,15 — 0,18	15	4
31	0,112	1,115	11	16	0,49 — 0,67	187	134
32	0,112	1,115	9	22	0,56 — 0,69	165	132
33	0,112	2,30	12	14	0,49 — 0,66	198	137
34	0,112	23,00	7	10	0,70 — 0,76	147	134

NUMÉROS des vases.	AZOTE donné.	SUBSTANCE SÈCHE. Grains.	Balles.	Paille.	Total.	PROPORTION centésimale de la récolte totale. Grains.	Balles.	Paille.	POIDS moyen d'un grain sec.
		Gr.	Gr.	Gr.	Gr.				Milligr.
25	0,224	8,744	1,452	11,364	21,560	40.6	6.7	52.7	35.4
26	0,224	9,954	1,876	11,554	23,384	42.6	8.0	49.4	43.1
27	0,112	3,817	0,867	6,546	11,230	34.0	7.7	58.3	38.2
28	0,112	3,479	0,797	6,651	10,927	31.8	7.3	60.9	35.1
29	—	0,059	0,057	0,534	0,650	9.1	8.8	82.1	19.7
30	—	0,047	0,035	0,462	0,544	8.6	6.5	84.9	11.8
31	0,112	3,936	0,740	6,343	11,019	35.7	6.7	57.6	29.4
32	0,112	4,070	0,814	6,367	11,251	36.2	7.2	56.6	30.8
33	0,112	3,738	0,788	6,710	11,236	33.3	7.0	59.7	27.3
34	0,112	3,721	0,926	5,672	10,319	36.1	8.9	55.0	27.8

b) Avoine.

1883

Conditions générales.

Ces conditions sont exactement les mêmes que celles qui ont été données pour l'orge en 1883, relativement à la dimension des vases, à la quantité de sable et à l'humidité du sol.

Variété mise en observation : *Avena sativa* (avoine ordinaire de pays).

Semence : poids spécifique de 1,060 à 1,094 ; poids absolu variant de 41 à 47 milligr. séché à l'air ; en moyenne **43^{mg},76** par grain avec 12.25 p. 100 d'eau.

Ensemencement : 14 grains dont 7 furent enlevés et 7 laissés jusqu'à complet développement.

Période de végétation : les grains ont été déposés pour germer dans l'eau distillée le 16 avril ; le 20 avril ils ont été mis en place avec les radicules sorties.

Levée : du 26 au 27 avril.

Récolte : le 1er août.

Alimentation pour chaque vase :

Carbonate de chaux, mélangé à l'état sec.	4^{gr},0000
Monophosphate de potasse.	0 ,5444
Chlorure de potassium	0 ,1492
Sulfate de magnésie	0 ,2400

et de plus les quantités suivantes de nitrate :

NUMÉROS des vases.	NITRATE de chaux.	TENEUR en azote.
—	Gr.	Gr.
35	1,968	0,336
36	1,312	0,224
37	1,312	0,224
38	0,984	0,168
39	0,656	0,112
40	0,656	0,112
41	0,656	0,112
42	0,328	0,056
43	0,328	0,056
44	0,328	0,056
45	0,000	0,000
46	0,000	0,000

Résultats.

Les plantes levèrent bien et l'état des jeunes sujets était parfaitement uniforme à la fin de la première semaine de végétation dans la série tout entière.

Dès le 4 mai, on put remarquer, dans les n°s 45 et 46, qui n'avaient pas reçu d'azote dans leur solution, un retard de végétation, qui s'accentua plus nettement de jour en jour. Dès le 10 mai, la même observation fut faite sur les n°s 42, 43 et 44, dont la solution nutritive n'avait été additionnée que de 56 milligr. d'azote. Enfin, dans la seconde moitié de mai, les différentes teneurs en azote de la solution se manifestèrent très fidèlement par l'état des plantes pour toute la série.

Dans le courant de la végétation qui suivit, un trouble particulier se manifesta dans le vase n° 39. Les plantes y devinrent malades et l'une d'entre elles mourut tout à fait rabougrie, sans avoir pu former de tige; aussi le n° 39 fut-il retiré de l'expérience.

Voici le relevé des résultats obtenus :

TABLEAU.

NUMÉROS des vases.	AZOTE donné.	NOMBRE des tiges portant épis.	NOMBRE des tiges stériles.	LONGUEUR des 7 tiges mûres.	NOMBRE des épis.	NOMBRE des graines[1].
	Gr.			M. M.		
35	0,336	14	17	0,83 — 1,00	372	677
36	0,224	12	16	0,77 — 0,95	250	450
37	0,224	9	13	0,85 — 1,00	245	456
38	0,168	8	18	0,81 — 0,91	168	310
39	—	—	—	— —	—	—
40	0,112	7	17	0,65 — 0,83	106	201
41	0,112	7	14	0,69 — 0,80	113	209
42	0,056	7	7	0,54 — 0,61	57	102
43	0,056	7	11	0,42 — 0,65	57	96
44	0,056	7	7	0,43 — 0,60	54	91
45	0,000	6	1	0,06 — 0,20	6	5
46	0,000	6	1	0,10 — 0,20	8	7

NUMÉROS des vases.	AZOTE donné.	SUBSTANCE SÈCHE. Grains.	Balles.	Paille.	Total.	PROPORTION centésimale de la récolte totale. Grains.	Balles.	Paille.	POIDS moyen d'un grain sec.
	Gr.	Gr.	Gr.	Gr.	Gr.				Milligr.
35	0,336	12,2336	1,1314	16,8100	30,1750	40.6	3.7	55.7	18,1
36	0,224	8,3769	0,8193	12,0770	21,2732	39.4	3.8	56.8	18,6
37	0,224	8,6760	0,7409	12,0240	21,4409	40.5	3.4	56.1	19,0
38	0,168	6,0862	0,5622	9,3490	15,9974	38.1	3.5	58.4	19,6
39	—	—	—	—	—	—	—	—	—
40	0,112	4,1133	0,3381	6,5300	10,9814	37.4	3.1	59.5	20,5
41	0,112	4,0286	0,3267	6,5860	10,9413	36.8	3.0	60.2	19,3
42	0,056	2,0786	0,1638	3,6600	5,9024	35.2	2.8	62.0	20,4
43	0,056	2,0253	0,1697	3,6560	5,8510	34.6	2.9	62.5	21,1
44	0,056	1,6943	0,1464	3,4460	5,2867	32.1	2.7	65.2	18,6
45	0,000	0,0417	0,3188		0,3605	11.6	88,4		8,3
46	0,000	0,0648	0,3543		0,4191	15.5	84,5		9,2

1. Pour prévenir tout malentendu ici, il faut observer que tous les grains d'avoine récoltés avaient un développement normal. Si le poids moyen indiqué pour chacun d'eux paraît très faible et n'atteint pas même la moitié du poids des grains de semence, qu'on réfléchisse que tous les grains provenant de la récolte, les plus gros dus à la première floraison comme les plus petits dus à la 2e et à la 3e, aussi bien que les grains même mal formés, en un mot tous ceux qui se trouvaient dans la balle, ont été comptés ensemble et ont fait masse pour la moyenne, tandis que pour l'ensemencement on ne s'était servi que d'une belle semence fournie par la première floraison.

1884.

Conditions générales.

Elles furent semblables à celles de l'expérience faite sur l'orge en 1884, pour la dimension des vases, la quantité de sable et le degré d'humidité du sol de culture.

Variété mise à l'étude : avoine de pays.

Semence : poids absolu variant de 35 à 43 milligr. ; en moyenne par grain séché à l'air, 39mg,91 avec 12.4 p. 100 d'eau.

Ensemencement : 14 grains par vase, dont 7 ont été enlevés et 7 sont restés.

Période de végétation : semences mises dans l'eau distillée, pour y germer, le 5 mai ; plantées le 8 mai.

La levée s'est faite du 13 au 14 mai.

La récolte a eu lieu le 15 août.

Alimentation : par vase, sans addition de carbonate de chaux :

Monophosphate de potasse	0gr,5444
Chlorure de potassium	0 ,1492
Sulfate de magnésie	0 ,2400

Puis en nitrate de chaux :

NUMÉROS des vases.	NITRATE de chaux.	TENEUR en azote.
	Gr.	Gr.
47	1,312	0,224
48	1,312	0,224
49	1,312	0,224
50	0,656	0,112
51	0,656	0,112
52	0,656	0,112
53	0,328	0,056
54	0,328	0,056
55	0,328	0,056

Résultats.

La levée des plantes mises à l'étude fut bonne et leur état pendant la première semaine de leur existence fut uniforme pour toute la série.

Le cours de la végétation ultérieure, satisfaisant en général, ne fut l'objet d'aucune remarque particulière.

La récolte a été la suivante :

NUMÉROS des vases.	AZOTE donné.	NOMBRE des tiges portant épis.	NOMBRE des rejets inféconds.	LONGUEUR des 7 tiges mères.	NOMBRE des épis.	NOMBRE des grains parfaits.	NOMBRE des grains incomplètement développés [1].
	Gr.			M. — M.			
47	0,224	10	26	0,82 — 1,02	264	440	40
48	0,224	9	21	0,84 — 1,00	270	429	34
49	0,224	8	17	0,88 — 1,02	254	424	30
50	0,112	7	14	0,68 — 0,82	112	194	13
51	0,112	7	12	0,69 — 0,85	104	170	16
52	0,112	7	16	0,55 — 0,84	124	172	17
53	0,056	7	7	0,44 — 0,70	52	70	27
54	0,056	7	2	0,46 — 0,61	51	72	20
55	0,056	7	5	0,50 — 0,68	53	80	17

NUMÉROS des vases.	AZOTE donné.	SUBSTANCE SÈCHE. Grains.	Balles.	Paille.	Total.	PROPORTION centésimale de toute la récolte. Grains.	Balles.	Paille.	POIDS moyen d'un grain sec.
	Gr.	Gr.	Gr.	Gr.	Gr.				
47	0,224	10,372	0,894	11,464	22,730	45.7	3.9	50.4	23.6
48	0,224	8,821	0,776	11,810	21,407	41.2	3.6	55.2	20.6
49	0,224	9,903	0,826	11,214	21,943	45.1	3.8	51.1	23.4
50	0,112	4,556	0,311	5,827	10,694	42.6	2.9	54.4	23.5
51	0,112	4,639	0,349	6,070	11,058	41.9	3.2	54.9	27.3
52	0,112	4,135	0,331	5,424	9,890	41.8	3.3	54.9	24.0
53	0,056	1,992	0,165	3,569	5,726	34.8	2.9	62.3	28.5
54	0,056	1,907	0,154	3,067	5,128	37.2	3.0	59.8	26.5
55	0,056	2,083	0,163	3,553	5,799	35.9	2.8	61.3	26.0

1. Les grains de formation incomplète qui, dans l'usage habituel, sont désignés sous le nom de grains stériles, n'ayant point formé d'albumen, sont presque uniquement une partie composante de la balle. Ils peuvent facilement se reconnaître car ils se laissent presser et écraser sans offrir de résistance. Aussi cette année et les suivantes nous ne les comprendrons plus dans les grains, mais dans les balles, et ils seront pesés comme tels.

1885.

Conditions générales semblables à celles de 1885, dans les essais faits sur l'orge.

Variété à l'étude : avoine de pays.

Semence : poids absolu variant de 36 à 48 milligr., soit une moyenne de 41^{mg},9 par grain séché à l'air.

Ensemencement : 14 grains par vase, dont 7 furent enlevés et 7 parvinrent à un développement ultérieur.

Période de végétation : les semences ont été mises dans l'eau distillée, pour y germer, le 20 avril et ont été plantées le 23 avril, après la sortie de la radicule.

La levée s'est opérée le 27 avril.

La récolte le 21 juillet.

Alimentation : il a été donné pour chaque vase :

Monophosphate de potasse.	0^{gr},5444
Chlorure de potassium	0 ,1492
Sulfate de magnésie	0 ,2400

En outre, en nitrate :

NUMÉROS des vases.	NITRATE de chaux.	TENEUR en azote.	CARBONATE DE CHAUX mêlé sec au sol	
			en poids.	en proportion du sable.
	Gr.		Gr.	P. 100
56	1,312	0,224	—	—
57	1,312	0,224	—	—
58	0,656	0,112	—	—
59	0,656	0,112	—	—
60	0,000	0,000	—	—
61	0,000	0,000	—	—
62	0,656	0,112	1,15	0,025
63	0,656	0,112	1,15	0,025
64	0,656	0,112	2,30	0,050
65	0,656	0,112	23,00	0,500

Résultats.

L'état des jeunes plantes fut bon dès le début de l'expérience et uniforme dans toute la série. La végétation suivit un cours satisfaisant jusqu'à la fin et aucun trouble, de quelque nature qu'il soit, n'est à signaler.

La récolte donna :

NUMÉROS des vases.	AZOTE donné.	CARBONATE de chaux.	NOMBRE des tiges portant épis.	NOMBRE des rejets stériles.	LONGUEUR des 7 tiges mères.	NOMBRE des épis.	NOMBRE des grains parfaits.
	Gr.	Gr.			M. — M.		
56	0,224	—	8	13	0,98 — 1,17	259	423
57	0,224	—	8	13	0,94 — 1,15	242	427
58	0,112	—	7	7	0,74 — 0,98	148	227
59	0,112	—	7	10	0,70 — 0,83	146	169
60	—	—	8	0	0,23 — 0,30	10	7
61	—	—	7	0	0,22 — 0,28	9	8
62	0,112	1,15	7	10	0,73 — 0,91	123	197
63	0,112	1,15	7	11	0,70 — 0,87	124	214
64	0,112	2,30	7	5	0,74 — 0,85	106	174
65	0,112	23,00	8	3	0,68 — 0,85	135	164

NUMÉROS des vases.	AZOTE donné.	SUBSTANCE SÈCHE. Grains.	Balles.	Paille.	Total.	PROPORTION centésimale de toute la récolte. Grains.	Balles.	Paille.	POIDS moyen d'un grain sec.
	Gr.	Gr.	Gr.	Gr.	Gr.				Milligr.
56	0,224	9,674	1,395	11,688	22,757	42.5	6.1	51.4	22,9
57	0,224	9,640	1,473	11,263	22,376	43.1	6.6	50.3	22,6
58	0,112	5,051	0,814	6,680	12,545	40.3	6.5	53.2	22,3
59	0,112	3,922	0,842	6,513	11,277	34.8	7.5	57.7	23,2
60	—	0,190	0,038	0,443	0,671	28.3	5.7	66.0	27,1
61	—	0,109	0,033	0,450	0,592	18.4	5.6	76.0	13,6
62	0,112	4,685	0,742	6,272	11,699	40.0	6.4	53.6	23,8
63	0,112	4,711	0,661	6,421	11,793	40.0	5.6	54.4	22,0
64	0,112	3,895	0,571	5,276	9,742	40.0	5.8	54.2	22,4
65	0,112	4,133	1,018	6,770	11,921	34.7	8.5	56.8	25.2

c) Pois.

1883.

Conditions générales : semblables à celles qui ont été données pour l'orge et l'avoine dans les cultures de l'année 1883, quant à la nature des vases, du poids du sable et à l'état d'humidité du sol.

Variété : pois champêtre jaune, printanier.

Semence : poids absolu variant de 164 à 180 milligr., soit en moyenne par grain 172^{mg},2 avec 10.39 p. 100 d'eau.

Ensemencement : 6 grains par vase, dont 3 seulement furent laissés pour terminer leur végétation ; les 3 autres furent enlevés huit jours après la levée, avec le reste du grain adhérent à la tige. (Le poids sec des plantes supprimées variait, dans les différents vases de 0^{gr},328 à 0^{gr},487 et donnait, en moyenne, 0^{gr},133 pour l'une d'elles.)

Période de végétation : les grains déposés le 7 avril dans l'eau distillée, pour y germer, furent mis en place le 9 avril avec les radicules sorties.

La levée eut lieu du 18 au 20 avril.

La récolte se fit à des époques différentes, du 1er au 20 août, la maturité ayant été inégale.

Alimentation pour chaque vase :

Carbonate de chaux (mêlé au sable à l'état sec)	4^{gr},0000
Monophosphate de potasse, en dissolution	0 ,5444
Chlorure de potassium, en dissolution	0 ,1492
Sulfate de magnésie, en dissolution	0 ,2400

En outre, les quantités suivantes de nitrate :

TABLEAU.

NUMÉROS des vases.	NITRATE de chaux.	TENEUR en azote.
—	—	—
	Gr.	
66	1,968	0,336
67	1,312	0,224
68	1,312	0,224
69	0,984	0,168
70	0,656	0,112
71	0,656	0,112
72	0,656	0,112
73	0,328	0,056
74	0,328	0,056
75	0,328	0,056
76	0,164	0,028
77	0,000	0,000
78	0,000	0,000
79	0,000	0,000

Résultats.

La levée des pois fut bonne et l'état des jeunes plantes uniforme. Jusqu'à la fin de la seconde semaine de végétation, on ne put découvrir aucune différence dans toute la série mise en observation.

Dans la 3e semaine, l'influence des doses d'azote commença à se révéler, non par un accroissement de végétation dans les plantes qui recevaient la solution azotée, mais uniquement par leur couleur.

Les plantes des vases nos 77, 78 et 79, dont la solution nutritive ne contenait pas de nitrate de chaux, étaient au contraire un peu plus hautes ; mais elles étaient vert clair, tandis que les autres avaient un feuillage vert foncé et d'autant plus foncé que la solution qui leur était donnée contenait plus d'azote.

Des différences analogues, dans la croissance, se montrèrent dès la 4e semaine, où l'on vit les nos 77 à 79, restés en retard dans leur végétation, arriver à un état d'inanition bien prononcé, état qui devient incontestable, dès que toute feuille nouvellement formée est plus petite que la précédente et que la plus ancienne, vivante encore à ce moment, s'épuise et se dessèche pendant le développement de cette jeune feuille.

Les autres numéros continuèrent à croître d'une façon normale et correspondant, par la vigueur, à leur alimentation, en sorte qu'à la fin de la 6e semaine de végétation, toute la série reflétait exactement et fidèlement l'importance des doses d'azote reçues par chaque plante, ainsi que cela s'était montré dans les expériences sur l'orge et sur l'avoine.

Mais, dans la 7e semaine, un changement commença à se faire assez subitement et sans transition.

Pendant que le n° 77 restait dans son état d'inanition, deux plantes du n° 79 tout d'abord et, un peu plus tard, deux autres du n° 78 en sortaient et changeaient en une teinte verte, révélant la santé, la couleur morbide, vert jaunâtre de leur jeune feuille, et bientôt après celles des autres parties de la plante, qui étaient encore vivantes, reverdissaient à leur tour. Les folioles de la feuille nouvellement sortie se développèrent alors plus vigoureuses et plus larges que celles qui les avaient précédées, sans qu'aucun organe ancien s'altérât par épuisement et, dès ce moment, commença une croissance rapide et énergique.

Au même temps, des plantes qui recevaient la solution azotée, différant dans leur développement ultérieur, restèrent stationnaires ou même dépérirent. Il arriva de là que, dans la 11e semaine de végétation, le n° 79 avait atteint et même dépassé la plupart d'entre elles et qu'à cet instant il ne pouvait plus être question de concordance entre l'état des pois et les doses d'azote introduites dans le sol.

Dans la seconde moitié de juillet, toutes les plantes furent atteintes par la rouille et fortement attaquées par les pucerons.

Quoique cet accident survînt un peu avant la maturité, la fin de la végétation ne fut pas néanmoins complètement satisfaisante.

Voici les principales données relatives à la récolte :

TABLEAU.

NUMÉROS des vases.	AZOTE donné.	PLANTES.	POUSSES laté-rales fructi-fères.	HAUTEUR de la tige.	NOMBRE des gousses.	NOMBRE des grains.	OBSERVATIONS.
	Gr.			Mètres.			
66	0,336	a	1	0,81	6	14	
		b	—	0,77	2	3	
		c	—	0,75	2	6	
67	0,224	a	—	0,86	6	14	
		b	—	0,76	5	9	
		c	1	0,57	4	5	
68	0,224	a	—	0,70	3	6	
		b	—	0,58	3	5	
		c	1	0,54	4	7	
69	0,168	a	—	0,68	3	5	
		b	—	0,68	3	6	
		c	—	0,68	2	5	
70	0,112	a	—	0,71	3	4	
		b	—	0,53	4	2	
		c	—	0,48	1	2	
71	0,112	a	—	0,73	5	11	
		b	—	0,69	4	7	
		c	—	0,70	6	10	2 grains mangés par les vers.
72	0,112	a	—	0,80	7	14	
		b	—	0,61	3	7	
		c	—	0,54	1	2	
73	0,056	a	—	0,26	—	—	
		b	—	0,25	—	—	
		c	—	0,22	—	—	
74	0,056	a	—	0,52	5	5	
		b	—	0,36	3	3	
		c	1	0,36	3	4	2 grains mangés par les vers.
75	0,056	a	—	0,30	—	—	
		b	—	0.28	—	—	
		c	—	0,22	—	—	
76	0,028	a	—	0,35	2	2	1 grain mangé par les vers.
		b	—	0,29	—	—	
		c	—	0,19	—	—	
77	0,000	a	—	0,14	—	—	
		b	—	0,13	—	—	
		c	—	0,12	—	—	
78	0,000	a	—	0,45	5	7	
		b	—	0,41	3	7	
		c	—	0,18	—	—	
79	0,000	a	—	0,51	5	11	
		b	—	0,34	2	8	
		c	—	0,28	5	—	

Poids et teneur en azote de la récolte :

NUMÉROS des vases.	AZOTE donné.	SUBSTANCE SÈCHE.				COMPOSITION centésimale de la récolte entière.			POIDS moyen d'un grain sec.
		Grains.	Balles.	Paille.	Total.	Grains.	Balles.	Paille.	
	Gr.	Gr.	Gr.	Gr.	Gr.				Milligr.
66	0,336	3,2757	0,8948	7,1815	11,3520	28.9	7.9	63.2	142.4
67	0,224	2,6920	0,8958	6,1374	9,7252	27.7	9.2	63.1	96.1
68	0,224	1,5055	0,6243	4,5160	6,6458	22.6	9.4	68.0	83.6
69	0,168	1,5575	0,5484	3,5126	5,6185	27.7	9.8	62.5	97.4
70	0,112	0,6785	0,3444	3,8917	4,9146	13.8	7.0	79.2	84.8
71	0,112	3,5913	0,8848	5,2880	9,7671	36.8	9.1	54.1	138.2
72	0,112	2,5809	0,7148	5,2012	8,4969	30.4	8.4	61.2	112.2
73	0,056	—	—	1,3037	1,3037	—	—	100.0	—
74	0,056	0,5991	0,5910	2,9382	4,1283	14.5	14.3	71.2	59.9
75	0,056	—	—	0,9776	0,9776	—	—	100.0	—
76	0,028	0,0438	0,0926	1,6191	1,7555	2.5	5.3	92.2	43.8
77	0,000	—	—	0,5508	0,5508	—	—	190.0	—
78	0,000	1,1903	0,4289	0,8768	3,4960	34.0	12.3	53.7	85.0
79	0,000	1,4270	0,6131	3,1933	5,2334	27.3	11.7	61.0	75.1

1884.

Conditions générales : semblables à celles qui ont été indiquées pour l'orge et l'avoine dans les cultures de l'année 1884.

Variété : pois jaune des champs printanier.

Semence : poids absolu variant de 170 à 190 milligr. ; en moyenne $181^{mg},2$ par grain séché à l'air, avec 12.6 p. 100 d'eau.

Ensemencement : 4 grains par vase, dont 2 furent arrachés après la levée.

Période de végétation : les semences ont été mises à germer le 5 mai dans l'eau distillée.

La levée a eu lieu du 16 au 17 mai.

La récolte s'est faite le 28 août.

Alimentation : Nous ne pouvions nous dissimuler que l'entier développement des pois n'avait pas été aussi satisfaisant l'année précédente que celui des graminées. Aussi nous décidâmes-nous à modifier l'alimentation, en faisant varier quelque peu la formule et les proportions, particulièrement au point de vue de l'acide phosphorique et de la potasse. C'est ainsi que chaque vase a reçu les quantités suivantes :

NUMÉROS des vases.	MONO-PHOSPHATE de potasse.	MONO-PHOSPHATE de chaux.	CHLORURE de potassium.	SULFATE de magnésie.	NITRATE de chaux.	TENEUR en azote.	CARBONATE de chaux mêlé d'avance au sable à l'état sec.
	Gr.	Gr.	Gr.	Gr.	Gr.	Gr.	Gr.
80	0,2722	0,4680	0,5968	0,1800	1,968	0,336	4
81	0,2722	0,4680	0,5968	0,1800	1,640	0,280	4
82	0,2722	0,4680	0,5968	0,1800	1,312	0,224	4
83	0,2722	0,4680	0,5968	0,1800	1,312	0,224	40
84	0,2722	0,4680	0,5968	0,1800	0,984	0,168	4
85	0,2722	0,4680	0,5968	0,1800	0,656	0,112	4
86	0,2722	0,4680	0,5968	0,1800	0,656	0,112	40
87	0,2722	0,4680	0,5968	0,1800	0,328	0,056	4
88	0,2722	0,4680	0,5968	0,1800	0,328	0,056	40
89	0,2722	0,4680	0,5968	0,1800	0,164	0,028	4
90	0,2722	0,4680	0,5968	0,1800	—	—	4
91	0,2722	0,4680	0,5968	0,1800	—	—	40
92	0,1361	0,1170	0,5968	0,1800	0,984	0,168	4
93	0,0680	0,0585	0,5968	0,1800	0,984	0,168	4

Résultats.

La levée se fit bien et, au début de l'expérience, les jeunes plantes se comportèrent parfaitement avec une croissance très égale pour toute la série, jusqu'à la fin des trois premières semaines de la végétation, en sorte qu'aucune différence ne fut à signaler, dans un quelconque des numéros.

Au commencement de la 4e semaine, l'influence des doses d'azote se fit sentir et, comme précédemment, se manifesta par une couleur plus foncée, puis un peu plus tard par une végétation plus vigoureuse dans les numéros qui recevaient du nitrate de chaux.

A peu près en même temps, les deux nos 90 et 91, auxquels on ne donnait pas d'azote, commencèrent à entrer dans la période d'inanition ; ils prirent une teinte jaune, les feuilles nouvellement écloses apparurent d'une dimension toujours plus faible et les plus anciennes se desséchèrent.

A la fin de la 6e semaine, les plantes présentèrent du n° 91 au n° 80 une belle série, régulièrement ascendante, et qui correspondait exactement aux doses d'azote introduites dans leur alimentation.

Puis, comme en 1883, il se fit par bonds saccadés une transformation rapide qui vint jeter le désordre le plus complet dans toute la série.

Les deux plants du n° 90 devenus verts tout à coup commencèrent à croître et avec une telle vigueur que bientôt ils égalèrent tous les autres et devinrent plus beaux dès la 10e semaine.

Dans les plants du n° 91, auxquels n'avait également pas été donné d'azote, l'état de disette persista encore deux semaines, puis ils se relevèrent et commencèrent à montrer des produits, mais sans accuser jamais une énergie qui approchât de celle du numéro voisin.

Le développement ultérieur se fit dans les vases, qui avaient reçu du nitrate de chaux, sans montrer de troubles apparents, mais il fut plus grand dans l'un, moindre dans l'autre, et évidemment sans aucun rapport avec la quantité d'azote fournie au sol.

En résumé, la végétation des pois, soumis à l'expérience en 1884, fut beaucoup meilleure qu'elle ne l'avait été l'année précédente.

La récolte a donné les résultats suivants :

TABLEAU.

NUMÉROS des vases.	AZOTE donné.	PLANTES.	POUSSES latérales fruc-tifères.	HAUTEUR des tiges.	NOMBRE des gousses avec grains.	NOMBRE des gousses sans grains.	NOMBRE des grains.
	Gr.			Mètres.			
80	0,336	*a*	—	0,72	2	—	11
		b	1	0,68	3	—	14
81	0,280	*a*	—	0,70	3	—	12
		b	—	0,69	2	—	10
82	0,224	*a*	—	0,71	2	—	14
		b	—	0,71	2	—	11
83	0,224	*a*	1	0,75	4	1	14
		b	—	0,71	2	—	8
84	0,168	*a*	1	0,74	4	—	22
		b	—	0,67	2	—	14
85	0,112	*a*	1	0,82	6	—	28
		b	1	0,78	6	—	23
86	0,112	*a*	1	0,73	4	—	15
		b	—	0,63	3	—	8
87	0,056	*a*	—	0,77	2	—	12
		b	1	0,74	4	—	19
88	0,056	*a*	1	0,71	4	2	12
		b	—	0,68	3	—	12
89	0,028	*a*	—	0,74	3	—	14
		b	1	0,72	6	—	22
90	—	*a*	1	0,96	7	1	40
		b	1	0,84	7	—	30
91	—	*a*	—	0,68	2	—	11
		b	—	0,64	2	—	9
92	0,168	*a*	—	0,66	3	—	9
		b	—	0,61	2	1	5
93	0,168	*a*	—	0,70	2	—	10
		b	1	0,60	3	—	10

NUMÉROS des vases.	AZOTE donné.	SUBSTANCE SÈCHE.				PROPORTION CENTÉSIMALE de la récolte totale.			POIDS moyen d'un grain sec.
		Grains.	Balles.	Paille.	Total.	Grains.	Balles.	Paille.	
	Gr.	Gr.	Gr.	Gr.	Gr.				Milligr.
80	0,336	4,083	1,287	4,249	9,619	42.4	13.4	44.2	163,3
81	0,280	3,873	1,203	5,472	10,548	36.7	11.4	51.9	175,9
82	0,224	3,314	0,754	5,269	9,337	35.5	8.1	56.4	132,6
83	0,224	3,572	1,341	6,666	11,579	30.8	11.6	57.6	162,4
84	0,168	5,885	1,287	4,192	11,364	51.8	11.3	36.9	163,5
85	0,112	8,800	2,091	7,802	18,693	47.1	11.2	41.7	172,5
86	0,112	3,260	1,102	4,105	8,467	38.5	13.0	48.5	141,7
87	0,056	5,616	1,256	7,174	14,046	40.0	8.9	51.1	181,2
88	0,056	3,270	1,146	4,739	9,155	35.7	12.5	51.8	136,3
89	0,028	6,081	1,349	6,381	13,811	44.0	9.8	46.2	168,9
90	—	13,947	3,255	11,281	28,483	49.0	11.4	39.6	199,2
91	—	3,025	0,849	3,312	7,186	42.1	11.8	46.1	151,3
92	0,168	1,631	0,758	3,642	6,031	27.0	12.6	60.4	116,5
93	0,168	2,094	0,834	3,146	6,074	34.5	13.7	51.8	104,7

1885.

Conditions générales.

Vases de culture : 24 centimètres de hauteur ; 15 et 13 centimètres de diamètre.

Sable de chaque vase : 4 kilogr.

Humidité du sol pendant la végétation : variant de 15 à 10 p. 100, c'est-à-dire 60 à 40 p. 100 de la puissance d'absorption du sable.

Variété : pois « Gloire de Cassel ».

Semence : poids absolu variant de 200 à 250 milligr., en moyenne 231 milligr. par grain séché à l'air ; eau = 12.6 p. 100.

Ensemencement : 6 grains mis dans chaque vase, sur lesquels 4 furent arrachés et rejetés et 2 laissés en place pour végéter.

Période de végétation : les grains ayant commencé à germer le 30 mars dans l'eau distillée furent semés le 2 avril avec leurs radicules sorties.

La levée des grains a eu lieu du 6 au 7 avril.

La maturité étant inégale, la récolte a été faite à différents jours :

Les nos 110, 111, 116, 117, 98, 100 et 101 ont été récoltés le 16 juillet.

Les nos 102, 113, 115 et 97 ont été récoltés le 18 juillet.

Les nos 107, 112, 114 et 95 ont été récoltés le 21 juillet.

Le no 104 a été récolté le 3 août.

Les nos 94 et 96 ont été récoltés le 5 août.

Les nos 105 et 108 ont été récoltés le 12 août.

Les nos 103, 106, 109 et 99 ont été récoltés le 17 août.

Alimentation : comme nous l'avons dit plus haut, la végétation des pois ne nous ayant pas satisfait en 1883, nous avions fait quelques changements à la solution nutritive dans l'expérience de 1884 et nous avions pu, en effet, constater une amélioration dans la croissance de nos plantes. Mais par une série de recherches faites en 1884 dans une autre direction et qui, ne se liant pas étroitement à notre sujet, n'ont pas besoin d'être décrites ici, nous avions acquis la conviction que notre ancienne solution pouvait donner aux pois une bonne végétation. Nous n'avons donc vu aucun obstacle qui nous empêchât de revenir pour ceux-ci, en 1885, à une solution semblable à celle que nous avions donnée à l'orge et à l'avoine. Partant de cette idée tous les vases ont reçu pour chacun de leurs numéros :

Monophosphate de potasse	0kr,5444
Chlorure de potassium	0 ,1492
Sulfate de magnésie	0 ,2400

et de plus

NUMÉROS des vases.	NITRATE de chaux.	TENEUR en azote.	CARBONATE DE CHAUX ajouté. Poids.	CARBONATE DE CHAUX ajouté. P. 100 du sable.
	Gr	Gr	Gr.	
94 — 95	0,656	0,112	1	0,025
96 — 97	0,656	0,112	4	0,100
98 — 99	0,656	0,112	10	0,250
100 — 101	0,656	0,112	20	0,500
102 — 103	0,000	0,000	0	0,000
104 — 105	—	—	0,4	0,010
106 — 107	—	—	1	0,025
108 — 109	—	—	2	0,050
110 — 111	—	—	4	0,100
112 — 113	—	—	10	0,250
114 — 115	—	—	20	0,500
116 — 117	—	—	40	1,000

Résultats.

Comme conséquence des froids qui régnèrent dans la première semaine d'avril, la levée se fit moins bien et fut moins uniforme qu'elle ne l'avait été dans les essais précédents.

Mais comme cette fois des six plantes levées quatre furent rejetées et deux seulement laissées en place, une égalité très satisfaisante s'établit dans la végétation de toute la série et pendant la 2e et la 3e semaine aucune différence ne put être signalée dans les 24 couples de plantes mis à l'étude.

Au début de la 4e semaine de végétation l'influence de l'azote commença à se laisser apercevoir et devint rapidement très frappante. Les plantes du n° 94 au n° 101 prirent la teinte vert foncé et la marche de leur croissance, clairement normale, n'eut pas d'interruption ; celles au contraire du n° 102 au n° 117 jaunirent et prirent une apparence malade ; leur développement resta stationnaire et elles commencèrent à se consumer feuille à feuille.

Cet état dura jusqu'à la fin de la 5e semaine et, au 9 mai, toutes les plantes des 8 numéros qui avaient reçu de l'azote étaient uniformément belles, tandis que les 16 numéros privés de solution azotée étaient tous également mal venus sans aucune exception.

A partir de ce moment, la situation se modifia et les plantes auxquelles on n'avait pas donné d'azote sortirent peu à peu de la période de disette. Ce changement se reconnaît, ainsi qu'il a été dit plus haut, quand les plantes, perdant leur teinte jaunâtre, deviennent d'un vert normal et se mettent à pousser, et cet état est si caractéristique, qu'avec une observation attentive on peut en déterminer le commencement à jour fixe. Le changement ne se manifesta dans les 16 numéros, ni en même temps ni avec la même énergie, mais les deux exemples suivants montreront combien il fut frappant et rapide.

Au 10 mai, les deux plantes affamées du n° 105 donnèrent les premières des signes de reverdissement dans leur plus jeune feuille.

Au 13 mai déjà, les plantes entièrement étaient d'un vert normal, si bien qu'elles ne se distinguaient plus par la couleur des pois alimentés avec de l'azote, mais seulement par un développement moindre.

Quatorze jours plus tard, elles avaient réparé le temps perdu et atteint la taille des plantes qui avaient continué à croître en recevant la solution azotée.

Enfin, au 25 juin, début de la période de floraison, elles avaient déjà pris l'avance.

Les deux plants du n° 109 suivirent fidèlement cette marche ascendante.

Le reverdissement commença, pour eux, le 12 mai.

Ils furent complètement verts le 16 du même mois.

Au 5 juin, ils étaient égaux en développement aux plantes qui avaient crû dans la solution azotée.

Au milieu de juin, enfin, ils les avaient déjà manifestement dépassées.

La végétation tout entière des 4 plantes contenues dans les vases n°s 105 et 109 eut beaucoup de la marche insolite, remarquée en 1884 dans les deux plantes du n° 90. Dès qu'elles eurent triomphé de leur état d'inanition, rien ne rappela plus qu'elles poussaient dans un sol dépourvu d'azote. Leur développement d'une rapidité extraordinaire, leurs organes drus et pleins de sève, joints à leur teinte foncée d'un vert noir, leur donnaient exactement l'aspect typique des plantes regorgeant d'azote.

Les autres plantes des vases qui n'avaient pas reçu d'azote ne donnèrent pas les mêmes résultats pour la marche de la végétation. Elles sortirent plus tard et inégalement, quelques-unes même pas du tout, de leur état de disette, et une partie d'entre elles seulement atteignirent dans leur croissance les pois alimentés à l'azote, sans les dépasser; d'autres restèrent en arrière, certaines d'entre elles enfin ne donnèrent aucun produit.

Dans les 8 numéros alimentés d'azote, la végétation des plantes fut, du commencement à la fin, régulière, continue et d'apparence normale.

La récolte a donné les résultats suivants :

NUMÉROS des vases.	PLANTES.	NOMBRE des pousses latérales.	HAUTEUR des tiges.	NOMBRE des gousses avec grains.	NOMBRE des gousses sans grains.	NOMBRE des grains.	POIDS de la substance sèche. Grains.	Balles.	Paille.	Total.
			Mètres.				Gr.	Gr.	Gr.	Gr.
94	*a*	1	1,040	7	—	20	7,063	1,647	4,447	13,157
	b	1	1,015	5	—	18	4,229	0,975	3,999	9,203
95	*a*	2	1,074	4	—	17	4,428	1,040	3,768	9,236
	b	1	0,920	5	—	11	4,012	0,742	2,935	7,719
96	*a*	—	0,903	4	—	15	2,436	0,759	4,338	7,533
	b	1	0,957	6	—	19	3,809	1,283	5,851	10,943
97	*a*	—	0,882	6	—	21	3,973	1,007	2,445	7,425
	b	—	1,020	8	—	25	5,225	1,348	4,571	11,144
98	*a*	2	0,820	6	—	20	4,244	1,161	3,509	8,914
	b	1	1,005	6	—	30	5,685	1,322	4,732	11,739
99	*a*	1	1,080	7	—	24	5,375	1,337	4,151	10,863
	b	—	1,055	6	1	18	3,908	1,471	3,982	9,361
100	*a*	1	0,983	5	—	23	4,082	1,157	3,644	8,883
	b	—	1,130	7	—	27	4,668	1,408	3,503	9,579
101	*a*	2	1,000	8	1	23	4,549	1,234	4,415	10,198
	b	1	1,044	8	—	21	3,811	1,165	3,531	8,507
102	*a*	1	0,725	7	—	22	4,689	0,994	2,436	8,119
	b	2	0,532	4	—	13	2,281	0,410	1,278	3,972
103	*a*	—	0,298	1	—	4	0,627	0,120	0,781	1,531
	b	—	0,555	3	1	9	1,845	0,476	1,184	3,505
104	*a*	1	0,450	2	—	3	0,646	0,222	0,936	1,804
	b	—	0,445	2	—	6	1,099	0,233	0,651	1,986
105	*a*	1	1,150	14	—	33	6,544	2,551	7,996	17,091
	b	1	1,100	9	1	28	5,882	2,319	7,885	16,056
106	*a*	—	0,825	3	—	11	2,064	0,507	2,195	4,766
	b	1	0,220	3	—	5	0,924	0,383	1,166	2,473
107	*a*	—	0,405	1	—	2	0,311	0,095	0,513	0,919
	b	—	0,410	2	—	3	0,432	0,150	0,482	1,064
108	*a*	—	0,845	6	—	19	3,934	0,996	3,014	7,944
	b	—	0,750	3	—	9	1,760	0,378	1,054	3,192
109	*a*	1	0,944	8	—	27	5,712	1,830	5,652	13,192
	b	—	1,206	9	3	27	5,998	1,928	6,696	14,622
110	*a*	—	0,630	3	—	7	1,280	0,402	1,049	2,731
	b	—	0,485	3	—	7	1,146	0,358	0,859	2,363
111	*a*	—	0,746	6	—	16	3,211	0,949	1,626	5,786
	b	—	0,800	5	—	18	3,758	0,975	2,232	6,965
112	*a*	1	0,855	7	—	19	3,821	1,154	3,634	8,609
	b	—	0,745	3	—	7	1,161	0,350	1,297	2,808
113	*a*	—	0,758	4	—	12	2,113	0,580	1,576	4,269
	b	—	0,830	4	—	18	3,525	0,864	2,550	6,939
114	*a*	—	0,660	4	—	9	1,242	0,568	1,323	3,133
	b	—	0,610	4	—	10	1,385	0,552	1,204	3,141
115	*a*	1	0,170	1	—	2	0,245	0,102	0,342	0,689
	b	1	0,160	2	—	3	0,430	0,224	0,375	1,029
116	*a*	—	0,745	4	—	10	1,792	0,584	1,524	3,900
	b	—	0,773	4	—	17	2,720	0,873	2,206	5,799
117	*a*	—	0,417	0	—	0	—	—	0,630	0,630
	b	—	0,786	4	1	17	3,243	1,212	2,548	7,003

NUMÉROS des vases.	AZOTE donné.	SUBSTANCE SÈCHE.				PROPORTION CENTÉSIMALE de la récolte.			POIDS moyen d'un grain sec.
		Grains.	Balles.	Paille.	Total.	Grains.	Balles.	Paille.	
	Gr.	Gr.	Gr.	Gr.	Gr.				Mgr.
94	0,112	11,292	2,622	8,446	22,360	50.5	11.7	37.8	240,3
95	0,112	8,470	1,782	6,703	16,955	50.0	10.5	39.5	222,9
96	0,112	6,245	2,042	10,189	18,476	33.8	11.1	55.1	183,7
97	0,112	9,198	2,355	7,016	18,569	49.5	12.7	37.8	200,0
98	0,112	9,929	2,483	8,241	20,653	48.1	12.0	39.9	198,6
99	0,112	9,283	2,808	8,133	20,224	45.9	13.9	40.2	221,0
100	0,112	8,750	2,565	7,147	18,462	47.4	13.9	38.7	175,0
101	0,112	8,360	2,399	7,946	18,705	44.7	12.8	42.5	190,0
102	—	6,973	1,404	3,714	12,091	57.7	11.6	30.7	199,2
103	—	2,472	0,596	1,968	5,036	49.1	11.8	39.1	190,2
104	—	1,745	0,455	1,590	3,790	46.0	12.0	42.0	193,9
105	—	12,426	4,870	15,851	33,147	37.5	14.7	47.8	203,7
106	—	2,988	0,890	3,361	7,239	41.3	12.3	46.4	186,8
107	—	0,743	0,245	0,995	1,983	37.5	12.3	50.2	148,6
108	—	5,691	1,374	4,068	11,136	51.1	12.3	36.6	203,4
109	—	11,710	3,758	12,348	27,816	42.1	13.5	44.4	216,9
110	—	2,426	0,760	1,908	5,094	47.6	14.9	37.5	173,3
111	—	6,969	1,924	3,858	12,751	54.7	15.1	30.2	205,0
112	—	4,982	1,501	4,931	11,417	43.6	13.2	43.2	191,6
113	—	5,638	1,444	4,126	11,208	50.3	12.9	36.8	187,9
114	—	2,627	1,120	2,527	6,274	41.9	17.8	40.3	138,3
115	—	0,675	0,326	0,717	1,718	39.3	19.0	41.7	135,0
116	—	4,512	1,457	3,730	9,699	46.5	15.0	38.5	167,1
117	—	3,243	1,212	3,178	7,633	42.5	15.9	41.6	190,8

IV.

Nous avons déterminé la teneur en azote d'un grand nombre de ces récoltes, d'abord par combustion avec la chaux sodée, plus tard par la méthode de Kjeldahl, modifiée par Wilfarth et, de temps en temps, nous contrôlions notre analyse en suivant la méthode de Dumas avec l'appareil de Kreussler.

J'ai inscrit les résultats obtenus dans deux tableaux : le premier donne la proportion centésimale de l'azote trouvé et le deuxième la teneur absolue des récoltes en azote, exprimée en grammes ; mais, avant de faire suivre ici ces tableaux, je dois présenter les observations générales suivantes :

Dans les produits récoltés, on a examiné séparément les grains, les balles et la paille, chaque fois que leur poids l'a permis ; mais quand la quantité en était trop faible, on a pris en bloc les balles et la paille ou soumis les plantes tout entières à l'analyse.

Nous ne nous sommes permis de réunir les produits de deux numéros destinés à se contrôler, que pour avoir une plus grande quantité de matière à analyser et lorsque, non seulement l'ensemble de la production, mais le développement tout entier des plantes et le rapport proportionnel des grains, paille, etc. concordaient presque complètement, dans l'un et dans l'autre.

Quant aux racines, dont la récolte aussi bien que l'analyse présente tant de difficultés, en ce sens qu'il n'est possible de les séparer complètement du sol qui y adhère ni par le lavage ni de toute autre manière et qu'elles nous laissent toujours dans l'alternative ou de n'en prendre qu'une partie pour l'avoir pure ou d'opérer sur une masse mélangée de certaines quantités de matières étrangères, nous avons procédé de la façon suivante :

Quand la partie aérienne des plantes avait été mise de côté, le contenu du vase d'expérience était renversé dans une large soucoupe et placé dans la serre : on laissait ainsi la masse se dessécher librement, jusqu'à ce que le sable se désagrégeât sans que les plus fines radicelles perdissent leur flexibilité ; puis, à ce moment, le tout étant posé sur un tamis, le sable sec s'écoulait à travers les mailles. Naturellement ce qui restait sur le tamis n'était pas encore pur la plupart du temps, mais la masse des racines n'avait ainsi subi presque aucune perte. Alors, laissant la dessiccation se poursuivre lentement, on finissait, à l'aide de pressions et de secousses données avec précaution, par écarter encore la plus forte partie du sable, par obtenir en dernier lieu les racines mélangées à une très faible portion du sol de culture. On pouvait donc arriver ainsi à déterminer la quantité d'azote absolue contenue dans les racines, avec d'autant moins de crainte que le sable de quartz, dont nous nous étions servi pour la culture, était complètement dépourvu de substance organique.

Nous avons même cru, d'autant mieux que nous employions la méthode de Kjeldahl, pouvoir sans difficulté, dans ce mélange de sable et de racines, déterminer les proportions centésimales de l'azote, en procédant ainsi : après avoir traité le sable restant dans le récipient par l'acide sulfurique, nous le pesions, puis, son poids retranché de la substance sèche soumise à l'analyse, la différence était portée en compte comme racines nettes.

L'erreur commise par ce procédé résultait de la coction du sable avec l'acide sulfurique concentré, parce qu'un peu de substance minérale entrait en dissolution ; mais l'expérience nous a démontré qu'elle était assez faible pour qu'on pût la négliger. A remarquer que, pour 40 grammes de sable servant à nos expériences, on perdait, en le traitant par l'acide sulfurique suivant Kjeldahl :

0gr,0403
0 ,0420
0 ,0425
0 ,0361

En moyenne 0gr,0403 soit 0.1 p. 100.

Or dans le dosage de l'azote, les quantités de sable restant qui y étaient soumises variaient seulement de 1/2 à 20 grammes ; dans chaque cas particulier, la perte par dissolution comptée par erreur comme racine, ne dépassant pas 1/2 à 20 milligr., ne pouvait monter, dans les circonstances les plus défavorables, qu'à 2 p. 100 du chiffre afférent à la racine ; régulièrement, elle n'a varié que de 0.1 à 0.3 p. 100.

Là, où nous nous sommes servi de la méthode Will et Varrentrapp, pour fixer la teneur en azote du mélange de racine et de sable, nous nous sommes abstenu de déterminer, par une recherche spéciale, le poids des racines nettes et nous avons mis à la place du chiffre dans le premier tableau (teneur centésimale) un point d'interrogation (?) et, pour éviter la confusion, nous avons indiqué par un trait (—) les cas où la teneur en azote des parties souterraines de la plante n'a pas été déterminée.

Quant aux quelques analyses de contrôle, faites suivant la méthode de Dumas, nous en avons marqué les chiffres d'une croix (+).

Tout ce que l'on désirerait connaître de plus se trouvera dans les documents analytiques, donnés comme appendice à la fin de notre travail.

Il a été trouvé dans 100 parties de substance sèche :

Azote.

Orge.

a) Dans les grains qui ont servi à l'ensemencement :

1883.	1.54 p. 100
1884.	1.80 —
1885.	1.76 —

b) Dans les produits récoltés :

NUMÉROS des vases.	AZOTE donné sous forme de nitrate de chaux.	GRAINS.	BALLES.	PAILLE.	RACINES.
	Gr.	P. 100.	P. 100.	P. 100.	P. 100.
		1883			
1	0,336	1.638	0.417 0.484	0.467 0.434	?
2 4	0,224 0,224	1.398	0.409 0.417	0.466 0.452	?
5	0,168	1.347	0.407	0.439 0.456	?
7 8	0,112 0,112	1.286	0.389	0.409 0.406	?
9 10	0,056 0,056	1.217	0.361	0.374 0.354	?
12 13	0,028 —	1.207 ?	0.283 ?	0.328 ?	?
14	—	?	?	?	?
		1884			
15	0,448	1.83 1.85	0.59 0.61	0.57	0.83
17 18	0,336 0,336	1.51	0.51	0.46 0.44	0.68
20	0,224	1.35 1.28 1.20 +	0.44	0.34 0.35 ?	0.66
21 22	0,112 0,112	1.31	0.46	0.38	0.57
23	0,056	1.12	0.49	0.34	0.58
		1885			
26	0,224	1.25	0.41		—
27	0,112	1.38	0.28		—
29	—	0.66			
30	—	0.43			

Avoine.

a) Dans les grains qui ont servi à l'ensemencement :

1883. 1.74 p. 100
1884. 2.00 —
1885. 1.82 —

b) Dans les produits récoltés :

<table>
<tr><th>NUMÉROS des vases.</th><th>AZOTE donné sous forme de nitrate de chaux.</th><th>GRAINS.</th><th>BALLES.</th><th>PAILLE.</th><th>RACINES.</th></tr>
<tr><td></td><td>Gr.</td><td>P. 100.</td><td>P. 100.</td><td>P. 100.</td><td>P. 100.</td></tr>
<tr><td colspan="6">**1883**</td></tr>
<tr><td>35</td><td>0,336</td><td>1.523</td><td>1.315</td><td>0.394
0.394</td><td>?</td></tr>
<tr><td>36</td><td>0,224</td><td rowspan="2">1.370</td><td rowspan="2">1.266</td><td>0.371</td><td rowspan="2">?</td></tr>
<tr><td>37</td><td>0,224</td><td>0.370</td></tr>
<tr><td>38</td><td>0,168</td><td>1.378</td><td>1.195</td><td>0.329</td><td>?</td></tr>
<tr><td>40</td><td>0,112</td><td>1.315</td><td rowspan="2">1.163</td><td>0.354</td><td rowspan="2">?</td></tr>
<tr><td>41</td><td>0,112</td><td>1.316</td><td>0.328</td></tr>
<tr><td>42</td><td>0,056</td><td>1.333</td><td rowspan="2">1.156</td><td rowspan="2">0.312</td><td rowspan="2">?</td></tr>
<tr><td>43</td><td>0,056</td><td>1.333</td></tr>
<tr><td>45</td><td>—</td><td>?</td><td>?</td><td>?</td><td>?</td></tr>
<tr><td>46</td><td>—</td><td>?</td><td>?</td><td>?</td><td>?</td></tr>
<tr><td colspan="6">**1884**</td></tr>
<tr><td>47</td><td>0,224</td><td rowspan="2">1.31</td><td rowspan="2">1.00</td><td>0.24</td><td rowspan="2">0.49</td></tr>
<tr><td>49</td><td>0,224</td><td>0.23</td></tr>
<tr><td>50</td><td>0,112</td><td rowspan="2">1.27</td><td rowspan="2">0.84</td><td rowspan="2">0.25</td><td rowspan="2">0.49</td></tr>
<tr><td>51</td><td>0,112</td></tr>
<tr><td>53</td><td>0,056</td><td>1.29</td><td rowspan="2">0.71</td><td rowspan="2">0.23</td><td rowspan="2">0.52</td></tr>
<tr><td>55</td><td>0,056</td><td>1.23</td></tr>
<tr><td colspan="6">**1885**</td></tr>
<tr><td>56</td><td>0,224</td><td>1.42</td><td colspan="2">0.29</td><td>—</td></tr>
<tr><td>58</td><td>0,112</td><td>1.33</td><td colspan="2">0.26</td><td>—</td></tr>
<tr><td>60</td><td>—</td><td colspan="4">0.83</td></tr>
<tr><td>61</td><td>—</td><td colspan="4">1.02</td></tr>
</table>

Pois.

a) Dans les grains qui ont servi à l'ensemencement :

1883. 3.97 p. 100
1884. 4.45 —
1885. 4.00 —

b) Dans les produits récoltés :

NUMÉROS des vases.	AZOTE sous forme de nitrate de chaux.	GRAINS.	BALLES.	PAILLE.	RACINES.
	Gr.	P. 100.	P. 100.	P. 100.	P. 100.
			1883		
66	0,386	2.91	0.67		2.61
67	0,224	3.18	0.92		2.68
71	0,112	2.51	0.68		2.79
72	0,112	2.75	0.58	1.77	3.32
74	0,056	2.78	0.85		2.77
76	0,028		1.19		2.37
78	—	2.39	0.81		1.49
79	—	2.31	1.14		2.94
			1884		
80	0,336	4.15	0.63	0.78	2.06
81	0,280	3.42	0.51	1.07	1.85
83	0,224	2.93	0.59	1.19	—
84	0,168	3.18	0.48	0.87	2.35
85	0,112	3.57 3.58 +	1.06		2.75
87	0,056	3.81	0.68	1.18	2.55
89	0,028	2.79	1.38		2.36
90	—	4.47 4.59 +	1.52		3.02
91	—	2.83	0.47	1.09	1.94
			1885		
94	0,112	4.72 4.65 4.87 +	1.06 1.09		3.58
95	0,112	4.33	0.56	1.31	3.07
98	0,112	3.65 3.68	0.63 0.65		2.44
102	—	4.33	0.65	1.77	1.75
104	—	3.65	0.87	1.50	1.82
105	—	5.33 5.32 5.36 +	2.49 2.46 2.56 +		4.47 4.22
108	—	4.32	0.54	1.23	1.72
109	—	5.00 5.03 5.15 +	1.14 1.13 1.28 +		2.59
111	—	3.83 3.77	0.71 0.73		1.73
112	—	4.20 4.22	0.91 0.94		2.06
113	—	3.86	0.58	1.16	2.09
115	—	4.02	1.28	1.39	1.59

De ces chiffres on déduit les teneurs absolues suivantes en azote, par vase.

Orge.

a) Dans les grains de semence :

1883	$0^{gr},004$
1884	0 ,004
1885	0 ,004

b) Dans la récolte :

NUMÉROS des vases.	AZOTE sous forme de nitrate de chaux.	GRAINS.	BALLES.	PAILLE.	RACINES.	ENSEMBLE de la partie aérienne.	TOTAL pour la plante entière.
	Gr.	Gr.	Gr.	Gr.	Gr.	Gr.	Gr.
				1883			
1	0,336	0,1701	0,0146	0,0713	0,0418	0,256	0,298
2 4	0,224	0,1177	0,0075	0,0511	0,0304	0,176	0,207
5	0,168	0,0831	0,0052	0,0400	0,0228	0,128	0,151
7 8	0,112	0,0529	0,0033	0,0239	0,0179	0,080	0,098
9 10	0,056	0,0256	0,0016	0,0113	0,0081	0,039	0,047
12	0,028	0,0126	0,0007	0,0056	0,0059	0,019	0,025
13	—	—	—	—	—	?	0,006
14	—	—	—	—	—	?	0,006
				1884			
15	0,448	0,1821	0,1279		0,0437	0,310	0,354
17 18	0,336	0,1473	0,0133	0,0645	0,0234	0,225	0,249
20	0,224	0,1020	0,0073	0,0380	0,0196	0,147	0,167
21 22	0,112	0,0474	0,0036	0,0219	0,0084	0,073	0,081
23	0,056	0,0224	0,0023	0,0107	0,0066	0,031	0,042
				1885			
26	0,224	0,1244	0,0551		?	0,180	?
27	0,112	0,0527	0,0208		?	0,074	?
29	—	—	—		—	?	0,005
30	—	—	—		—	?	0,004

Avoine.

a) Dans les grains de semence :

1883.	0gr,005
1884.	0 ,005
1885.	0 ,005

b) Dans la récolte :

NUMÉROS des vases.	AZOTE sous forme de nitrate de chaux.	GRAINS.	BALLES.	PAILLE.	RACINES.	ENSEMBLE de la partie aérienne.	TOTAL pour la plante entière.
	Gr.	Gr.	Gr.	Gr.	Gr.	Gr.	Gr.
				1883			
35	0,336	0,1863	0,0149	0,0662	0,0357	0,267	0,303
36, 37	0,224	0,1168	0,0098	0,0447	0,0280	0,171	0,199
38	0,168	0,0839	0,0067	0,0308	0,0239	0,121	0,145
40, 41	0,112	0,0536	0,0039	0,0224	0,0176	0,080	0,098
42, 43	0,056	0,0273	0,0019	0,0114	0,0092	0,041	0,050
45	—	—	—	—	—	?	0,005
46	—	—	—	—	—	?	0,005
				1884			
47, 49	0,224	0,1328	0,0086	0,0272	0,0159	0,169	0,185
50, 51	0,112	0,0584	0,0028	0,0149	0,0142	0,076	0,090
53, 55	0,056	0,0257	0,0012	0,0082	0,0099	0,035	0,045
				1885			
56	0,224	0,1374	0,0379		?	0,175	?
58	0,112	0,0672	0,0195		?	0,087	?
60	—	—	—		—	?	0,006
61	—	—	—		—	?	0,006

Pois.

a) Dans les grains de semence :

1883	0gr,018
1884	0 ,014
1885	0 ,016

b) Dans la récolte :

NUMÉROS des vases.	AZOTE sous forme de nitrate de chaux.	GRAINS.	BALLES.	PAILLE.	RACINES.	ENSEMBLE de la partie aérienne.	TOTAL pour la plante entière.
	Gr.	Gr.	Gr.	Gr.	Gr.	Gr.	Gr.
			1883				
66	0,336	0,0953	0,0541		0,0421	0,149	0,192
67	0,224	0,0856	0,0647		0,0490	0,150	0,199
71	0,112	0,0902	0,0420		0,0384	0,132	0,171
72	0,112	0,0710	0,0041	0,0921	0,0419	0,167	0,209
74	0,056	0,0167	0,0300		0,0255	0,047	0,072
76	—	0,0209			0,0228	0,021	0,044
78	—	0,0284	0,0187		0,0569	0,047	0,104
79	—	0,0330	0,0434		0,0150	0,076	0,091
			1884				
80	0,336	0,1694	0,0081	0,0331	0,0293	0,211	0,240
81	0,280	0,1325	0,0061	0,0586	0,0508	0,197	0,248
83	0,224	0,1047	0,0079	0,0793	—	0,192	?
84	0,168	0,1371	0,0062	0,0365	0,0448	0,230	0,275
85	0,112	0,3168	0,1049		0,0524	0,422	0,474
87	0,056	0,2140	0,0085	0,0847	0,0581	0,307	0,365
89	0,028	0,1697	0,1067		0,0461	0,276	0,323
90	—	0,6471	0,2209		0,0812	0,868	0,949
91	—	0,0856	0,0040	0,0361	0,0202	0,126	0,146
			1885				
94	0,112	0,5290	0,1190		0,0516	0,648	0,700
95	0,112	0,3668	0,0100	0,0878	0,0395	0,465	0,504
98	0,112	0,3639	0,0686		0,0373	0,433	0,470
102	—	0,3019	0,0091	0,0657	0,0104	0,377	0,387
104	—	0,0637	0,0040	0,2039	0,0124	0,092	0,104
105	—	0,6617	0,5128		0,1088	1,174	1,283
108	—	0,2460	0,0074	0,0500	0,0243	0,304	0,328
109	—	0,5878	0,1828		0.0681	0,771	0,839
111	—	0,2648	0,0416		0,0166	0,306	0,323
112	—	0,2097	0,0595		0,0159	0,269	0,285
113	—	0,2176	0,0084	0,0479	0,0247	0,274	0,299
115	—	0,0271	0,0042	0,0100	0,0092	0,041	0,051

V.

Nous espérons que, malgré le nombre considérable de chiffres que nous avons été forcés de donner ici, on se convaincra, sans trop de difficultés, qu'ils confirment d'une façon précise et sans exception les expériences faites dans nos premières recherches et mentionnées plus haut.

Sans sortir un instant du terrain expérimental, on pourra tirer les conclusions suivantes :

a) La végétation de l'orge et de l'avoine a toujours été dans un rapport étroit avec la quantité de nitrate mélangée au sol.

Chacun de nos vases pourrait servir à la démonstration, mais nous devons nous en tenir à relever spécialement les points suivants :

α. Sans addition de nitrate, la production, dans le cas de l'orge et de l'avoine, fut toujours à peu près nulle.

Quoique les plantes, dont il est question là, aient végété aussi longtemps que des plantes normales et soient parvenues à développer un épi, le poids de la substance sèche de toutes leurs parties aériennes s'éleva :

Dans l'orge (n°s 13, 14, 29 et 30) . . . . . de 0^{gr},059 à 0^{gr},093
Dans l'avoine (n°s 45, 46, 60 et 61) . . . . de 0 ,052 à 0 ,096

β. Dans un volume donné de sol de culture, le rendement maximum ne fut atteint que sous l'influence d'une forte dose déterminée de nitrate fournie au sol.

Dans nos premiers essais le volume du sable était plus faible (les vases n'en contenaient que 4 kilogr.) et souvent nous avons donné de fortes doses de nitrate. Comme nous l'avons dit plus haut, il nous a été démontré en procédant ainsi que le rendement de l'orge dans ces vases ne peut pas beaucoup dépasser 25 grammes en substance sèche et que ce rendement maximum peut toujours être facilement obtenu par une dose équivalant à 20 milligr. d'azote et même peut-être un peu plus faible.

Dans les expériences que nous venons de rapporter (Expériences de 1883 à 1885), nous nous sommes servi de vases un peu plus grands, contenant 4kg,600 de sable, et dans six cas seulement, pour l'orge, dans les vases nos 1, 15, 16, 17, 18 et pour l'avoine dans le vase n° 35, nous avons donné des nitrates en quantité considérable; mais ce petit nombre de numéros suffit, comme va le montrer le groupement suivant, à faire clairement reconnaître que le rendement maximum atteint pour l'orge, donnant environ 28 grammes de substance sèche, ne put pas être obtenu par des doses données au sol, sous forme de nitrate de chaux, inférieures à 0gr,300 d'azote en chiffres ronds.

γ. Tout le temps que nos doses de nitrates ont oscillé entre des quantités correspondant à un poids de 300 à 0 milligr. d'azote, c'est-à-dire tant qu'elles n'ont pas dépassé les limites dans lesquelles l'azote contenu dans le sol devenait un facteur minimum de la végétation, non seulement le rendement s'est constamment abaissé avec la diminution des doses de nitrates, mais la même quantité de ces nitrates a toujours produit à peu près le même rendement. Cette observation a été confirmée tant par les vases de contrôle végétant à côté des autres dans chaque expérience que par les cultures diverses, qui ont été faites chaque année.

Ce n'est pas sans dessein que nous avons joint les rapports morphologiques de nos récoltes à la description de toutes nos expériences. Ils rendent manifeste l'influence qu'exercent chaque année les variations de la température sur le développement des plantes au point de vue de leur hauteur, de l'abondance des tiges, de la formation des grains, de la production de la paille, etc. En somme, il a été récolté :

DOSE D'AZOTE donnée sous forme de nitrate.	ANNÉE de l'expérience.	NUMÉROS des vases.	SUBSTANCE SÈCHE de la partie aérienne. Quantité.	Moyenne.
Gr.			Gr.	Gr.
		ORGE		
0,448	1884	15	31,035	27,564
		16	24,093	
0,336	1883	1	29,343	27,577
	1884	17	26,817	
		18	26,572	
0,224	1883	2	21,074	21,433
		3	20,460	
		4	21,726	
	1884	20	20,396	
	1885	25	21,560	
		26	23,381	
0,168	1883	5	16,388	16,388
0,112	1883	7	10,805	10,789
		8	10,802	
	1884	21	10,210	
		22	10,093	
	1885	27	11,230	
		28	10,927	
		31	11,019	
		32	11,251	
		33	11,236	
		34	10,319	
0,056	1883	9	5,594	5,562
		10	5,704	
		11	5,322	
	1884	23	5,628	
0,028	1883	12	2,995	2,995
0,000	1883	13	0,508	0,529
		14	0,415	
	1885	29	0,650	
		30	0,544	
		AVOINE		
0,336	1883	35	30,175	30,175
0,224	1883	36	21,273	21,990
		37	21,441	
	1884	47	22,730	
		48	21,407	
		49	21,943	
	1885	56	22,757	
		57	22,376	
0,168	1883	38	15,997	15,997
0,112	1883	40	10,981	11,140
		41	10,941	
	1884	50	10,694	
		51	11,058	
		52	9,890	
	1885	58	12,545	
		59	11,277	
		62	11,699	
		63	11,793	
		64	9,742	
		65	11,920	
0,056	1883	42	5,902	5,616
		43	5,851	
		44	5,287	
	1884	53	5,726	
		54	5,128	
		55	5,799	
0,000	1883	45	0,361	0,511
		46	0,419	
	1885	60	0,671	
		61	0,592	

8. Enfin, restant toujours dans ces mêmes limites où la nutrition azotée est à son minimum d'action comme facteur de la végétation, chaque partie en poids de nitrate donnée a toujours produit à peu près le même supplément de récolte, qu'on le fournisse aux plantes en plus ou moins grande quantité ; en sorte qu'il semble permis d'exprimer approximativement, par des chiffres, l'effet produit par la nutrition azotée sur les graminées.

Quoique les expériences, dont nous rendons compte, ne soient pas encore assez nombreuses, cependant elles démontrent clairement que pour l'orge ce chiffre approche de 93 et qu'il est un peu plus élevé pour l'avoine, soit environ de 96, ce que prouve le tableau suivant :

AZOTE donné au sol.	SUBSTANCE sèche de la partie aérienne.	SUPPLÉMENT d'azote.	SUPPLÉMENT de rendement.	PRODUIT de 1 milligr. d'azote en supplément de récolte.
Gr.	Gr.	Gr.	Gr.	Milligr.
		ORGE.		
0,000	0,529	—	—	—
0,056	5,562	+ 0,056	+ 5,033	1 : 90
0,112	10,789	+ 0,056	+ 5,227	1 : 93
0,224	21,433	+ 0,112	+ 10,644	1 : 95
		Moyenne		1 : 93
		AVOINE.		
0,000	0,511	—	—	—
0,056	5,616	+ 0,056	+ 5,105	1 : 91
0,112	11,140	+ 0,056	+ 5,524	1 : 99
0,224	21,990	+ 0,112	+ 10,850	1 : 97
		Moyenne		1 : 96

Quoique ces chiffres ne soient et ne puissent être qu'approximatifs, il en résulte déjà que la substance des plantes n'est pas formée d'une combinaison chimique uniforme, mais que, suivant les cas, la teneur en azote peut y varier dans certaines limites, indication qui nous semble n'être pas sans importance, tant au point de vue scientifique qu'au point de vue particulier de la pratique.

b) Rien n'indique que l'orge et l'avoine puissent puiser de l'azote en quantité notable à d'autres sources que celles que fournissaient le grain au début de l'expérience, puis le sol et les nitrates mis à leur disposition.

En effet,

α. Dans les récoltes, qu'on a obtenues pour l'orge et l'avoine, il a été retrouvé, sans exception, moins d'azote que les plantes n'en avaient évidemment reçu, depuis le commencement de l'expérience, par les sources que nous venons d'indiquer.

Voici les résultats de nos analyses :

NUMÉROS des vases.	AZOTE FOURNI		AZOTE RETROUVÉ dans la		DIFFÉRENCE ENTRE L'AZOTE RETROUVÉ dans la matière sèche et l'azote donné			
	par nitrate donné et semence.	par nitrate donné, semence et sol.	substance sèche de la partie aérienne.	plante entière.	en nitrate et semence		en nitrate, semence et sol	
					partie aérienne.	plante entière.	partie aérienne.	plante entière.
	Gr.	Gr.	Gr.	Gr.	Gr.	Gr.	Gr.	Gr.
				ORGE.				
				1883.				
1	0,340	0,365	0,256	0,298	— 0,084	— 0,042	— 0,109	— 0,067
2, 4	0,228	0,253	0,176	0,207	— 0,052	— 0,021	— 0,077	— 0,046
5	0,172	0,197	0,128	0,151	— 0,044	— 0,021	— 0,069	— 0,046
7, 8	0,116	0,141	0,080	0,098	— 0,036	— 0,018	— 0,061	— 0,043
9, 10	0,060	0,085	0,039	0,047	— 0,021	— 0,013	— 0,016	— 0,038
12	0,032	0,057	0,019	0,025	— 0,113	— 0,007	— 0,038	— 0,032
13	0,004	0,029	?	0,006	?	+ 0,002	?	— 0,023
14	0,001	0,029	?	0,006	?	+ 0,002	?	— 0,023
				1884.				
15	0,452	0,477	0,310	0,354	— 0,142	— 0,098	— 0,167	— 0,123
17, 18	0,340	0,365	0,225	0,249	— 0,115	— 0,091	— 0,140	— 0,116
20	0,228	0,253	0,147	0,167	— 0,081	— 0,061	— 0,106	— 0,086
21, 22	0,116	0,141	0,073	0,081	— 0,043	— 0,035	— 0,068	— 0,060
23	0,060	0,085	0,036	0,042	— 0,024	— 0,018	— 0,049	— 0,043
				1885.				
26	0,228	0,253	0,180	?	— 0,048	?	— 0,073	?
27	0,116	0,141	0,074	?	— 0,042	?	— 0,067	?
29	0,004	0,029	?	0,005	?	0,000	?	— 0,024
30	0,004	0,029	?	0,004	?	— 0,001	?	— 0,025

NUMÉROS des vases.	AZOTE FOURNI		AZOTE RETROUVÉ dans la		DIFFÉRENCE ENTRE L'AZOTE RETROUVÉ dans la substance sèche et l'azote donné			
					en nitrate et semence		en nitrate, semence et sol	
	par nitrate donné et semence.	par nitrate donné, semence et sol.	substance sèche de la partie aérienne.	plante entière.	partie aérienne.	plante entière.	partie aérienne.	plante entière.
	Gr.	Gr.	Gr.	Gr.	Gr.	Gr.	Gr.	Gr.
				AVOINE.				
				1883.				
35	0,341	0,366	0,267	0,303	— 0,074	— 0,038	— 0,099	— 0,063
36 37	0,229	0,254	0,171	0,199	— 0,058	— 0,030	— 0,083	— 0,055
38	0,173	0,198	0,121	0,145	— 0,052	— 0,028	— 0,077	— 0,053
40 41	0,117	0,142	0,080	0,098	— 0,037	— 0,019	— 0,062	— 0,044
42 43	0,061	0,086	0,041	0,050	— 0,020	— 0,011	— 0,045	— 0,036
45	0,005	0,030	?	0,005	?	0,000	?	— 0,025
46	0,005	0,030	?	0,005	?	0,000	?	— 0,025
				1884.				
47 49	0,229	0,254	0,169	0,185	— 0,060	— 0,044	— 0,085	— 0,069
50 51	0,117	0,142	0,076	0.090	— 0,041	— 0,027	— 0,066	— 0,052
53 55	0,061	0,086	0,035	0,045	— 0,026	— 0,016	— 0,051	— 0,041
				1885.				
56	0,229	0,254	0,175	?	— 0,054	?	— 0,079	?
58	0,117	0,142	0,087	?	— 0,030	?	— 0,055	?
60	0,005	0,030	?	0,006	?	+ 0,001	?	— 0,024
61	0,005	0,030	?	0,006	?	+ 0,001	?	— 0,024

Les différences existant entre les quantités d'azote données en solution au sol dès le début de l'expérience et fournies par la semence et celles qui ont été retrouvées dans la récolte, portent sans exception un signe négatif, ainsi qu'on peut le voir dans la dernière colonne de ce tableau.

Cependant nous avons, avec intention, admis en principe ici pour le calcul de l'azote contenu dans le sol, le plus haut chiffre trouvé dans nos déterminations et fourni par une seule analyse, soit $5^{mg},4$ d'azote par kilogramme de sable ou 25 milligrammes d'azote pour $4^{kg},600$.

On peut toutefois se convaincre facilement que rien n'aurait été changé si, au lieu de ce chiffre, on eût indiqué le chiffre moyen résultant de toutes les déterminations faites.

La 3e colonne montre que dans deux cas seulement pour l'orge et pour l'avoine, il a été retrouvé plus d'azote qu'il n'en existait dans la solution et dans la semence, 2 milligrammes dans le premier cas et 1 milligramme dans le second ; mais cette augmentation est si faible qu'on est en droit de douter si elle résulte d'une erreur inévitable dans les déterminations de l'analyse ou si elle vient de traces d'azote contenues dans le sol.

β. Non seulement le rendement s'est constamment abaissé en suivant la diminution du nitrate, mais aussi la teneur en azote des produits récoltés a toujours été diminuant.

Cette observation, croyons-nous, explique mieux que toute autre l'état d'inanition croissant des plantes soumises à des conditions déterminées.

Quoique la démonstration de cette proposition ne saute pas partout aux yeux, dans les tableaux qui indiquent la proportion centésimale de l'azote dans chaque récolte en particulier, il en ressort néanmoins, en principe, que chacune des parties de la plante, grains, balles et paille, varie non seulement dans sa teneur en azote mais aussi dans son poids relatif. Le tableau qui suit le fera mieux comprendre :

AZOTE donné sous forme de nitrate de chaux.	ANNÉES.	NUMÉROS des vases.	SUBSTANCE sèche de la partie aérienne.	TOTAL de l'azote qui y a été trouvé.	PROPORTION DE L'AZOTE contenu dans la partie aérienne	
					P. 100.	en moyenne.
Gr.			Gr.	Gr.		P. 100.
			ORGE			
0,448	1884	15	31,035	0,310	1.00	1.00
0,336	1883	1	29,343	0,256	0.87	0.86
	1884	17 18	26,695	0,225	0.84	
0,224	1883	2 4	21,400	0,176	0.82	0.77
	1884	20	20,396	0,147	0.72	
	1885	26	23,384	0,180	0.77	
0,168	1883	5	16,388	0,128	0.78	0.78
0,112	1883	7 8	10,803	0,080	0.74	0.74
	1884	21 22	10,151	0,073	0.72	
	1885	27	11,230	0,074	0.66	
0,056	1883	9 10	5,650	0,039	0.69	0.67
	1884	23	5,628	0,036	0.64	
0,028	1883	12	2,995	0,019	0.63	0.63

AZOTE donné sous forme de nitrate de chaux.	ANNÉES.	NUMÉROS des vases.	SUBSTANCE sèche de la partie aérienne.	TOTAL de l'azote qui y a été trouvé.	PROPORTION DE L'AZOTE contenu dans la partie aérienne P. 100.	en moyenne.
Gr.			Gr.	Gr.		P. 100.
			AVOINE			
0,336	1883	35	30,175	0,267	0.89	0.89
	1883	36, 37	21,357	0,171	0.80	
0,224	1884	47, 49	22,336	0,169	0.76	0.78
	1885	56	22,757	0,175	0.77	
0,168	1883	38	15,997	0,121	0.76	0.76
	1883	40, 41	10,961	0,080	0.73	
0,112	1884	50, 51	10,876	0,076	0.70	0.71
	1885	58	12,545	0,087	0.69	
0,056	1883	42, 43	5,876	0,041	0.70	0.66
	1884	53, 55	5,762	0,035	0.61	

c) La végétation des pois, dans nos expériences, non seulement n'a pas montré la même relation étroite avec les doses de nitrate données au sol, mais n'a jamais été clairement dans un rapport déterminé avec elles.

En effet,

α. Dans un sol ne révélant pas de traces de nitrates et renfermant de l'azote en proportion si minime qu'il pouvait être considéré comme en étant dépourvu, les pois non seulement ont végété de façon normale mais se sont développés avec une vigueur luxuriante. En voici des exemples:

AZOTE DONNÉ sous forme de nitrate de chaux.	ANNÉES.	NUMÉROS des vases d'expérience.	SUBSTANCE SÈCHE donnée par la partie aérienne.
0	1883	79	5gr,233
0	1884	90	28 ,483
0	1885	105	33 ,147
0	1885	109	27 ,816

β. Il suit de là que l'azote du sol ne montra jamais, dans quelque mesure que ce fût, son influence sur la végétation des pois et que la privation de nitrates ne détermina pas plus une diminution dans les rendements, que son addition ne donna une élévation de la récolte.

Un simple coup d'œil jeté sur les expériences dont nous rendons compte plus haut suffira pour le démontrer.

γ. Des doses égales d'azote fournies au sol ont produit des rendements aussi inégaux que possible, tant dans les différentes années, où les expériences ont été faites, que dans les essais de contrôle dans les vases placés près des autres et qui étaient dans des conditions de végétation exactement semblables.

Exemple :

AZOTE DONNÉ sous forme de nitrate de chaux.	ANNÉE.	NUMÉROS DES VASES.	SUBSTANCE SÈCHE fournie par la partie aérienne.
Gr.			Gr. Gr.
0,224	1883	67 et 68	6,646 et 9,725
»	1884	82 et 83	9,337 — 11,579
0,112	1883	70 à 72	4,915 à 9,767
»	1884	85 et 86	8,467 — 18,693
»	1885	94 à 101	16,955 — 22,360
0,056	1883	73 à 75	0,978 à 4,128
»	1884	87 et 88	9,155 — 14,046
0,000	1883	76 à 79	0,551 à 5,233
»	1884	90 et 91	7,186 et 28,483
»	1885	102 à 117	1,718 — 33,147

δ. En conséquence, il ne pouvait être question, dans la voie que nous suivions, de chercher à déterminer, par des chiffres, l'influence d'une quantité quelconque d'azote sur la végétation des pois.

d) A côté de l'azote qui était mis à leur disposition dans le sol au début de l'expérience, les pois ont trouvé une autre source d'alimentation, dans laquelle ils ont pu puiser des quantités considérables de nourriture.

En effet,

α. Dans les récoltes des pois, souvent il a été retrouvé manifestement plus d'azote que n'en accusaient le nitrate donné, la semence et le sol.

Établissant donc le bilan de l'azote, comme nous l'avons fait plus haut pour l'orge et pour l'avoine, il en ressort le tableau suivant :

NUMÉROS des vases.	AZOTE FOURNI par les		AZOTE RETROUVÉ dans la substance sèche		DIFFÉRENCES ENTRE L'AZOTE RETROUVÉ dans la substance sèche et l'azote donné			
					en nitrates et semences		en nitrates, semence et sol,	
	nitrates donnés et semence.	nitrates donnés, semence et sol.	de la partie aérienne.	de la plante entière.	partie aérienne.	plante entière.	partie aérienne.	plante entière.
	Gr.	Gr.	Gr.	Gr.	Gr.	Gr.	Gr.	Gr.
				POIS.				
				1883				
66	0,354	0,379	0,149	0,192	— 0,205	— 0,162	— 0,230	— 0,187
67	0,242	0,267	0,150	0,199	— 0,092	— 0,043	— 0,117	— 0,068
71	0,130	0,155	0,132	0,171	+ 0,002	+ 0,041	— 0,023	+ 0,016
72	0,130	0,155	0,167	0,209	+ 0,037	+ 0,079	+ 0,012	+ 0,054
74	0,074	0,099	0,047	0,072	— 0,027	— 0,002	— 0,052	— 0,027
76	0,046	0,071	0,021	0,044	— 0,025	— 0,002	— 0,050	— 0,027
78	0,018	0,043	0,047	0,104	+ 0,029	+ 0,086	+ 0,004	+ 0,061
79	0,018	0,043	0,076	0,091	+ 0,058	+ 0,073	+ 0,033	+ 0,048
				1884				
80	0,350	0,375	0,211	0,240	— 0,139	— 0,110	— 0,164	— 0,135
81	0,280	0,305	0,197	0,248	— 0,083	— 0,032	— 0,108	+ 0,057
83	0,238	0,263	0,192	?	— 0,046	?	— 0,071	?
84	0,182	0,207	0,230	0,275	+ 0,048	+ 0,093	+ 0,023	+ 0,068
85	0,126	0,151	0,422	0,474	+ 0,296	+ 0,348	+ 0,271	+ 0,323
87	0,070	0,095	0,307	0,365	+ 0,237	+ 0,295	+ 0,212	+ 0,270
89	0,042	0,067	0,276	0,323	+ 0,234	+ 0,281	+ 0,209	+ 0,256
90	0,014	0,039	0,868	0,949	+ 0,854	+ 0,935	+ 0,829	+ 0,910
91	0,014	0,039	0,126	0,146	+ 0,112	+ 0,132	+ 0,087	+ 0,107
				1885				
94	0,128	0,153	0,648	0,700	+ 0,520	+ 0,572	+ 0,495	+ 0,547
95	0,128	0,153	0,465	0,501	+ 0,337	+ 0,376	+ 0,312	+ 0,351
98	0,128	0,153	0,433	0,470	+ 0,305	+ 0,342	+ 0,280	+ 0,317
102	0,016	0,041	0,377	0,387	+ 0,361	+ 0,371	+ 0,336	+ 0,346
104	0,016	0,041	0,092	0,104	+ 0,076	+ 0,088	+ 0,051	+ 0,063
105	0,016	0,041	1,174	1,283	+ 1,158	+ 1,267	+ 1,133	+ 1,242
108	0,016	0,041	0,301	0,328	+ 0,288	+ 0,312	+ 0,263	+ 0,287
109	0,016	0,041	0,771	0,839	+ 0,755	+ 0,823	+ 0,730	+ 0,798
111	0,016	0,041	0,306	0,323	+ 0,290	+ 0,307	+ 0,265	+ 0,282
112	0,016	0,041	0,269	0,285	+ 0,253	+ 0,269	+ 0,228	+ 0,244
113	0,016	0,041	0,274	0,299	+ 0,258	+ 0,283	+ 0,233	+ 0,258
115	0,016	0,041	0,014	0,051	+ 0,025	+ 0,035	0,000	+ 0,010

Il nous suffit de faire remarquer, qu'ici aussi, on a porté en compte la plus forte quantité d'azote contenue dans le sol et trouvée dans une seule analyse, soit $5^{mg},4$ par kilogramme de sable ou 25 milligr. pour les $4^{k},600$ que renfermait chaque vase.

β. La teneur relative en azote des produits récoltés sur les pois n'a pas baissé régulièrement avec la diminution de nitrate dans le sol. Au contraire, certaines de nos plantes, qui avaient crû dans un sol à peu près complètement dépourvu d'azote, non seulement ont montré la plus haute teneur dans toutes nos expériences, mais ont visiblement dépassé la moyenne d'azote des produits des champs, obtenus par la grande culture.

Un tableau, semblable à celui que nous avons dressé pour l'orge et pour l'avoine, montrera même clairement qu'aucun état de disette ne s'est révélé dans les pois, comme conséquence de la privation de nitrate.

AZOTE donné sous forme de nitrate de chaux.	NUMÉROS des vases.	SUBSTANCE sèche de la partie aérienne.	AZOTE qui y a été retrouvé.	PROPORTION D'AZOTE contenue dans la substance sèche de la partie aérienne. P. 100.	Moyenne.
Gr.		Gr.	Gr.		P. 100.
		POIS			
		1883			
0,336	66	11,352	0,149	1.31	1.31
0,224	67	9,725	0,150	1.54	1.54
0,112	71	9,767	0,132	1.35	1.66
»	72	8,497	0,167	1.97	
0,056	74	4,128	0,047	1.14	1.14
0,028	76	1,756	0,021	1.20	1.20
0,000	78	3,496	0,047	1.34	1.40
»	79	5,233	0,076	1.45	
		1884			
0,336	80	9,619	0,211	2.19	2.19
0,224	83	11,579	0,192	1.66	1.66
0,112	85	18,693	0,422	2.26	2.26
0,056	87	14,046	0,307	2.19	2.19
0,028	89	13,811	0,276	2.00	2.00
0,000	90	28,483	0,868	3.05	2.40
»	91	7,186	0,126	1.75	
		1885			
0,112	94	22,360	0,648	2.90	2.58
»	95	16,955	0,465	2.74	
»	98	20,653	0,433	2.10	
0,000	102	12,091	0,377	3.12	2.69
»	104	3,790	0,092	2.43	
»	105	33,147	1,174	3.54	
»	108	11,136	0,304	2.73	
»	109	27,816	0,771	2.77	
»	111	12,751	0,306	2.40	
»	112	11,417	0,269	2.36	
»	113	11,208	0,274	2.44	
»	115	1,718	0,041	2.39	

e) Dans les expériences précédemment décrites, la légumineuse (*pisum*), placée dans les mêmes conditions absolues de végétation au point de vue de l'assimilation de l'azote, s'est comportée d'une façon typique et complètement différente de celle des deux graminées (*hordeum* et *avena*).

VI.

Ainsi s'était close l'année 1885 : les résultats des premières expériences s'étaient confirmés sans aucune exception, seulement avec plus de précision encore. Il était acquis de la façon la plus claire que les légumineuses se comportent autrement que les graminées, relativement à l'assimilation de l'azote, et que des sources de cet aliment, fermées pour celles-ci, sont à la disposition des premières. Enfin pour les pois, nous avions vu se répéter, dans nos essais de contrôle, les irrégularités et les contradictions frappantes, que nous avions précédemment relevées. En chercher plus longtemps la cause dans quelque défaut de notre méthode nous sembla aussi inutile que superflu, puisque, avec son aide, nous avions obtenu, pour l'orge et pour l'avoine, des résultats exactement concordants, dès que ces deux plantes étaient placées dans des conditions absolument semblables.

La première de ces constatations nous invitait et la seconde nous obligeait à faire un pas de plus pour découvrir la propriété particulière qu'ont les légumineuses de s'assimiler l'azote libre ; mais comment ? et dans quelle direction ?

Nous avions remarqué, comme nous l'avons dit plus haut, que les conclusions tirées de nos premières expériences ne nous permettaient pas d'expliquer les résultats obtenus, en dehors des hypothèses faites jusque-là sur l'assimilation de l'azote par les légumineuses. Depuis ce temps, il était sans doute intervenu de nouveaux, de précieux travaux, mais nous n'étions en réalité pas beaucoup plus avancés.

Jetons un coup d'œil rapide sur les éléments de discussion à notre disposition. Quatre hypothèses différentes avaient été posées l'une après l'autre. D'abord on recourut à une explication simple du phénomène, en supposant que les légumineuses pouvaient assimiler directement l'azote libre de l'atmosphère, comme elles le font pour l'acide carbonique.

Ensuite on attribua à ces plantes la faculté exceptionnelle, grâce à leur puissant feuillage et à leur période de végétation plus longue, d'accumuler et de s'approprier, mieux que les graminées et toutes les autres espèces de plantes, les faibles quantités d'azote existant en combinaison dans l'atmosphère.

Plus tard, on affirma que les légumineuses, favorisées par un réseau de racines qui pénètre profondément en terre, pouvaient puiser l'azote nécessaire dans les couches profondes du sous-sol, qui ne sont pas accessibles aux autres plantes cultivées.

Enfin, on nia généralement que les légumineuses fussent différentes des autres plantes au point de vue de l'assimilation de l'azote et on chercha à expliquer l'enrichissement du sol en disant que ces plantes par leur vie même entretenaient dans la terre certaines combinaisons azotées, tout à fait indépendantes d'elles et qu'elles les empêchaient de se perdre dans le sol.

La dernière tentative faite en vue d'expliquer l'allure particulière des légumineuses, par un pouvoir exceptionnel d'assimilation de l'azote libre pris à l'atmosphère, fut réfutée définitivement par les expériences de Boussingault, Lawes, Gilbert, Pugh, etc., et cette hypothèse ne peut plus, en général, être mise en ligne de compte.

Quant à la seconde affirmation qui attribue aux légumineuses, plus qu'aux plantes d'autres familles, la faculté de s'approprier l'azote existant à l'état de combinaison dans l'air et de s'en nourrir, rien non plus ne la confirma dans nos expériences. La quantité d'azote en combinaison, contenue dans l'atmosphère, est fort minime, tandis que l'excédent d'azote trouvé, au moins dans quelques-unes de nos plantes, telles que les pois des vases n°s 90, 105 et 109, excédent qu'elles avaient assimilé durant leur végétation, était tellement élevé, que les combinaisons azotées de l'air pouvaient en être regardées seulement comme la source la moins importante. On opposa à cette constatation que nos plantes croissant à l'air libre pouvaient utiliser des quantités illimitées d'air en mouvement, ou au moins des quantités si grandes, qu'il était possible pour elles de puiser des combinaisons azotées en proportion suffisante pour leur alimentation. S'il en était ainsi, comment expliquer que l'orge et l'avoine placées dans des conditions aussi favorables que les pois ne les aient absolument pas utilisées, alors que les expériences de A. Mayer sur le blé, de Th. Schlœsing sur le tabac ont démontré que ces plantes ont la faculté d'absorber l'ammoniaque par leur feuillage et de l'assimiler à un degré bien plus élevé encore que les pois et les fèves ? Mais, de plus, complètement inexplicable serait la raison pour laquelle dans 18 de nos vases de pois, placés au milieu des autres dans les mêmes conditions d'expérience (n°s 90, 91 et de 102 à 117), un seul, en 1884, deux en 1885, n'ayant pour s'alimenter que cette source inépuisable, s'y sont puissamment enrichis, quand d'autres se contentaient d'y prendre des quantités d'azote plus faibles et que quelques-unes enfin avaient l'aspect misérable de plantes mourant de faim.

La troisième hypothèse s'appuyant sur la propriété qu'auraient, contrairement au reste des plantes, les légumineuses de tirer leur nourriture des couches profondes du sous-sol, tombait d'elle-même devant nos expériences, puisqu'aucun sous-sol n'existait pour elles. Les racines de l'orge et de l'avoine furent toujours aussi belles que celles des pois, jusqu'au moment où, la germination terminée, on les mettait à l'étroit dans de petits vases n'ayant que 24 centimètres de hauteur, et, au jour de la récolte, toutes les plantes mises en expérience n'avaient à leur disposition qu'un sol de faible volume traversé du haut en bas par leurs racines.

Au surplus, à l'aide de cette hypothèse, on n'a pu encore justifier jusqu'ici par aucune expérience concluante la façon particulière dont se comportent les légumineuses.

Les principaux représentants de cette idée, MM. Lawes et Gilbert, l'appuient sur un nombre considérable d'essais faits en plein champ. Les terres de Rothamsted, sur lesquelles depuis 40 années on cultive, sans interruption, graminées, plantes-racines et légumineuses, les unes avec engrais, les autres sans engrais, toutes soumises à un contrôle sévère et continuel, offrent à ces expérimentateurs un matériel de recherches, tel que personne n'en possède au monde. La partie analytique des expériences, dont nous reconnaissons toutes les difficultés, y est l'objet des plus grands soins et de la plus haute prudence ; aussi les observations faites à Rothamsted doivent-elles être prises en très grande considération. Si je les comprends bien, les résultats, en ce qui touche notre sujet, pourraient se résumer dans les propositions suivantes :

« Quand on cultive sans interruption des graminées dans un terrain, sans l'approvisionner d'engrais azotés, le rendement décroît d'année en année.

« Il en est de même, si des légumineuses s'y succèdent pendant trop longtemps, dans les mêmes conditions.

« Mais, si l'approvisionnement en nitrates, comme adjuvants des autres engrais minéraux nécessaires, peut arrêter l'abaissement des récoltes dans les graminées, il n'en est pas ainsi pour les légumineuses.

« Lorsqu'on cultive, sans apport d'engrais azoté, une graminée dans un même terrain, sans interruption, non seulement la récolte décroît d'une façon constante, mais, chaque année, la réserve en azote du sol s'amoindrit aussi.

« Le cas est le même si, au lieu de graminées, on y cultive des légumineuses ; ces deux variétés de plantes tirent donc du sol l'azote nécessaire à la formation de tous les produits récoltés.

« Mais si l'on compare la quantité d'azote, soustraite à la réserve du sol, avec celle qui est contenue dans les produits de la végétation (ainsi que l'eau de drainage du sol, déduction faite des combinaisons azotées introduites par précipitation météorique), on trouve que dans le champ de graminées les deux valeurs sont à peu près égales, tandis que dans le champ de légumineuses la seconde est très souvent plus grande que la première et parfois très importante.

« En d'autres termes, si l'on établit le bilan de l'azote, la balance est presque toujours égale pour un champ qui a porté des graminées, et dans celui qui a porté des légumineuses, il existe le plus souvent une différence en faveur de l'azote, dont le gain est quelquefois très remarquable.

« Les légumineuses à racines profondes, faisant pénétrer au loin dans le sol les micro-organismes nitrificateurs, favorisent, dans les couches profondes du sous-sol, la transformation des combinaisons azotées non assimilables en combinaisons assimilables, et peuvent ainsi utiliser à leur profit, dans ces lointaines régions, des approvisionnements d'azote dont l'accès est interdit aux graminées.

« Mais on doit reconnaître que la quantité de nitrate révélée par l'analyse, comme pouvant, dans le cas des légumineuses, être assimilée par cette voie, ne suffit pas à expliquer, dans tous les cas, l'excédent d'azote mentionné plus haut.

« Il est très vraisemblable que les légumineuses ont la faculté de prendre, dans la réserve du sol, certaines combinaisons organiques par la succion des racines, soit directement, soit indirectement et, après les avoir transformées, de se procurer ainsi un supplément d'aliments azotés dans le sous-sol, qui est inaccessible aux graminées. »

Mais jusqu'où peut s'élever ce supplément ? l'expérimentation ne l'a pas encore établi.

En résumé, les expériences faites à Rothamsted démontrent avec toute précision, que les légumineuses, trouvant de l'azote dans le sol, s'en emparent et se l'assimilent aussi bien que les graminées et que, de plus, elles ont la faculté, qui manque à celles-ci, d'utiliser la réserve d'azote du sol en la puisant dans des couches plus profondes et plus lointaines ; mais elles ne prouvent pas, jusqu'à ce jour, que l'approvisionnement du sol soit la source unique et incontestable de l'azote, concourant à former les légumineuses, et que la connaissance de cette source suffise dans tous les cas à expliquer l'allure particulière de ces plantes, non plus que la richesse en azote trouvée dans leurs produits.

Il était moins facile d'en finir avec la quatrième hypothèse qui, jusqu'au début de l'année 1886, avait reçu un assentiment presque général. Suivant celle-ci, il est démontré que l'enrichissement des légumineuses en azote ne s'opère pas directement, mais indirectement, et que les sources de l'excédent d'azote ne doivent pas résider dans les plantes, mais dans le sol.

Examinons cette hypothèse d'un peu plus près, dans ses données générales.

Ceux qui la soutiennent, disent : dans l'atmosphère se trouve toujours une certaine quantité, ne fût-elle que très faible, d'azote en combinaison et le sol a la propriété d'en absorber une partie (*Heinrich*, etc.) ; les poussières atmosphériques ne sont pas dépourvues d'azote et les précipités météoriques, ainsi que le démontre un certain nombre de travaux connus et faits avec soin, renferment toujours une quantité d'ammoniaque et d'acide nitrique, qui n'est pas à négliger; par l'évaporation de l'eau, l'ammoniaque se transforme aux dépens de l'azote libre élémentaire (de l'air) en acide nitreux et en acide nitrique (Schönbein, Böttcher, v. Gorup-Bezanez, Uffelmann, etc.); non seulement de puissantes décharges électriques, mais l'électricité même, qui, sous une moindre tension, existe à la surface de la terre entre le sol et l'atmosphère, peuvent transformer l'azote libre en acide nitrique (Berthelot). Les micro-organismes qui ont de nombreux représentants dans tout sol cultivé peuvent assimiler l'azote libre de l'atmosphère et le déposer dans l'albumen (le périsperme) [Berthelot]. De l'azote que renferme le sol dans les combinaisons organiques complexes, formées par les débris de plantes, la matière humique, etc., une partie se transforme constamment en ammoniaque et celle-ci, ensuite, en acide nitrique sous l'influence qu'exercent les corps poreux (Boussingault), les alcalis ainsi que les terres alcalines (Dumas, de Luca, Cloëz, Wolff, Frank) et les microbes (Schlœsing, Müntz, Warington, Landolt, etc.). En résumé, il est dans la nature nombre de causes toujours en action, tendant à accroître l'approvisionnement du sol en combinaisons azotées assimilables, indépendamment des plantes qui y végètent.

D'un autre côté, les précipités météoriques, qui, n'étant pas arrêtés dans la surface cultivée proprement dite, descendent et s'écoulent dans les profondeurs du sous-sol, contiennent toujours des quantités notables d'acide nitrique (Lawes, Gilbert, Warington, Berthelot); dans la transformation en ammoniaque et en acide nitrique des combinaisons organiques azotées, une partie de l'azote se dégage soit comme azote libre, soit comme protoxyde d'azote (König, Morgen, Dietzell, Schlœsing, Warington); de même qu'il est des microbes qui nitrifient l'ammoniaque, il en est aussi qui réduisent l'acide nitrique en acide nitreux, en oxyde d'azote, en protoxyde et même en azote libre (Gayon, Dupetit, Dehérain, Maquenne). D'autres causes tendent incessamment à diminuer dans la réserve du sol les combinaisons azotées assimilables qu'elle contient.

La teneur en azote du sol n'est donc pas une valeur fixe et déterminée, mais, sous l'influence des facteurs les plus différents, varie d'heure en heure et sans interruption. Le fait de l'enrichissement du sol par les légumineuses peut s'expliquer sans qu'on leur suppose la faculté exceptionnellement spéciale à elles de s'assimiler l'azote en le puisant ailleurs qu'aux sources qui leur sont accessibles, dès qu'on admet qu'elles ont la propriété de favoriser et même d'entretenir l'action des causes par lesquelles le sol s'enrichit constamment en azote assimilable, en même temps qu'elles empêchent ou même seulement diminuent les pertes incessantes de cet aliment dans le sol.

Quoique nous n'acceptions pas comme également bonnes et suffisamment fondées toutes les observations sur lesquelles repose cette hypothèse[1], je veux faire expressément remarquer tout d'abord qu'il ne me vient pas à l'esprit de contester l'existence de causes influant sur le gain ou sur la perte de l'azote du sol, indépendamment des plantes qui y croissent. Je ne sais pas, en effet, si on se refusait à les admettre, comment on expliquerait la formation de la terre des champs qui, composée originairement par l'effritement des roches de matériaux dépourvus d'azote, se couvre d'un tapis de plantes, s'y succédant sans intervention de la culture ni de la main de l'homme, et accumule dans son sein un approvisionnement notable d'azote. Je crois de plus que ces causes peuvent jouer un rôle dans la pratique agricole et qu'il est pressant autant qu'utile d'expliquer leur action dans toutes les directions.

Mais, tout en reconnaissant ces principes de causalité, il me semble que dans l'état actuel de nos connaissances on doit quelque peu réfléchir avant de prendre leur influence pour base de nos hypothèses. C'est là sans doute un pont commode à jeter sur tous les obstacles qu'on veut franchir et, chaque fois qu'on remarque un accroissement ou une perte d'azote dans le sol, il est plus facile et plus simple de procéder ainsi, tant qu'on sera dans une ignorance aussi complète sur la valeur quantitative de la plupart de ces causes.

Mais c'est précisément la grande commodité que nous y trouvons

1. Les derniers travaux de Landolt, Plath et Baumann ont déjà nettement réfuté, par exemple, le pouvoir nitrifiant qu'on attribuait au carbonate de chaux. On a même fait des objections fondées à la production de l'acide nitrique par l'évaporation de l'eau.

qui doit nous rendre prudent. Avant donc d'accepter l'hypothèse, comme expliquant l'action des légumineuses sur l'enrichissement du sol, nous sommes en droit de souhaiter qu'on détermine et qu'on démontre sans contestation possible : d'abord, que l'action de ces causes est influencée, en effet, par la végétation des légumineuses; puis qu'on nous dise quels sont les facteurs dont l'intervention favorise les gains et entrave les pertes, enfin comment s'exerce cette influence particulière et quel est son degré d'importance.

Maintenant que nous a-t-on offert pour répondre à ces *desiderata ?*

Les cultures expérimentales, faites en vue de l'assimilation de l'azote par les légumineuses, de Dietzell, Atwater, Joulie, Strecker, Frank et v. Wolff, se présentent à nous tout d'abord, et si nous cherchons, abstraction faite de toute hypothèse explicative, quels ont été les résultats réels de leurs expériences, voici ce que nous trouvons.

Atwater a cultivé des pois nains dans du sable de rivière qui avait été porté à la chaleur rouge ; il a donné une solution nutritive convenable, à laquelle il ajouta tantôt plus tantôt moins de nitrate de chaux et de nitrate de potasse. En procédant ainsi il a obtenu en 9 cas, dans les récoltes et, après avoir calculé le poids d'azote demeuré dans le sol, en 11 cas à la fin de l'expérience, douze fois plus d'azote, qu'il n'en existait au début dans la semence et qu'il n'en avait été fourni en dissolution. La quantité d'azote demeurée dans le sol, à la fin de l'expérience, fut sans exception notablement moindre que celle qui avait été donnée au début.

E. Wolff prend un sable de rivière assez grossier et bien nettoyé par le lavage ; tantôt il n'y met rien, tantôt il lui donne un mélange nutritif dépourvu d'azote et, tantôt, ce même mélange est additionné de plus ou de moins de nitrate de potasse. Il cultive dans ce sable différentes espèces de plantes et trouve, dans les produits de l'avoine, constamment moins d'azote qu'il n'en a été fourni par le grain de semence et par l'engrais, tandis que dans les fèves, les lupins, le trèfle rouge et les pois, il en retrouve non seulement plus, mais remarquablement plus. La pomme de terre a donné les mêmes résultats que l'avoine ; les vesces, la serradelle et le *trèfle vulnéraire* se sont comportés comme les légumineuses citées plus haut. Il n'a pas été constaté de modifications particulières dans la teneur en azote du sol.

Frank s'est servi d'un sol sableux renfermant de l'humus avec 1 p. 100 d'azote. Une partie a été laissée sans végétation, dans l'autre, il a ensemencé des lupins (lupins et trèfle incarnat). Là, il a constaté que, partout où la végétation était belle, il y avait un gain important d'azote et que, où elle était mauvaise, il y avait perte. Quant au sol, soit qu'il fût sans végétation, soit que les plantes n'y eussent atteint qu'un faible développement, il avait perdu considérablement d'azote, tandis qu'ayant nourri deux lupins bien venus, il se montra remarquablement enrichi d'azote à la fin de l'expérience.

Joulie, sans addition d'engrais, ou avec des engrais de différentes sortes, a cultivé du sarrasin dans un sol sableux, ne renfermant pas d'argile, puis dans un lehm sablonneux, pendant une période de deux années, du sarrasin, auquel succéda un mélange de trèfles. Dans le premier cas, le bilan de l'azote révéla un faible accroissement, à une exception près et, dans le second cas également, sauf une exception unique, l'excédent trouvé fut considérable. Quant aux modifications qu'aurait subies le sol dans sa teneur en azote, la communication des expériences faites dans les « Comptes rendus de l'Académie des sciences » ne permet pas de s'en rendre compte.

Strecker a fait usage d'un sable de lande très riche en matières organiques et d'une terre de jardin, le premier avec une teneur en azote variant de 0,01 à 0,07 pour mille et la seconde richement pourvue de 1/2 d'azote pour mille. Ajoutant un engrais azoté à une partie, sans en fournir à l'autre, il mit ces terres en observation les unes non ensemencées et les autres plantées de *Lupinus luteus*, *Lupinus albus*, *Termis* ou *Avena trisperma*. Laissant de côté les essais dans lesquels le développement des plantes eut clairement à souffrir de l'alimentation qui leur fut donnée, si on compare les unes aux autres, d'une part les quantités d'azote fournies au sol par la semence et par l'engrais, d'autre part, celles qu'on a retrouvées à la fin de l'expérience tant dans le sol que dans la récolte, on trouve que les lupins cultivés sans engrais dans le sable de lande ont acquis de l'azote en proportion remarquable, mais que partout ailleurs se montre une perte, qui, dans tous les cas correspondants, est plus grande pour l'avoine mise en expérience que pour les lupins. Quant au sol, il n'indique nulle part un enrichissement en azote, mais la perte qu'il fit au cours de l'expérience, de beaucoup plus forte dans le sol non planté, fut moindre dans celui qui portait de l'avoine et très faible dans celui qui était ensemencé de lupins.

Dietzell a opéré dans une bonne terre de jardin renfermant de 4 à 4 1/2 p. 1000 d'azote. Il ne lui a pas donné d'engrais azoté, mais partiellement de la kaïnite, du superphosphate et du carbonate de chaux ; enfin deux parcelles ont été laissées sans culture et les autres ensemencées de trèfle ou de pois. Le résultat fut, qu'à la fin de l'expérience, dans le sol planté on retrouva, à une seule exception près, constamment moins d'azote, terre et récolte réunies, qu'il n'en avait été fourni, au début, par la semence et l'engrais. Mais le terrain qui n'avait reçu ni aliments ni plantes se montra au contraire considérablement plus riche en azote à la fin de l'expérience qu'au commencement.

Je n'ai pas l'intention et n'éprouve pas le besoin d'entrer dans le détail de ces expériences et de les critiquer ; mais je demande s'il est quelqu'un au monde qui puisse déduire, de leurs résultats, de quelle manière se fait le gain d'azote, si souvent observé dans la culture des légumineuses. Je demande si, de l'une d'elles ou même de leur ensemble, ressort une seule démonstration de ce fait, que les légumineuses n'ont pas pu s'assimiler directement l'excédent d'azote clairement révélé, mais se le sont nécessairement assimilé de façon indirecte. Pour moi cette preuve m'échappe et la plupart des auteurs, à ce qu'il paraît, ne l'ont pas mieux trouvée que moi.

Dietzell conclut de ses expériences une seule chose, c'est que le trèfle et les pois ne prennent pas à l'atmosphère l'azote trouvé en combinaison dans leurs organes aériens et que l'acide phosphorique soluble peut favoriser, dans le sol, l'association de l'azote à d'autres substances.

Atwater et Joulie tiennent pour décidé que l'excédent d'azote absorbé par les légumineuses ne peut avoir sa source que dans l'azote libre qui est un des éléments de l'air. Quant à savoir comment, la question jusqu'ici reste ouverte tout entière.

Frank pense ne pouvoir tirer de ses expériences que la conclusion suivante : Il existe dans la terre deux pouvoirs mécaniques opposés, l'un tendant à dégager l'azote de ses combinaisons, l'autre au contraire cherchant à constituer ces combinaisons ; ce pouvoir est favorisé par la présence des plantes vivant sur le sol. De quelle façon s'opèrent ces combinaisons de l'azote ? Les expériences décrites n'ont encore pu donner à ce sujet aucun éclaircissement.

E. Wolff cherche à expliquer l'excédent d'azote trouvé par l'absorption de l'ammoniaque aidée par l'humidité du sol, c'est-à-dire par la combinaison de l'azote libre de l'atmosphère sous l'influence du carbonate de chaux. Mais il ajoute qu'il est cependant un fait toujours remarquable et qu'il est impossible d'expliquer : pourquoi, en effet, les forces attractives, qui s'accusent, facilitent-elles dans les légumineuses et dans les trèfles seuls l'absorption de l'alimentation azotée indispensable à leur croissance, quand ces mêmes forces ne favorisent en rien la végétation des céréales ?

Strecker seul tient l'hypothèse de l'absorption indirecte de l'azote par les plantes pour indubitablement démontrée, et il considère les différences, trouvées dans ses expériences entre les teneurs des céréales et celles des légumineuses, non comme typiques, mais comme étant une simple question de quantité.

Quant à ce qu'on doit penser de l'influence qu'a la culture des légumineuses sur les facultés mécaniques qu'aurait le sol d'agir sur les combinaisons et les dégagements de l'azote, je ne connais jusqu'ici que deux opinions qui aient été exprimées. Les voici :

L'ombre plus épaisse donnée au sol par un tapis de légumineuses y entretient une plus grande humidité et accroît ainsi sa faculté d'absorber l'ammoniaque de l'atmosphère.

En outre, les légumineuses ont, contrairement aux autres plantes, la propriété exceptionnelle de s'emparer des moindres traces de combinaisons azotées assimilables, de les faire servir à l'entretien de leur vie et d'empêcher par là toute transformation de ces aliments en combinaison non assimilable, ou en azote libre.

Wollny et Strecker ont prouvé l'inexactitude absolue de la première proposition. Ils ont montré que le sol, ombragé seulement dans sa partie supérieure, n'a qu'une couche très mince plus humide que celle d'un sol non ombragé et immédiatement au-dessous est même plus sec, enfin que dans les couches profondes on n'aperçoit aucune différence dans la teneur en eau, que le sol ait nourri des légumineuses ou des graminées.

Pour le second point je n'ai pu trouver dans aucun des livres qui sont à ma disposition, d'expérience pouvant servir de fondement à cette affirmation.

Aussi m'est-il impossible de cacher les doutes qui s'imposent à mon esprit sur la justesse de l'hypothèse concernant l'assimilation de l'azote par voie indirecte dans les légumineuses.

Quand on examine, dans leur ensemble, les résultats consignés dans les six travaux dont nous venons de parler, on ne peut méconnaître, malgré les contradictions qui se rencontrent dans chacun d'eux, que le gain de l'azote, obtenu par la culture des légumineuses, et son degré le plus faible dans le sol le plus riche en azote, atteint son maximum dans le sable presque ou même entièrement dépourvu d'azote; qu'en somme enfin, et le plus souvent, il est dans un rapport à peu près inverse avec la richesse en humus de la terre.

Cela répond-il aux suppositions de l'hypothèse? Je ne le pense pas. Où se montre en effet, au plus haut degré de puissance, l'influence des plantes sur la fixation de l'azote et sur sa mise en liberté? Est-il donc clairement établi que c'est dans le sol, où ces phénomènes se montrent avec le plus d'activité, dans le sol, qui a au plus haut point la faculté d'absorber continuellement de petites quantités d'azote combiné, qu'est le plus grand danger de perte par la décomposition des matières organiques mettant l'azote en liberté? Qui voudrait alors soutenir que ce n'est pas plutôt le rôle d'une terre de jardin riche en humus que celui d'un sable de rivière bien purifié ou ayant passé à l'étuve?

Est-il besoin de pousser plus loin cette discussion? Ce qui a été dit suffira, je l'espère, pour rendre évident qu'aucune démonstration expérimentale, justifiant l'hypothèse de l'assimilation de l'azote par voie indirecte dans les légumineuses, n'a été faite jusqu'à ce jour.

Il nous importe bien plus de montrer ici pourquoi les résultats des expériences, que nous avons faites de 1883 à 1885, ne sont pas expliqués par cette hypothèse qu'ils semblent même contredire.

Ce fut avant tout cette considération, qui empêcha E. von Wolff de se prononcer contre l'approvisionnement en azote dans sa dernière publication sur la composition de diverses plantes.

L'action de presque toutes ces forces, auxquelles on attribue la formation des combinaisons azotées dans la terre, tend, en définitive, à augmenter la somme d'acide nitrique dans la réserve du sol. Mais l'acide nitrique est pour les graminées la forme la mieux acceptée, sans aucun doute, sinon même l'unique forme de l'alimentation azotée. Dans nos expériences, les graminées et les légumineuses se trouvaient dans les mêmes conditions de végétation, mais on constata cette différence que, croissant dans un sable pauvre et lavé, sans addition de nitrates, les légumineuses seules eurent un développement normal parfois même luxuriant, tandis que les graminées ne donnèrent jamais aucun produit. Si, pour expliquer ce fait, on suppose que le sol a absorbé d'avance une certaine, quoique faible, quantité d'ammoniaque, qu'il a acquis une certaine mais faible quantité de nitrate aux dépens de l'azote libre de l'atmosphère, et que cette acquisition s'est accrue d'une manière quelconque par la végétation des légumineuses, etc., on admet par là même que le sol portant des graminées s'est néanmoins enrichi d'acide nitrique dans une certaine proportion, quelque faible qu'elle soit. Comment se fait-il alors que les graminées ne puissent, fût-ce en proportion moindre que les légumineuses, ce qui serait facile à expliquer, s'assimiler rien, absolument rien de cette modeste, mais *certaine* acquisition d'azote faite par le sol ?

Je sais que les défenseurs de la quatrième hypothèse ne sont pas embarrassés par cette question. Ils y répondent : les légumineuses ont seules la faculté de découvrir rapidement dans le sol et de s'assimiler les faibles quantités d'azote qui y existent en combinaison. Les graminées n'ont pas ce pouvoir et l'azote que le sol leur ménage, toujours repris et dès l'instant par les forces contraires qui tendent à la désagrégation des combinaisons azotées du sol, se perd par suite de la constitution même des graminées avant qu'il puisse s'accumuler en quantité suffisante pour être assimilé. C'est ainsi que la perte de l'azote se consomme dans le même temps qu'il faut aux graminées pour l'acquérir.

J'ai montré plus haut que l'incapacité des graminées à fixer les combinaisons assimilables de l'azote, dans des solutions très diluées, non plus que la faculté qu'auraient les légumineuses de le faire d'une façon frappante et typiquement différente, ne sont pas démontrées expérimentalement, et j'ajoute aujourd'hui que les résultats de nos expériences, loin de la justifier, contredisent la première de ces assertions.

Les récoltes que nous ont fournies les légumineuses dans un sol dépourvu d'azote, n'ont pas révélé une petite quantité accidentelle, mais dans chacun des cas, un gain en azote de 1000 milligr. environ et même plus. Dans nos essais de culture sur les graminées, quoique dans l'alimentation en nitrates nous soyons descendus de 224 à 28 milligr. d'azote pour 4 kilogr. de sol, c'est-à-dire qu'une partie d'azote répondait à 15 000 parties du sol, les plus faibles doses non seulement ont influé sur le développement des graminées, mais, ce qui est frappant ici, ont influé, relativement, autant que les plus fortes. Ainsi, dans les cas où l'azote était fourni à la plante à un grand état de dilution, une partie correspondait à un peu plus de 90 parties de substance sèche fournie par la végétation aérienne de l'avoine et de l'orge, exactement comme dans les cas où la concentration de l'azote était plus forte. Ce résultat répond-il à l'affirmation citée plus haut ? J'ai peine à le croire, s'il est vrai que les graminées aient de la difficulté à dégager l'azote de solutions très peu concentrées, ne devrait-on pas déjà remarquer dans nos essais, où les doses d'azote ont été fortement diminuées, sinon une cessation complète, au moins l'indication d'un recul dans l'action et dans la puissance relatives de l'azote ?

D'autres considérations m'ont paru s'opposer davantage encore à l'application de cette hypothèse aux résultats de nos recherches.

Quand notre sable n'était pas additionné de nitrates, les graminées n'ont jamais pu atteindre un développement normal ; seules les légumineuses y sont parvenues, mais encore inégalement et pas toujours.

En 1885, 16 de nos vases de culture (n°s 102 à 117), préparés uniformément avec notre sable de quartz, furent alimentés avec une solution convenable, mais dépourvue d'azote, et chacun d'eux reçut deux plantes de pois. Quoique les conditions de culture fussent les mêmes pour tous les numéros, la végétation des pois ne fut rien moins qu'égale. Dans deux vases les plantes ne dépassèrent pas un état modéré d'inanition; dans deux autres elles eurent une végétation vraiment luxuriante et tout à fait inaccoutumée; dans le reste, une moitié crût d'une façon moins satisfaisante et l'autre végéta bien; enfin dans plusieurs vases il arriva qu'une seule plante était saine et forte, tandis que la seconde mourait de faim. Voici, par exemple, un des rendements obtenus en substance sèche dans la partie aérienne :

NUMÉROS	PLANTE a	PLANTE b	TOTAL	QUANTITÉ D'AZOTE trouvée dans la récolte en plus de celle qui avait été fournie par le sol et la semence.
—	Gr.	Gr.	Gr.	Gr.
105	17,091	16,056	33,147	+ 1,133
109	13,192	14,622	27,816	+ 0,730
107	0,919	1,064	1,983	?
115	0,689	1,029	1,718	+ 0,000
111	5,786	6,965	12,751	+ 0,265
117	0,630	7,003	7,633	?

Tous ces vases, nous l'avons dit, reçurent le même sol et la même alimentation; tous furent mis en place le même jour et de la même façon et ils furent installés de telle sorte que l'air, la lumière et la chaleur favorisassent également la végétation des plantes; enfin, à l'aide de pesées, l'humidité du sol, que les plantes fussent misérables ou luxuriantes, fut maintenue dans les mêmes limites de variation. Ainsi dans tous nos vases les forces tendant à produire les combinaisons de l'azote et à les dissocier, en tant qu'elles sont inhérentes au sol, purent et durent avoir une action de valeur égale sur l'alimentation.

Nos 32 semis de pois étaient cependant, sans exception, des spécimens sains et normaux. Pendant les trois premières semaines de leur existence, c'est-à-dire tant que le grain de semence leur fournit la nourriture, la végétation fut bonne, puis tous, au même moment, indiquèrent, par un arrêt dans le développement, que leur réserve était complètement épuisée et à la fin de la 5e semaine on ne pouvait encore voir aucune différence dans leur végétation. C'est immédiatement après cette époque que devinrent apparentes, sans aucune transition, les différences dans la croissance et dans l'assimilation de l'azote, qui graduellement atteignirent l'importance indiquée dans les résultats cités plus haut.

Comment aussi expliquer cette observation dans l'hypothèse de l'assimilation de l'azote par voie indirecte? Conclura-t-on que la faculté exceptionnelle qu'auraient les légumineuses de puiser l'azote dans les solutions les plus diluées est variable pour chaque individu? Admettra-t-on que quelques plantes légumineuses, dans les expériences, réduites au rôle des graminées, possèdent, l'une plus et l'autre moins, cette faculté merveilleuse?

Pour rendre hommage à la vérité et éviter tout malentendu, on doit ajouter ici que dans les 16 expériences parallèlement conduites en 1885, il exista cependant une inégalité de traitement que nous avons omis de mentionner jusqu'ici. Du n° 102 au n° 117 les vases avaient reçu deux par deux, en dehors de la solution alimentaire, une addition de carbonate de chaux. Nous nous sommes crus autorisés à n'attribuer aucune valeur à cette différence dans l'alimentation; car elle s'est clairement montrée sans influence sur le résultat de nos recherches. La végétation des plantes qui n'avaient pas reçu de carbonate de chaux n'a pas souffert et celles auxquelles on en a donné soit en abondance, soit en quantité moyenne, n'ont pas été plus florissantes. Un simple coup d'œil jeté sur les pages qui renferment les tableaux spéciaux de rendement, suffit pour démontrer que les différences constatées dans la croissance des plantes mises en observation n'ont absolument aucun rapport avec les différentes doses de chaux données. En outre, ces variations dans le développement des pois végétant dans un terrain dépourvu d'azote, nous avaient déjà frappés autrefois dans les expériences commencées dès l'année 1860, et dans lesquelles la teneur en chaux du sol était la même pour tous les vases. C'est justement cette observation qui nous avait poussés à entreprendre notre travail, et dans les expériences ultérieures faites en 1886, les mêmes différences reparurent sans qu'une addition de carbonate de chaux les fît varier. Nous décrirons plus loin ces expériences.

Il est une troisième observation qui nous a semblé incompatible avec l'hypothèse, c'est celle-ci:

Dans nos cultures de légumineuses, à côté des essais faits en terrain privé d'azote, nous en avions constamment d'autres en voie d'exécution dans lesquels le sol recevait des nitrates en plus ou moins grande quantité. Ceux-ci nous ont montré que les légumineuses s'emparent très volontiers des nitrates et les assimilent aussi bien que les graminées ; seulement la végétation tout entière des plantes poussant dans un sol pourvu d'azote a révélé de plus une différence très nette, et se représentant toujours, entre leur développement et celui des plantes croissant dans un sol qui ne renfermait pas d'azote. Ce fait, que nous avons rappelé plus haut, nous a semblé digne de toute notre attention. Ainsi les premières, depuis leur sortie de terre jusqu'à la récolte, c'est-à-dire jusqu'à l'épuisement du nitrate fourni, ont continué à croître sans aucune interruption visible, tandis que la végétation des secondes tomba, pour ainsi dire, par bonds successifs à trois époques différentes, non moins claires que frappantes. Dans la première période, qui comprend les trois ou quatre semaines de leur existence pendant lesquelles les jeunes plantes sont alimentées évidemment par la réserve nutritive de la semence, la croissance fut active et normale. A cette période en succéda une autre d'interruption complète et d'arrêt dans la production. Les jeunes plantes perdant leur fraîche couleur verte, on voyait les vieilles feuilles périr par résorption, tandis que celles qui étaient nouvellement formées poussaient visiblement plus petites que les premières et fort misérables. Enfin, à ce moment, les pois se comportèrent exactement comme les graminées végétant dans un sol dépourvu d'azote et depuis longtemps affamées. La durée de cette période fut très variable pour chaque plante : chez les unes elle ne fut que de quelques jours et chez les autres elle persista pendant plusieurs semaines. Puis la troisième période suivit presque sans transition : les plantes reverdirent, et, recommençant à assimiler, eurent une bonne végétation jusqu'à la fin.

Dans un sol privé d'azote les mêmes phénomènes se reproduisirent toujours dans la culture des légumineuses et jamais dans celle des graminées ; déjà nous en avions pris note dans nos premières expériences, ils se montrèrent de nouveau dans l'année 1880 en particulier, et E. von Wolff en fut frappé aussi dans ses cultures. L'arrêt subit de la végétation, dans la seconde période, peut facilement et complètement être évité par une addition de nitrate dans le sol, il ne doit donc être considéré que comme étant la conséquence d'un état passager d'inanition, relativement à l'azote.

Si l'on tente d'expliquer cette observation par l'hypothèse de l'absorption indirecte de l'azote par les légumineuses, on se met, à ce qu'il me semble, dans une alternative fort périlleuse. Dès qu'on attribue aux légumineuses la faculté exceptionnelle de découvrir et de s'assimiler les moindres traces de nitrates existant dans le sol, on doit alors admettre qu'au début de la période d'inanition de nos plantes, le sol n'avait encore fourni aucune combinaison azotée.

Mais comment concilier cette proposition avec les faits énoncés? En décrivant l'expérience faite en 1884, nous avons dit que la plantation de nos pois germés avait eu lieu le 5 mai. La mise en place des pots, remplis d'un mélange de sol humide, s'était donc opérée dans la dernière semaine d'avril. La période d'inanition des plantes, mises dans un milieu dépourvu d'azote, se montra du commencement au milieu de juin et la récolte se fit au 28 août. De la mise en place des pots, prise comme marquant le commencement de l'expérience, jusqu'à la fin de la période d'inanition, il s'écoula donc environ huit semaines et, de là à la récolte, onze autres semaines.

En 1885, la mise en place des pots ayant eu lieu fin de mars et l'ensemencement le 2 avril, la période d'inanition pour les plantes qui s'en affranchirent les premières, se manifesta du commencement au milieu de mai et une maturité inégale conduisit la fin de l'expérience du milieu de juillet au milieu d'août. Dans cette année donc, le temps qui s'écoula jusqu'à la fin de la période d'inanition comprit au moins sept semaines et la période de végétation, qui suivit, quatorze semaines au plus.

A la fin de l'expérience, le bilan de l'azote donna, pour les deux plus beaux numéros, un excédent de 910 et de 1 242 milligr. Le gain en azote fut donc relativement très important et fut acquis aux plantes exclusivement dans la troisième des périodes de végétation décrites plus haut, c'est-à-dire dans un intervalle de onze à quatorze semaines au plus. Il serait même plus exact de dire en un temps plus court ; car la récolte n'ayant jamais été faite qu'après le desséchement complet des plantes, l'assimilation avait cessé depuis un certain temps déjà, quand on l'effectuait.

Les forces tendant à produire des combinaisons de l'azote, dans le sol, auraient dû cependant commencer à entrer en action au moment où les vases mis en place commencèrent à être arrosés avec la solution nutritive. Pourquoi donc leur influence ne se montra-t-elle en rien pendant sept à huit semaines, quand dans la période qui suivit immédiatement, elles purent concourir à l'assimilation de 10 milligr. environ d'azote en moyenne par jour?

On n'admet pas alors que la combinaison de l'azote dans le sol ait véritablement commencé, même au minimum de sa valeur, dès la mise en place des vases, mais naturellement qu'un espace de temps est nécessaire pour accumuler une certaine somme de nitrate, c'est-à-dire pour nitrifier l'azote absorbé principalement sous forme d'ammoniaque, avant qu'il puisse faire sentir son influence sur la végétation.

Que devient en ce cas la faculté exceptionnelle qu'auraient les légumineuses de découvrir dans le sol les moindres traces de combinaisons azotées assimilables? Pourquoi les graminées ne puiseraient-elles pas de même dans une proportion quelconque à ce fonds d'azote accumulé?

(Qu'il nous soit permis de faire observer par anticipation, qu'ainsi que nous l'ont appris les expériences ultérieures, une faible dose de nitrate, répondant à $1^{mg},3/4$ d'azote par kilogr. du sol, exerce déjà une action très visible sur la végétation des légumineuses, aussi bien que sur celle des graminées et des autres plantes.)

Enfin, nous ne pouvons nous empêcher de mentionner encore une observation, ne fût-ce qu'en passant.

Dans la description de nos expériences nous avons souvent noté déjà ce fait, que nos pois croissant dans un milieu dépourvu d'azote, dès qu'ils avaient triomphé de la période d'inanition, montraient dans le troisième stade de leur végétation une rapidité et une énergie de développement parfois étonnantes et que, la plupart du temps, dans l'espace de quelques semaines, ils arrivaient à atteindre, même à surpasser, les plantes qui avaient été fumées avec des nitrates et qui avaient crû sans aucune interruption depuis leur sortie de terre.

Trois couples de plantes déjà signalés attirèrent surtout notre attention à ce sujet : le n° 90 de l'année 1884 et les n°s 105 et 109 de l'année 1885. La végétation de ces six sujets ne fut pas simplement belle ou satisfaisante, elle fut particulièrement luxuriante. La tige forte et regorgeant de sève, les feuilles larges et charnues, d'un vert foncé inaccoutumé, ces plantes furent étonnantes pendant toute la durée de la troisième période de végétation. La teneur centésimale en azote des produits secs récoltés s'est montrée exceptionnellement élevée ; l'analyse a en effet donné :

	AZOTE CONTENU DANS		
	Semence.	Paille et balles.	Racines.
	—	—	—
	P. 100.	P. 100.	P. 100.
1884			
N° 90	4.5	1.5	3.0
Autres numéros	2.8 à 4.2	0.5 à 1.4	1.9 à 2.8
1885			
N° 105	5.3	2.5	4.3
N° 109	5.1	1.2	2.6
Autres numéros	3.7 à 4.7	0.6 à 1.3	1.6 à 3.6
Comme teneur moyenne des pois récoltés dans les champs (tableaux de Wolff) on admet	4.2	1.3	?

Les graminées présentent des phénomènes semblables, quand on leur donne un excédent de nitrates dans l'alimentation.

En fin d'expérience, le bilan de l'azote dans les produits récoltés accusa :

Dans le n° 90	910 milligr.
— 105	1 242 —
— 109	795 —

de plus qu'il n'en avait été donné au début dans le sol et par la semence.

Pour se rendre compte de l'importance majeure que représentent ces quantités d'azote, on doit se rappeler, comme nous l'avons démontré plus haut, qu'une addition de 300 milligr. d'azote donnée sous forme de nitrate de chaux suffisait pour amener nos graminées, traitées dans des conditions semblables, à leur maximum de production, tandis qu'une dose de 500 à 600 milligr. entraînait la manifestation de phénomènes morbides.

Ces trois numéros offraient des exemples intéressants de ce fait, que les légumineuses peuvent, dans un sol dépourvu d'azote, non seulement satisfaire sans peine au besoin qu'elles ont de cet aliment, mais de plus se livrer à une consommation de luxe, dès qu'on les alimente en azote. En présence de la végétation de ces six plantes, comparée à l'absence complète de production dans les graminées, à la teneur des pois de contrôle restés de même presque improductifs et à l'entrée en scène constante de la période d'inanition chez les légumineuses placées dans des conditions tout à fait semblables de culture, j'ai tenté de relier l'assimilation de l'azote chez ces diverses plantes aux forces qui tendent à produire les combinaisons azotées dans le sol, et je dois avouer que cette conclusion m'a paru plus problématique encore qu'autrefois.

VII.

Toutes ces considérations nous entraînèrent donc à conclure encore une fois que nos observations ne pouvaient concorder avec les hypothèses émises jusqu'ici sur l'assimilation de l'azote chez les légumineuses, et, voulant poursuivre nos recherches ayant pour but de déterminer le besoin d'azote qui se fait sentir dans les plantes agricoles, nous nous sommes vus forcés de chercher autour de nous une autre explication.

Pour atteindre ce but, il nous a semblé que nous devions partir des deux hypothèses suivantes :

D'abord la source à laquelle puisaient nos légumineuses, devait être l'azote libre qui forme un des éléments de l'atmosphère. C'est la seule idée qui soit compatible avec le gain important d'azote qu'ils acquièrent en un temps si court.

En second lieu, la cause qui permettait cette assimilation de l'azote libre existait en dehors des conditions dans lesquelles nous faisions volontairement nos expériences, et le gain constaté n'était qu'accidentel, ainsi que le démontrait dans toutes nos déterminations l'irrégularité complète dans la teneur en azote révélée par nos cultures de contrôle.

En outre, nous étions invités à pousser nos recherches plus loin par les observations qu'avaient faites d'autres que nous, et desquelles il résultait, d'un côté, que les micro-organismes qui se rencontrent dans le sol ont la faculté de faire entrer l'azote libre de l'air en combinaison avec l'albumine, et que, d'un autre côté, certains champignons peuvent, par une attraction réciproque, avoir une existence commune avec des plantes phanérogames plus puissamment organisées.

En fait, l'ensemble de nos expériences, que ne contredisaient en rien les observations des autres expérimentateurs, pouvait s'expliquer facilement et très naturellement, en admettant que, soumis à un double lavage, le sable siliceux, dont nous nous étions servis comme milieu de culture, était pauvre, il est vrai, en micro-organismes et en germes mycogéniques, mais n'en était pas complètement dépourvu.

Ces germes sont si libéralement répandus sous toutes les formes dans le sol, dans l'eau et dans l'air, qu'il est assez difficile de protéger un objet quelconque contre leur invasion. Dès l'instant où nos vases de culture, remplis de sable, étaient placés à l'air libre au début de nos expériences, ils étaient par là même exposés à l'introduction des germes de champignons, qui, n'étant due qu'au basard, pouvait être fort différente dans chaque vase. Dès qu'on admettait en outre que les légumineuses ont la faculté d'entrer en communauté d'existence avec certaines sortes de champignons, communauté qui, influant tout d'abord sur le développement de ceux-ci et par là sur l'assimilation de l'azote, réagit en l'accélérant sur la croissance des légumineuses ; si, considérant qu'un certain laps de temps est nécessaire pour donner toute sa valeur à cette action de relation, on admet enfin que cette propriété est particulière aux légumineuses seules et que les graminées ou les autres végétaux agricoles ne les possèdent pas, alors s'expliquent de tous points nos observations sur l'absence de produits dans les graminées et sur la croissance des légumineuses dans un sol également dépourvu de nitrates, en même temps que les différences de rendement constatées tant dans les expériences de contrôle que dans les plantes végétant côte à côte dans le même vase de culture, et dès lors la période d'inanition propre aux légumineuses, ainsi que l'excessive consommation d'azote que fait chaque sujet, s'appliquent clairement.

Ces divers points admis ne pouvaient naturellement que permettre d'établir une sorte d'hypothèse, dont les bases, nous l'avouons, étaient assez fragiles. Berthelot avait fait voir que dans un milieu stérilisé l'azote n'est pas enfermé dans une combinaison qui résiste à l'entraînement des eaux de lavage, tandis que le contraire se produit dans un sol non stérilisé. Quant à démontrer, en dernier lieu, que ce phénomène doit être attribué à l'action de bactéries, la preuve rigoureuse n'en était peut-être pas encore faite. D'un autre côté, on ne trouve point de mycélium dans les légumineuses, et dans les formations de mycélium connues jusqu'ici, les bactéries n'ont aucun rôle.

Néanmoins il importait peu : car si l'hypothèse était fausse, les expériences ultérieures ne devaient pas tarder à le révéler. De plus, elle ne pouvait que nous conduire à de nouveaux résultats et elle n'était pas en contradiction directe avec des faits sûrement démontrés.

Quant au dernier point, le fait, que les légumineuses possèdent dans les protubérances de leurs racines des organes caractéristiques qui, d'après les recherches des botanistes, seraient remplis par des bactéries et des tissus mycoïques, semblait même indiquer où l'on pouvait chercher en première ligne l'explication de la conduite singulière des légumineuses au point de vue de l'assimilation de l'azote.

Je dois dire ici qu'au temps où nous faisions ces réflexions, nous ne connaissions pas encore la communication due à Bruncharst sur les protubérances dans les racines des légumineuses (*Berichte der Deutschen Botanischen Gesellschafft*, 1885, p. 241), travail dans lequel est niée la présence de bactéries dans les protubérances et où les corps microscopiques qui s'y rencontrent sont signalés comme des corpuscules albuminoïdes organisés des bactéroïdes.

Quand cette découverte parvint à notre connaissance pendant l'été de 1886, nos expériences nouvelles étaient en plein cours d'exécution et dans peu de temps présentaient certains résultats de nature à nous encourager dans la poursuite de notre entreprise, d'autant mieux que les observations de Bruncharst touchaient d'assez loin à notre travail sur l'assimilation de l'azote par les légumineuses, pour que la poursuite n'en parût pas superflue. Quand même, en effet, le contenu caractéristique de certaines parties cellulaires dans les protubérances des racines ne serait pas véritablement formé de bactéries, mais de bactéroïdes, on pouvait songer à d'autres relations, sous l'influence desquelles les légumineuses et les organismes inférieurs qui existent dans le sol agiraient sur leur développement réciproque, soit avec la participation des protubérances, soit même sans elle.

Dans tous les cas, notre premier devoir était de chercher si on pouvait démontrer expérimentalement l'existence d'un rapport nécessaire de causalité entre l'assimilation de l'azote par les légumineuses et la présence de micro-organismes doués de vitalité.

En admettant le problème ainsi posé, il nous fallait additionner notre sable dépourvu d'azote d'une quantité voulue de micro-organismes qui favorisât d'une façon évidente et décisive la croissance des légumineuses ; elle devait, en outre, sinon supprimer l'irrégularité constatée dans les essais de contrôle, mais la diminuer dans une proportion bien déterminée et demeurer cependant sans influence sur la végétation des graminées. D'autre part, les légumineuses dans notre sable dépourvu d'azote, stérilisé avant le début de l'expérience et protégé pendant la période de végétation contre l'introduction de germes de champignons, devaient s'affamer sans donner aucun produit à la façon des graminées ou tout au moins être manifestement entravées dans leur développement.

Que le résultat de l'expérience fût négatif sur ces deux points, notre hypothèse devait être abandonnée ; mais s'il se montrait affirmatif, alors son exactitude, sans être encore définitivement démontrée, gagnait considérablement en vraisemblance.

Telle était l'idée fondamentale qui devait diriger nos prochains travaux. Mais il nous parut en outre avantageux de faire marcher parallèlement quelques autres recherches relatives à divers points, tels que : la manière de se comporter des graminées et des légumineuses en présence de solutions nitratées de très faible concentration; l'influence sur la végétation du carbonate de chaux considéré comme un des facteurs du sol tendant à y retenir l'azote, et enfin la nécessité qu'il y aurait de revenir à l'azote libre de l'air, comme source d'alimentation des légumineuses.

Dans la description qui va suivre des recherches faites à ces divers points de vue en 1886 et en 1887, je regarde comme opportun de mettre en tableau les uns à côté des autres, ainsi que je l'ai fait plus haut, les détails de l'opération ainsi que l'ensemble des nombres qui en ont été extraits, et de rattacher à la conclusion la discussion des résultats.

Il suffira en outre de prévenir les lecteurs que, dans la conduite des expériences, nous avons suivi avec soin la méthode qui précédemment nous avait semblé suffisante, et dont nous avons donné les détails plus haut.

Relativement à l'introduction que nous avions en vue de microbes et de germes mycoïques, c'est-à-dire de ces espèces d'organismes en question dans ces études, rien absolument n'en était encore connu et le procédé, on le comprend, ne pouvait en être demandé à la pure culture. Nous nous sommes donc contentés d'employer simplement pour cet usage de la terre en dissolution. Dans tout sol de culture sain, c'est un fait bien connu, les micro-organismes se rencontrent en quantités innombrables et dans une bonne terre de champ, dans laquelle pendant une longue série d'années des légumineuses avaient été cultivées suivant une rotation régulière, devaient aussi se trouver en grand nombre ces espèces de champignons, qui étaient indispensables pour atteindre notre but. Ce point admis sans conteste, il ne nous restait plus qu'une question préalable à résoudre, à savoir s'il n'est pas quelques organismes, activant l'assimilation de l'azote par les légumineuses.

Dans la pratique, voici comment nous avons opéré. Une certaine quantité de terre émiettée soit à son état d'humidité naturelle, soit à peine séchée à l'air, était arrosée avec cinq parties d'eau distillée, puis fortement battue à plusieurs reprises dans cette eau, elle était laissée en repos jusqu'à ce que la plus grande partie de l'argile et du sable ainsi lavé s'en fût séparée. Un temps plus ou moins long était nécessaire à cette opération, suivant la constitution du sol (parfois jusqu'à 10 heures). Alors le liquide surnageant plus ou moins trouble encore était décanté, puis, pour servir à l'expérience, était mélangé, après avoir été bien remué chaque fois, en quantité déterminée avec la solution nutritive et partagé dans toute la masse du sable employé.

Pour opérer la stérilisation, quand il en était besoin, on procédait de la façon suivante :

Les vases de verre étaient soigneusement lavés avec une solution de bichlorure de mercure (1 : 1 000) et 10 minutes après environ ils étaient purifiés par un nettoyage à l'alcool absolu. Les pierres servant au drainage, ainsi que l'épaisse couche de ouate qui devait les couvrir, étaient soumises dans l'étuve, pendant deux heures, à une température s'élevant jusqu'à 150° C. Ensuite les vases étaient remplis d'un sable encore brûlant, qu'on avait fait chauffer dans une bassine de cuivre à couvercle, très plate, sur un vaste bain de sable, pendant 2 heures 1/2 au moins, à une température qui, dans les couches inférieures, s'élevait à plus de 200° C., et dans les couches supérieures accusait encore au thermomètre 150° à 160° C. Puis la solution nutritive, séparée en deux portions (*a.* — nitrate de chaux ; *b.* — autres sols en mélange), ayant été portée à l'ébullition pendant deux heures, dans le récipient bouché de ouate ou bien tout d'abord un quart d'heure seulement et deux jours après replacée pendant quatre heures dans l'étuve stérilisatrice, était mélangée au sable. C'est alors que les grains, après avoir séjourné dans une solution mercurielle (1 : 1 000) et avoir été ensuite bien lavés avec de l'eau bouillie, étaient ensemencés. Enfin la surface tout entière tant du sol que des vases de culture était recouverte d'une couche épaisse de coton stérilisée, comme nous venons de le dire.

Il est à peine besoin de faire observer que l'opération du remplissage et de la couverture des vases fut toujours conduite avec toute la rapidité possible et faite suivant toutes les règles.

Quant à l'eau d'arrosage nécessaire pendant la végétation, on n'employa que de l'eau distillée qu'on avait fait bouillir une et même deux fois pendant une heure sous une couverture de ouate avant de s'en servir.

VIII.

Recherches faites en 1886.

Dans nos essais culturaux de 1886, nous avons éprouvé une perte de temps et de travail, aussi considérable qu'inattendue, par l'effet d'une circonstance que je ne veux pas passer sous silence, afin que ceux qui s'occupent d'expériences semblables puissent en faire leur profit.

Pour chasser les moindres traces d'azote que contenait encore notre sable après le lavage, nous avions résolu de ne l'employer que calciné au rouge et une fabrique de verre amie s'était obligeamment chargée de prendre soin de cette opération pour quelque quantité que nous pourrions désirer.

Mais nous devions, hélas ! faire bientôt à ce sujet un triste apprentissage, en voyant nos plantes, sur lesquelles nous avions à expérimenter, se développer, dès leur sortie de terre, très irrégulièrement, une partie même déjà à un état maladif, et en peu de temps se montrer impropres à des recherches pouvant inspirer confiance. Un examen du sable calciné, fait malheureusement trop tard, nous en révéla promptement la cause, due à une réaction alcaline très sensible, provenant vraisemblablement de parties de cendres qui avaient volé sur le sable.

Il ne nous resta rien à faire qu'à abandonner toute notre expérience et à lui substituer une nouvelle série d'essais, en employant notre vieux matériel bien éprouvé. Heureusement nous avions commencé cette fois ces essais de culture de très bonne heure (dès le mois de mars), et il nous fut possible de mettre en marche notre nouvelle expérience à la fin de mai. C'était, il est vrai, très tard, mais pas trop tard, ainsi que la suite nous l'a prouvé.

a) **Orge.**

Conditions générales.

Vases : **24^{cm},5 de hauteur, 15 et 13 cent. de diamètre.**
Sable par vase : **4^{kg},600.**

Humidité du sol pendant la végétation, variant de 15 à 10 p. 100 (60 à 40 p. 100 de la faculté d'absorption du sable).

Variété soumise à l'expérience : *Hordeum distichum* (orge Chevalier).

Semence : Poids spécifique, $1^{kg},269$; poids absolu de 44 à 50 milligr. séché à l'air ; en moyenne $46^{mg},45$, avec 11.75 p. 100 d'eau.

Ensemencement : 14 grains par vase, dont 7 furent enlevés à l'état de jeunes plantes et 7 furent laissés jusqu'au développement complet.

Période de végétation : Les grains après avoir été gonflés dans l'eau distillée, furent ensemencés avec les radicules sorties le 27 mai et sortirent de terre du 31 mai au 1er juin. Récoltés le 5 août.

Alimentation pour chaque vase :

$0^{gr},5444$ monophosphate de potasse.
0 ,1492 chlorure de potassium.
0 ,2400 sulfate de magnésie.

Et de plus :

VASE.	NITRATE de chaux.	TENEUR en azote.
118	$1^{gr},312$	$0^{gr},224$
119	1 ,312	0 ,224
120	0 ,656	0 ,112
121	0 ,656	0 ,112
122	»	»
123	»	»

Résultats.

La végétation de l'orge se fit sans aucun trouble du commencement à la fin de l'expérience.

On a trouvé dans la récolte :

VASES.	AZOTE DONNÉ.	TIGES portant épis.	LONGUEUR DE CES TIGES.	NOMBRE de grains formés.
	Grammes.		Mètres.	
118	0,224	14	0,78 — 0,91	246
119	0,224	12	0,83 — 0,89	243
120	0,112	10	0,63 — 0,78	151
121	0,112	8	0,64 — 0,81	136
122	»	4	0,18 — 0,27	0
123	»	5	0,23 — 0,27	2

VASES.	AZOTE donné.	SUBSTANCE SÈCHE.			PROPORTION P. 100 de la récolte totale.		POIDS moyen d'un grain sec.
		Grains.	Balles et paille.	Total.	Grains.	Balles et paille.	
	Grammes.	Grammes.	Grammes.	Grammes.			Grammes.
118	0,224	8,100	13,359	21,459	37.7	62.3	32,9
119	0,224	8,438	12,854	21,292	39.6	60.4	34,8
120	0,112	4,506	7,443	11,949	37.7	62.3	29,9
121	0,112	4,607	8,109	12,716	36.2	63.8	33,9
122	»	»	0,459	0,459	»	100.0	»
123	»	0,032	0,554	0,586	5.5	94.5	16,0

b) **Avoine.**

Conditions générales.

Pour la dimension des vases, la quantité de sable et l'humidité du sol, les conditions générales étaient les mêmes que celles des recherches précédentes.

Variété : *Avena sativa* (avoine d'échantillon de Metz et Cie).

Semence : Poids absolu, de 39 à 45 milligr., séchée à l'air, soit en moyenne par grain 41^{mg},80 avec 13.01 p. 100 d'eau.

Ensemencement : 14 grains dont 7 furent retirés et 7 laissés jusqu'au développement complet.

Période de végétation : les grains préalablement gonflés dans l'eau distillée ont été plantés le 28 mai avec leur radicule sortie et ont levé le 1er juin.

Récolte, le 5 août.

Alimentation pour chaque vase :

	GRAMMES.
Monophosphate de potasse	0,5444
Chlorure de potassium	0,1492
Sulfate de magnésie	0,2400

Et de plus :

VASES.	NITRATE de chaux.	TENEUR en azote.
124	1^{gr},312	0^{gr},224
125	1 ,312	0 ,224
126	0 ,656	0 ,112
127	0 ,656	0 ,112
128	»	»
129	»	»

Résultats.

La levée et la végétation furent généralement bonnes. Dans le vase 125 seul, une plante s'est anormalement développée au moment de l'épiage; la tige principale demeura emprisonnée et au lieu de monter donna trois pousses latérales faibles qui portèrent des panicules non moins faibles avec des grains mal formés.

La récolte a donné :

VASES.	AZOTE DONNÉ.	TIGES portant des panicules.	LONGUEUR de ces tiges.	NOMBRE de grains formés.
	Grammes.		Mètres.	
124	0,224	9	0,79 — 0,94	301
125[1]	0,224	11	0,43 — 0,99	339
126	0,112	7	0,70 — 0,87	211
127	0,112	7	0,54 — 0,97	210
128	»	5	0,18 — 0,22	3
129	»	6	0,18 — 0,22	0

VASES.	AZOTE donné.	SUBSTANCE SÈCHE. Grains.	Balles et paille.	Total.	PROPORTION P. 100 du total de la récolte. Grains.	Balles et paille.	POIDS moyen d'un grain sec.
	Grammes.	Grammes.	Grammes.	Grammes.			
124	0,224	8,688	12,014	20,702	42.0	58.0	28.9
125[1]	0,224	7,928	10,667	18,595	42.6	57.4	23.4
126	0,112	4,724	6,876	11,600	40.7	59.3	22.4
127	0,112	4,518	6,944	11,462	39.4	60.6	21.5
128	»	0,052	0,400	0,452	11.5	88.5	17.3
129	»	»	0,439	0,439	»	100.0	»

1. Le plant fut anormal.

c) Pois.

Conditions générales.

Vases : 24 cent. de hauteur, 15 et 13 cent. de diamètre.
Sable dans chaque vase : 4 kilogr.

Humidité du sol pendant la végétation : de 15 à 10 p. 100, correspondant à 60 et 40 p. 100 de la faculté d'absorption du sable.

Variété : Pois « Gloire de Cassel » de Gebr. Dippe-Quedlindburg.

Semence : poids absolu de 200 à 250 milligr., en moyenne 231^{mg},7 par grain séché à l'air, avec 12.4 p. 100 d'eau.

Ensemencement : dans chaque pot 2 grains dont la radicule était sortie après un séjour dans l'eau distillée.

Période de végétation : plantation, le 5 mai ;

Levée, 2 et 3 juin ;

Récolte, 4 septembre.

Alimentation pour chaque vase :

	GRAMMES.
Monophosphate de potasse	0,5444
Chlorure de potassium	0,1492
Sulfate de magnésie	0,2400

C'est cette alimentation que reçurent tous les vases au nombre de 42 ; mais 30 numéros, de 130 à 159 inclusivement, furent laissés, jusqu'à nouvel ordre, sans autre nourriture additionnelle. Les 10 numéros, 160 à 169, reçurent, outre cette alimentation, une dose de 25 cent. cubes répondant à 5 grammes de terre de l'infusion que nous avions préparée, comme il a été dit plus haut avec la marne lehmeuse humique prise dans notre champ d'expériences. Enfin, pour les deux numéros 170 et 171, après que la solution nutritive et les grains de semence eurent été stérilisés de la façon que nous avons indiquée, puis le sable calciné dans le creuset Chamotte au fourneau à réverbère, les vases reçurent l'infusion stérilisée, et le sol de culture demeurant, du commencement à la fin de l'expérience, couvert de ouate stérilisée, ne fut arrosé que d'eau distillée, qu'on avait préalablement fait bouillir.

Il ne fut donné aucune dose additionnelle de nitrates ou d'autres combinaisons azotées.

Résultats.

La levée fut parfaite : sur nos 84 jeunes plants de pois, quatre seulement (un dans chacun des n°s 151 et 165 et deux dans le n° 168), ne nous satisfaisant pas complètement, furent immédiatement remplacés par de bons grains, qui avaient germé plus tard.

Quant au développement ultérieur des plantes, il me suffira de donner les quelques notes suivantes empruntées à notre journal d'observations.

Pendant les deux premières semaines de juin, on ne remarque aucune différence dans l'état ni dans l'apparence des plantes.

A ce moment toutes uniformément commencent à indiquer l'épuisement de leur réserve par une coloration plus claire et jaunâtre; mais au 13 juin déjà en les examinant de près, on peut s'apercevoir que la série des n°s 160 à 169 a un reflet un peu plus vert que la série des n°s 130 à 159, et cette différence s'accuse plus clairement de jour en jour. Cependant quelques numéros aussi ou quelques plantes de cette dernière série commencent à reverdir, mais les autres restent jaunes.

Dès le 18 juin, l'effet de l'infusion terreuse est décisif. Les vingt plantes de la série 160 à 169 ont triomphé de la période d'inanition de l'azote, elles prennent sans aucune exception l'apparence verte, assimilent et commencent à se développer, tandis que la série 130 à 159 présente l'ancien aspect que nous connaissons, état tout à fait inexplicable, dans lequel certaines plantes se montrent luxuriantes, pendant que d'autres souffrent et sont affamées.

Le 29 juin, toutes les plantes de la série 160-169 sont magnifiques, elles ont la belle teinte verte d'un végétal bien alimenté, elles croissent rapidement (dans la plupart, la dixième feuille s'est déjà développée) et les jeunes feuilles s'étalent larges et brillantes de vigueur.

Les deux numéros stérilisés ont constamment rétrogradé depuis le milieu de juin, toute trace de verdure a presque disparu et aucun organe nouveau ne s'est formé.

Aujourd'hui (29 juin), la série 130-159 a un aspect fort bigarré, on y voit :

Dans les n°s 131 et 147 deux plants qui sont aussi beaux que ceux de la série 160-169, qui ont reçu l'infusion terreuse.

Pour les n°s 130, 133, 139, 146 et 158, une seule plante dans chacun d'eux est parvenue au même développement que les précédentes, les autres sont restées loin en arrière, ou se trouvent encore complètement dans la période d'inanition.

On remarque en particulier comme mal venus, quoique sortis de cette période :

Dans les n°s 132, 140, 141, 145, 148, 154, 155 et 157 deux sujets ;

Dans les n°s 138, 139, 149, 150, 151, 153 un sujet pour chacun d'eux, les autres étant restés tout à fait en arrière.

Après la pousse de la sixième feuille, sont demeurées stationnaires, complètement jaunes et d'aspect misérable :

Les deux plantes des n°s 135, 136, 137, 142 et 144, puis donnant un peu plus d'espoir, ayant déjà une petite pointe de verdure, les deux plantes des n°s 134, 143, 156 et 159.

Dans le cours de l'expérience, à partir de ce moment, la végétation des pois conserva fidèlement le caractère que nous avons dépeint plus haut.

Dans la série 130 à 159, abandonnée à elle-même et laissée sans soins ultérieurs, quelques sujets furent luxuriants, d'autres simplement affamés se développèrent avec toutes les allures imaginables, confusément et sans aucune régularité, jusqu'à la maturité.

Dans la série 160-169, ayant reçu une addition d'infusion terreuse, toutes les plantes ont crû d'une façon satisfaisante et avec la plus grande régularité.

Les plantes des deux numéros stérilisés, 170 et 171, tout d'abord parurent pendant longtemps ne pouvoir porter plus que les six premières feuilles, formées à l'aide de la réserve du grain de semence. Mais au moment où elles étaient à moitié épuisées et desséchées, au milieu de juillet, jaillit sur les quatre sujets une pousse latérale qui épuisa leurs dernières ressources et, par le développement de quatre autres très petites, termina l'existence affamée des misérables feuilles.

Avant la maturité on récolta, ou plutôt on retira de l'expérience :

1° Pour servir à l'examen des racines et des protubérances qui s'y trouvent ;

Au 30 juin :

De la 1re série, les n°s 133, 136, 142, 152 et 153 ;

De la 2e série, le n° 163.

Puis au 27 juillet :

De la 1re série, les n°s 134, 137 et 140 ;

2° Pour résoudre par une expérience, dont nous rendrons compte plus loin, la question de savoir si l'azote libre ou l'azote combiné de l'atmosphère doit être admis comme une source d'alimentation pour les légumineuses;

Au 2 juillet :

De la 2e série, les nos 162, 164, 166, 167 et 168.

Les autres plantes, récoltées mûres, ont donné :

VASES.	PLANTES.	RENDEMENT EN SUBSTANCE SÈCHE. Grains.	Balles.	Paille.	Total des organes aériens.	NOMBRE des grains formés.
		Grammes.	Grammes.	Grammes.	Grammes.	
	Série I. — Sans infusion terreuse et non stérilisée.					
130	a + b	8,956	3,081	8,335	20,372	61
131	a + b	5,290	2,215	7,548	15,053	34
132	a + b	5,799	1,645	4,799	12,243	35
	a	»	»	0,297	0,297	»
135	b	1,363	0,425	1,544	3,332	6
	a + b	1,363	0,425	1,841	3,629	6
	a	0,466	0,188	1,080	1,734	4
138	b	2,425	0,529	2,526	5,480	19
	a + b	2,891	0,717	3,606	7,214	23
139	a + b	3,921	1,442	5,454	10,817	31
141	a + b	2,405	0,845	3,865	7,115	19
143	a + b	0,837	0,488	1,968	3,293	7
144	a + b	0,293	0,147	1,200	1,640	5
145	a + b	6,540	1,887	4,216	12,643	44
146	a + b	6,037	1,967	5,186	13,190	36
147	a + b	7,564	2,350	7,391	17,305	40
	a	0,892	0,645	2,266	3,703	9
148	b	0,906	0,252	1,121	2,279	8
	a + b	1,798	0,797	3,387	5,982	17
	a	3,897	0,813	3,016	7,726	29
149	b	0,920	0,310	0,924	2,154	7
	a + b	4,817	1,123	3,940	9,880	36
150	a + b	3,740	1,232	3,671	8,643	24
151	a + b	4,963	1,543	4,772	11,278	39
154	a + b	5,735	1,749	4,544	12,028	32
155	a + b	7,607	2,292	6,051	15,950	52
156	a + b	0,825	0,704	2,889	4,418	10
157	a + b	6,195	1,935	4,453	12,583	40
158	a + b	8,071	2,095	6,976	17,142	42
159	a + b	0,450	0,252	1,160	1,862	5

VASES.	PLANTES.	RENDEMENT EN SUBSTANCE SÈCHE.				NOMBRE des grains formés.
		Grains.	Balles.	Paille.	Total des organes aériens.	
		Grammes.	Grammes.	Grammes.	Grammes.	
		SÉRIE II. — *Avec addition d'infusion terreuse.*				
160	a + b	5,797	1,885	8,107	15,789	27
161	a + b	9,123	2,134	7,511	18,768	53
165	a + b	8,878	2,503	8,362	19,743	53
169	a + b	6,673	2,105	7,422	16,200	32

VASES.	PLANTES.	SUBSTANCE SÈCHE.					
		Grains.	Balles.	Paille.	Total des organes aériens.	Racines.	Plante entière.
				Grammes.	Grammes.	Grammes.	Grammes.
		SÉRIE III. — *Stérilisée.*					
170	a	»	»	0,205	0,205	0,045	0,250
	b	»	»	0,230	0,230	0,035	0,265
	a + b	»	»	0,435	0,435	0,080	0,515
171	a	»	»	0,262	0,262	0,040	0,302
	b	»	»	0,225	0,225	0,032	0,257
	a + b	»	»	0,487	0,487	0,072	0,559

Recherche supplémentaire.

Nous avons pensé que nous ne compromettrions en rien le résultat de nos cultures de pois, si nous réunissions, en le juxtaposant à notre expérience, un petit essai supplémentaire et, le 25 juin, alors que le sort de nos pois était décidé, que quelques-uns d'entre eux assimilant déjà activement, les autres restaient plongés dans leur période d'inanition, nous avons planté, dans chacun des vases de la série 130 à 169, deux grains d'orge et deux graines de colza.

La raison, qui nous y poussa, est assez facile à comprendre et plus loin nous saisirons l'occasion d'y revenir avec plus de détails. Il suffit de dire ici que toutes ces petites plantes levèrent bien et qu'elles prolongèrent leur vie jusqu'à formation de la tige et de la fleur, quelques-unes même montrèrent des épis ou des siliques, tout en restant néanmoins toutes à l'état de miniatures. Elles se comportèrent sans exception comme des plantes poussant dans un sol dépourvu d'azote et s'affamèrent lentement, quelle que fût la nature du sol dans lequel elles se trouvaient; que la végétation des pois y fût belle ou misérable, qu'on arrosât le sable ou non d'infusion terreuse.

Pour en tirer un enseignement plus précis, le poids de chacune de ces plantes a été déterminé à la fin de l'expérience et on a trouvé les taux suivants de substance sèche pour la partie aérienne :

	GRAMMES.	GRAMMES.
Pour l'orge.	0,061	0,107
Pour le colza	0,007	0,012

d) Plantes diverses.

La circonstance fatale, mentionnée au début de ce chapitre, qui, en 1886, nous fit l'obligation d'abandonner toute notre expérience par suite de la composition défectueuse de notre sable, nous avait tant fait perdre de temps que nous fûmes forcés, pour une seconde série d'essais, de nous borner à une seule espèce de légumineuses, les pois, malgré le désir que nous avions de les faire porter au moins sur deux variétés.

Il ne nous tenait pas moins au cœur d'examiner comment se comporteraient les légumineuses en employant des infusions terreuses de différentes origines, et il était possible, en partant de notre point de vue, d'obtenir la constatation de différences caractéristiques suffisamment claires sur leur influence.

Le désir de ne pas terminer cette année en restant dans une obscurité complète sur deux points, nous engagea donc à mettre en cours les essais suivants vers le milieu de juillet.

Nous n'ignorions pas qu'ils ne pouvaient servir qu'à nous orienter et que les plantes n'arriveraient plus à maturité, mais nous pouvions sûrement espérer que nous les verrions atteindre un développement suffisant pour indiquer sans laisser de doutes, si elles avaient ou non assimilé de l'azote.

En vue de ce résultat, 42 vases furent remplis de la façon accoutumée chacun avec 4 kilogr. de sable, auquel furent mélangés 4 grammes de carbonate de chaux, et on donna, par vase, le mélange nutritif suivant :

	GRAMMES.
Monophosphate de potasse	0,5444
Chlorure de potassium	0,1492
Sulfate de magnésie	0,2400

Les 42 vases furent partagés en six séries :

La série I, 9 vases, nos 172-180, ne reçut aucune autre alimentation ;

La série II, 9 vases, nos 181-189, a reçu pour chaque vase une dose d'environ 5 grammes d'infusion faite avec de la terre *marno-lehmeuse humique* prise à notre champ d'expérience près de Bernburg ;

La série III, 9 vases, nos 190-198, a reçu une infusion de terre sableuse prise dans un champ de lupins près de la station du chemin de fer de Güterglück (correspondant de même à 5 grammes de terre par vase).

La série IV, 9 vases, nos 199-207, a reçu une dose de 0gr,41 de nitrate de chaux, correspondant à 0gr,007 d'azote ;

La série V, 3 vases, nos 208-210, a reçu 0gr,656 de nitrate de chaux correspondant à 0gr,112 d'azote par vase ;

La série VI, 3 vases, nos 211-213, a reçu de même 0gr,656 de nitrate de chaux correspondant à 0gr,112 d'azote et de plus la même quantité que la série II d'infusion de la terre marno-lehmeuse, tirée de notre champ d'expériences.

Le 25 juillet, tous ces vases furent ensemencés de diverses graines, en sorte que chacun d'eux fut planté de 3 à 5 espèces différentes placées les unes à côté des autres.

On met ainsi :

Dans les numéros	172, 173 et 174,	série I	2 plantes chacune de	Orge, colza, moutarde blanche, pois et trèfle rouge.
—	—	181, 182 et 183,	— II		
—	—	190, 191 et 192,	— III		
—	—	199, 200 et 201,	— IV		
—	—	208,	— V		
—	—	211,	— VI		

Dans les numéros 175, 176 et 177,	série I	2 plantes chacune de	Avoine, sarrasin et lupins jaunes.
— — 184, 185 et 186,	— II		
— — 193, 194 et 195,	— III		
— — 202, 203 et 204,	— IV		
— — 209,	— V		
— — 212,	— VI		
— — 178, 179 et 180,	— I	2 plantes chacune de	Orge, serradelle, vesces et fèves de marais.
— — 187, 188 et 189,	— II		
— — 196, 197 et 198,	— III		
— — 205, 206 et 207,	— IV		
— — 210,	— V		
— — 213,	— VI		

Résultats.

A la suite de hautes températures diurnes, la levée des semences fut très rapide et généralement satisfaisante. La première période de végétation, caractérisée par l'épuisement de la réserve nutritive de la semence, varia naturellement avec chaque espèce de plantes suivant la grosseur du grain. C'est ainsi, par exemple, qu'une très grande différence s'accuse entre le développement d'une fève de marais et d'une graine de colza, et cette période fut d'une durée très inégale.

Une séparation marquée se fit remarquer dans les plantes, dès que se termina ce qu'on peut appeler la vie germinative. A ce moment toutes celles des trois premières séries qui n'avaient reçu aucune addition de nitrates, passèrent par la période connue d'inanition, tandis que dans tous les numéros des trois dernières séries auxquels on avait donné du nitrate à plus ou moins haute dose, la végétation suivit son cours sans aucun trouble.

Toutefois, dans les numéros de la quatrième série, qui n'avaient à leur disposition que 0^{gr},007 d'azote sous forme de nitrate, ces heureuses conditions se maintinrent peu de temps ; mais on doit expressément signaler que l'effet d'une dose aussi extraordinairement faible d'azote fut néanmoins très sensible.

Dans les cinquième et sixième séries, l'influence favorable des hautes doses d'azote sur le cours ultérieur de la végétation se manifesta, et de façon durable, dans l'orge, l'avoine, le colza et le sarrasin. Mais pour les six variétés de légumineuses elle devint incertaine dans la suite ; ainsi, dans la deuxième série les fèves et les vesces seules végétèrent bien, quoique très irrégulièrement toujours; les pois et le trèfle poussèrent assez mal dans la cinquième série, mais essentiellement mieux dans la sixième ; enfin les serradelles et les lupins se développèrent d'une façon peu satisfaisante dans les deux séries.

Mais la conduite ultérieure des plantes, qui, formant les trois premières séries, n'avaient reçu aucune dose de nitrates, fut pour nous du plus haut intérêt, en nous offrant les observations suivantes :

L'orge, l'avoine, le colza et le sarrasin demeurèrent, dans ces trois séries, dans un état constant d'inanition et ne parurent utiliser dans aucun cas l'infusion terreuse qui leur fut donnée.

Les fèves, les vesces, les pois et le trèfle qui, dans les vases de la première série seuls, n'avaient reçu aucun supplément d'alimentation, ne montrèrent pour la plupart aucune végétation et quelques sujets seulement commencèrent à assimiler après un temps fort long. Dans la deuxième série, à laquelle nous donnions une infusion de notre terre marno-lehmeuse de Bernburg, ces plantes mirent peu de temps à sortir de l'état d'inanition, sans une seule exception, et dès lors assimilèrent et crurent fort bien. Dans la troisième série, qui était arrosée avec l'infusion de la terre sableuse de Güterglück, elles surmontèrent toutes aussi la période d'inanition, mais dans la suite elles se développèrent visiblement et très sensiblement moins bien que celles de la seconde série.

Les serradelles et les lupins se comportèrent, dans la première et même dans la seconde série, à peu près de la même manière que l'orge, l'avoine, etc., c'est-à-dire qu'ils s'affamèrent et ne donnèrent aucun produit. Dans la troisième série seule, toutes les plantes verdirent dès le 24 août, se développèrent rapidement et surpassèrent en peu de temps les pois, le trèfle, les vesces aussi bien que les fèves par le luxe de leur végétation.

Cette séparation des six légumineuses en deux groupes, dont l'un se montrait au plus haut point sensible à l'infusion de terre marno-lehmeuse et à un degré plus faible à l'infusion de terre sableuse, dont l'autre au contraire n'éprouvait aucune réaction sous l'influence de la première infusion, mais utilisait visiblement et très puissamment la seconde, cette division, dis-je, si tranchée nous sembla caractéristique.

Pour chaque essai il y avait trois numéros de contrôle et dans aucun d'eux rien ne démentit les faits que nous venons de décrire. Toute idée d'une influence accidentelle sur le résultat doit donc être écartée.

Au commencement de septembre, les différences considérables qu'on pouvait constater dans l'état des plantes, ne laissèrent plus subsister aucun doute sur l'exactitude de l'observation.

Le 16 septembre, chacune des plantes de contrôle des quatre premières séries fut arrachée pour en soumettre les racines à un examen et pour faire servir les spécimens à une démonstration [1].

Tous les autres végétaux restèrent en place jusqu'au commencement de novembre, et à ce moment, à l'exception de celles qui étaient affamées, les plantes parvinrent généralement à montrer leurs fleurs sans que les conditions réciproques, que nous avons indiquées plus haut, eussent éprouvé aucune modification.

Une seule exception est à signaler, pour rendre hommage à la vérité.

Dans les deux n°s 193 et 195 de la série III, qui étaient restés en place, les lupins dans l'un végétèrent normalement jusqu'à la fin de l'expérience et tout aussi bien que s'ils avaient poussé dans les champs, tandis que dans l'autre ils jaunirent d'une façon particulière vers le milieu d'octobre et devinrent malades.

La cause de ce phénomène n'est pas obscure pour nous et nous ne manquerons pas, quand l'occasion s'en présentera plus loin, d'en donner l'explication.

Les plantes, sur lesquelles nous expérimentions ici, n'ayant pas atteint le terme naturel de leur végétation et ayant déjà souffert du froid au commencement de novembre, nous nous sommes abstenus de toute recherche quantitative. Nous nous servirons seulement de cette expérience comme guide dans nos essais ultérieurs et c'est elle déjà qui nous a poussés à étendre, en 1887, le cercle de nos expériences en y introduisant le lupin et la serradelle.

---

1. A l'occasion de la réunion des naturalistes à Berlin, ces échantillons ont été mis sous les yeux des membres de cette assemblée.

RECHERCHES FAITES EN 1887

a) **Avoine.**

Conditions générales.

Vases : 24 cent. de hauteur, 15 et 13 cent. de diamètre.

Sable : 4 kilogr. par vase.

Humidité du sol : elle varia pendant la période de végétation de 17 1/2 à 10 p. 100 (70-40 p. 100 de la faculté d'absorption du sable) ;

Variété mise en observation : avoine de choix.

Semence : poids absolu 40 et 46 milligr., soit en moyenne, par grain séché à l'air, 44^{mg},65 avec 12.9 p. 100 d'eau.

Ensemencement : 14 grains par vase, dont 7 furent écartés après la levée.

Période de végétation : les grains de semence après avoir été gonflés dans l'eau distillée ont été mis dans le sol le 9 mai, avec leurs radicules sorties ;

Levée des plantes, le 15 mai ;

Récolte, le 4 août.

Alimentation par vase :

	GRAMMES.	
Monophosphate de potasse	0,5444	en dissolution.
Chlorure de potassium	0,2984	en dissolution.
Chlorure de calcium	0,2220	en dissolution.
Sulfate de magnésie	0,2400	en dissolution.
Carbonate de chaux sec, mélangé au sable	4,0000	

Le sable et la dissolution alimentaire pour tous les essais, avant d'être introduits dans les vases, furent chauffés de la façon décrite plus haut ; nous n'avions pas, cette fois, l'intention de les stériliser, mais simplement de voir si la matière de notre sol éprouvait par cette opération une modification qui influerait sensiblement sur la végétation.

Des 20 vases sur lesquels portait l'expérience, on fit 5 séries de la façon suivante :

Série I, sans addition d'azote :

Les nos 214 et 215 furent laissés sans aucune alimentation supplémentaire.

Les nos 216 et 217 reçurent une infusion de terre marno-lehmeuse humique (champ d'expériences) à la dose de 25 centimètres cubes correspondant à 5 grammes de terre.

Les nos 218 et 219 reçurent une dose additionnelle de 36 grammes de carbonate de chaux, en sorte que la quantité totale de ce sel montait à 40 grammes, soit 1 p. 100 du sol de culture.

Série II, avec addition d'azote, par vase :

Nos 220 et 221 : 0gr,328 nitrate de chaux = 0gr,056 azote.

Nos 222 et 223 : 0gr,656 — — = 0gr,112 —

Série III avec addition d'azote et d'infusion terreuse semblable à celle des nos 216 et 217. — Azote donné à chaque vase :

Nos 224 et 225 : 0gr,328 nitrate de chaux = 0gr,056 azote.

Nos 226 et 227 : 0gr,656 — — = 0gr,112 —

Série IV, avec dose d'azote et de carbonate de chaux. Carbonate de chaux en quantité égale à celle des nos 218 et 219, azote par vase :

Nos 228 et 229 : 0gr,328 nitrate de chaux = 0gr,056 azote.

Nos 230 et 231 : 0gr,656 — — = 0gr,112 —

Série V, avec une addition très faible d'azote s'élevant par vase :

Nos 232 et 233 : 0gr,041 nitrate de chaux = 0gr,007 azote.

Résultats.

Cette année la levée des graines fut magnifique et par suite l'état des plantes se montra d'une égalité parfaite au début de l'expérience.

Dès le commencement de juin, tous les numéros de la première série (sans azote) demeurèrent en arrière des autres. Ce retard était déjà très sensible le 3 de ce mois.

La faible dose de 0gr,007 d'azote donnée à chaque vase de la cinquième série produisit un effet frappant, en ce sens que l'état d'inanition apparaissait dans l'aspect extérieur des plantes plusieurs jours plus tard qu'il ne s'était révélé dans les plantes de la première série ; celles-ci, du reste, se montrèrent visiblement par la suite constamment inférieures à celles de la cinquième.

Dans les numéros qui reçurent une infusion terreuse et de la chaux, on ne constata jamais, ni nulle part, d'effet apparent, quel qu'il fût, positif ou négatif, quand cette alimentation n'était pas accompagnée d'une dose de nitrate.

Le développement de nos plantes se poursuivait ainsi favorablement, quand un jour se produisit un trouble, que nous ne pouvons passer sous silence et qui eut une influence pernicieuse, dans des séries distinctes, sur la formation de la fleur et du fruit. La cause nous en est connue ; nous la trouvons dans l'émission toute temporaire[1] d'une fine poussière de soude provenant d'une fabrique située au delà de la Saale, à un kilomètre, à vol d'oiseau, à l'Est de notre Station. Dans le même temps son influence se révélait par un triste aspect donné à des récoltes au champ, qui étaient placées dans la direction du vent d'Ouest dominant et plus près de la fabrique : nous ne pûmes garder aucun doute au sujet de cette perturbation. Nous n'avons été heureusement effleurés qu'une fois par cet accident, nous venant d'un violent coup de vent d'Est-Sud-Est. Les faibles traces d'alcali qui se transportèrent ainsi ne suffirent pas toutefois pour nuire à la partie du feuillage des plantes, qui était fortement constituée (et même dans le voisinage immédiat de la fabrique, aucune influence pernicieuse ne se fit sentir, tant qu'il s'agit de plantes annuelles) ; mais elles étaient cependant assez puissantes pour agir défavorablement sur les organes encore tendres de la floraison. A ce moment, sur nos pois, qui fleurissaient, les fleurs, quoique belles et bien fournies, demeurèrent improductives et l'avoine, qui était arrivée à la période de la fructification, porta beaucoup de grains stériles.

Comme la récolte et les déterminations de l'azote le font voir, nous avons pu constater seulement l'introduction des substances assimilées dans les produits, mais non l'assimilation elle-même, la quantité de substance sèche formée, la quantité d'azote recueillie par la plante ; aussi le but principal de notre expérience n'a-t-il pu être atteint.

Il a été trouvé dans les récoltes :

1. Cette cause de perturbation a aujourd'hui disparu.

VASES.	ALIMENTATION DONNÉE.			NOMBRE DES		LONGUEUR	NOMBRE DES		
	Azote.	Infusion terreuse.	Carbonate de chaux.	tiges fructifiées.	pousses infécondes.	des 7 tiges mères.	épis.	grains plus ou moins formés.	grains restés vides.
	Gr.	Cm³.	Gr.			Centimètres.			
				Série I. — *Sans azote.*					
214	»	»	4	6	4	21 — 23	8	8	1
215	»	»	4	6	4	21 — 22	8	6	1
216	»	25	4	10	4	22 — 28	12	3	9
217	»	25	4	8	2	21 — 25	11	6	6
218	»	»	40	7	4	21 — 26	10	7	6
219	»	»	40	7	4	20 — 25	12	4	9
				Série II. — *Avec azote.*					
220	0,056	»	4	7	»	49 — 59	51	56	23
221	0,056	»	4	7	»	53 — 56	60	56	49
222	0,112	»	4	7	1	71 — 82	120	147	80
223	0,112	»	4	7	2	67 — 78	129	111	118
				Série III. — *Avec azote et infusion terreuse.*					
224	0,056	25	4	7	»	47 — 59	51	47	38
225	0,056	25	4	7	»	47 — 60	54	49	44
226	0,112	25	4	7	2	70 — 81	129	95	124
227	0,112	25	4	7	3	68 — 79	131	102	118
				Série IV. — *Avec azote et chaux.*					
228	0,056	»	40	7	»	46 — 62	62	58	45
229	0,056	»	40	7	»	46 — 60	62	58	39
230	0,112	»	40	7	3	68 — 79	134	114	117
231	0,112	»	40	7	2	71 — 81	142	161	90
				Série V. — *Avec traces d'azote.*					
232	0,007	»	4	7	1	21 — 29	15	8	7
233	0,007	»	4	7	»	24 — 31	12	12	4

VASES.	ALIMENTS DONNÉS.			RENDEMENT EN SUBSTANCE SÈCHE.				
	Azote.	Infusion terreuse.	Carbonate de chaux.	Grains plus ou moins formés.	Grains vides.	Balles.	Paille.	Total des organes aériens.
	Gr.	Cm³.		Grammes.	Grammes.	Grammes.	Grammes.	Grammes.
				SÉRIE I. — *Sans azote.*				
214	»	»	4	0,067		0,026	0,496	0,589
215	»	»	4	0,035		0,061	0,508	0,604
216	»	25	4	0,048		0,094	0,517	0,659
217	»	25	4	0,158		0,069	0,511	0,738
218	»	»	40	0,145		0,061	0,452	0,658
219	»	»	40	0,092		0,079	0,497	0,668
				SÉRIE II. — *Avec azote.*				
220	0,056	»	4	1,376	0,077	0,185	2,965	4,603
221	0,056	»	4	1,527	0,258	0,225	3,654	5,664
222	0,112	»	4	4,086	0,460	0,468	7,027	12,041
223	0,112	»	4	3,332	0,616	0,460	7,065	11,473
				SÉRIE III. — *Avec azote et infusion terreuse.*				
224	0,056	25	4	1,226	0,231	0,173	3,031	4,661
225	0,056	25	4	1,297	0,261	0,180	3,245	4,983
226	0,112	25	4	2,900	0,604	0,458	7,500	11,462
227	0,112	25	4	3,040	0,588	0,500	7,688	11,816
				SÉRIE IV. — *Avec azote et chaux.*				
228	0,056	»	40	1,678	0,279	0,230	3,549	5,736
229	0,056	»	40	1,373	0,300	0,242	3,536	5,451
230	0,112	»	40	3,160	0,552	0,487	7,200	11,399
231	0,112	»	40	4,519	0,512	0,520	7,292	12,843
				SÉRIE V. — *Avec très peu d'azote.*				
232	0,007	»	4	0,234		0,080	0,667	0,981
233	0,007	»	4	0,293		0,063	0,690	1,046

b) Sarrasin.

Conditions générales.

Vases de culture, humidité du sol, sable, aliments minéraux et préparation de ces deux derniers exactement comme dans les essais sur l'avoine.

Semence : poids absolu de 20 à 23 milligr. par grain sec.

Ensemencement : 4 grains par vase, dont deux ont été arrachés après la levée.

Période de végétation : semé le 10 mai ;

Récolté le 4 août.

Les 8 vases formant la série ont reçu :

N°s 234 et 235 : aucune addition d'aliments.

N°s 236 et 237 : une dose de la dissolution de terre marno-lehmeuse humique (champ d'expériences de la station) dans la proportion de 25 cent. cubes par vase, répondant à 5 grammes du sol.

N°s 238 et 239 : une dose de carbonate de chaux montant pour chaque vase à 40 grammes ou 1 p. 100 du poids du sable.

N°s 240 et 241 : 0^{gr},041 de nitrate de chaux correspondant à 0^{gr},007 d'azote pour chacun d'eux.

Résultats.

Toutes les plantes ont bien levé et leur état a été normal pendant les deux premières semaines de leur existence.

Mais au commencement de la troisième semaine, la végétation des n°s 234 à 239 inclus s'arrêta et dès les premiers jours de juin une disette d'azote s'accusa très nettement.

Il n'y eut aucune différence entre ces trois couples de vases et nulle part ni à aucun instant ne se révéla l'influence des doses de dissolution terreuse ou de carbonate de chaux.

Tout au contraire, la faible dose d'azote nitrifié, donnée aux n°s 240 et 241, se signala d'une façon très accentuée : les plantes non seulement s'élevèrent plus haut que celles des numéros précédents, mais elles furent aussi plus vigoureuses. En un mot, l'action de cette petite quantité fut beaucoup plus frappante sur le sarrasin qu'elle ne l'avait été sur l'avoine dans les expériences analogues.

La récolte a produit :

VASES.	ALIMENTS DONNÉS.			LONGUEUR DES PLANTES.		NOMBRE DES	
	Azote.	Infusion terreuse.	Carbonate de chaux.	a.	b.	grains.	grains vides.
	Grammes.	Cent. cube.	Grammes.	Mètres.	Mètres.		
234	»	»	4	0,06	0,06	»	»
235	»	»	4	0,10	0,10	1	1
236	»	25	4	0,03	0,04	»	»
237	»	25	4	0,15	0,10	»	»
238	»	»	40	0,03	0,10	»	»
239	»	»	40	0,07	0,12	2	2
240	0,007	»	4	0,17	0,20	5	5
241	0,007	»	4	0,18	0,19	2	2

VASES.	ALIMENTS DONNÉS.			RENDEMENT EN SUBSTANCE SÈCHE.		
	Azote.	Infusion terreuse.	Carbonate de chaux.	Grains.	Balles.	TOTAL.
	Grammes.	Centim. cub.	Grammes.	Grammes.	Grammes.	Grammes.
234	»	»	4	»	0,035	0,035
235	»	»	4	0,009	0,051	0,060
236	»	25	4	»	0,023	0,023
237	»	25	4	»	0,040	0,040
238	»	»	40	»	0,042	0,042
239	»	»	40	0,004	0,061	0,065
240	0,007	»	4	0,083	0,189	0,272
241	0,007	»	4	0,013	0,144	0,157

c) **Serradelle.**

(V. pl. I.)

Conditions générales.

Vases : 24 centimètres de hauteur ; 15 et 13 centimètres de diamètre.

Sable par vase : 4 kilogr.

Humidité du sol : pendant la végétation 17 1/2 à 10 p. 100 (70 à 40 p. 100 de la faculté d'absorption du sable).

Variété mise à l'étude : serradelle commune (*Ornithopus sativus*).

Semence : 100 grains pesaient ensemble secs $0^{gr},398$.

Ensemencement : 8 graines par vase, dont 4 furent arrachées après la levée.

Période de végétation : semée le 12 mai ;

Récoltée le 8 octobre.

Alimentation de chaque vase :

	GRAMMES.
Monophosphate de potasse	0,5444
Chlorure de potassium	0,2984
Chlorure de calcium	0,2220
Sulfate de magnésie	0,2400

Tous les vases avec leur contenu ont été stérilisés de la façon qui a été indiquée plus haut.

Les 30 vases qui étaient à notre disposition pour cette expérience nous permirent de diviser l'opération en six séries pour tenter de connaître l'action d'infusions terreuses de différentes origines, fraîches et stérilisées, l'influence de plus ou moins grandes doses de nitrates avec ou sans infusion de terre, enfin celle du carbonate de chaux à plus hautes doses. En outre, nous pouvions ainsi éclaircir une question qui nous tenait au cœur depuis plusieurs années. Dans nos essais nous avions jusqu'ici donné, à peu près sans exception, l'acide phosphorique sous forme de monophosphate de potasse, et la quantité assez grande de ce sel que nous faisions entrer dans notre solution nutritive y occasionnait une réaction acide passablement forte. Ce fait était certainement sans importance pour la plupart des plantes que nous cultivions, mais néanmoins différentes observations antérieures avaient mis pour nous hors de doute qu'aucune d'elles ne pourrait supporter une acidité plus grande de la solution. Nous reviendrons avec plus de détails sur ce fait quand nous parlerons de nos cultures expérimentales sur les lupins.

Quoi qu'il en soit, il nous a semblé utile de chercher dans cette voie comment se comporteraient les légumineuses soumises à nos expériences et nous avons introduit dans une série quelques modifications à notre solution nutritive, tendant à en diminuer la réaction acide et à la transformer en une réaction alcaline. L'opération a consisté à y ajouter du carbonate de potasse dans la proportion de 1 1/2 et 2 molécules par molécule de monophosphate de potasse.

Nous avons en conséquence institué spécialement nos essais sur la serradelle dans les conditions suivantes :

Série I, avec infusion de terre sableuse :

Les n°s 242 et 243 n'ont reçu aucun adjuvant.

Les n°s 244 et 245 ont reçu 25 cent. cubes d'infusion correspondant à 5 grammes de terre.

Les n°s 246 et 247 ont reçu 25 cent. cubes d'infusion, mais elle avait été stérilisée avant de la leur donner.

La terre qui servit à l'infusion avait été extraite le 5 mai d'un champ sablonneux au voisinage de la station du chemin de fer de Güterglück, champ qui portait du seigle succédant à des lupins. L'infusion a été préparée avec la terre ayant son humidité naturelle.

Pour la stériliser, l'infusion versée dans le récipient fermé par une couche de ouate fut placée pendant 1/4 d'heure d'abord sur la lampe, et deux jours après, elle fut portée à l'ébullition pendant 4 heures dans l'étuve stérilisatrice.

Série II, avec diverses réactions de la solution nutritive :

Les n°s 248 et 249, restés sans adjuvant.	Ces 4 numéros ont reçu en même temps une dose de 25 cent. cubes chacun d'infusion de terre sableuse.
Le n° 250, avec un adjuvant de 0^{gr},276 de carbonate de potasse.	
Le n° 251, avec un adjuvant de 0^{gr},415 de ce même sel.	

Série III, avec infusion de terre lehmeuse :

Les n°s 252 et 253 ont reçu 25 cent. cubes de cette infusion, correspondant à 5 grammes de terre.

La terre d'infusion (marno-lehmeuse humique) fut prise dès le mois d'avril au champ d'expériences de la station, qui plusieurs années auparavant avait porté des betteraves sucrières alternant avec du colza (considéré comme plante à nématodes). Cette terre avait été déjà à peu près séchée à l'air quand elle fut employée à l'infusion.

Série IV, avec azote nitrifié aux doses suivantes :

N°s 254 et 255 :	0^{gr},328 nitrate de chaux	= 0^{gr},056 Az.		
N°s 256 et 257 :	0 ,656 — —	= 0 ,112 —		
N°s 258 et 259 :	0 ,328 — —	= 0 ,056 —	Et chacun, en outre, 25 cent. cubes d'infusion de terre sableuse.
N°s 260 et 261 :	0 ,656 — —	= 0 ,112 —		

Série V, avec une très faible dose d'azote :

N°s 262 et 263 : 0^{gr},041 nitrate de chaux = 0^{gr},007 Az.
N°s 264 et 265 : 0 ,041 — — = 0 ,007

et ces deux derniers reçurent, en outre, chacun 25 cent. cubes d'infusion de terre sableuse, mais préalablement stérilisée, comme pour les n°s 246 et 247.

Série VI, avec une forte dose de carbonate de chaux.

Les 6 numéros de cette série ont tous reçu, avant tout autre apport, 40 grammes chacun de carbonate de chaux, c'est-à-dire 1 p. 100 du poids du sol. Ce sel, après avoir été stérilisé par calcination, fut mélangé au sable des vases, auquel fut donné ensuite, comme supplément d'alimentation :

N°s 266 et 267 : rien ;

N°s 268 et 269 : 25 cent. cubes chacun d'infusion de terre sableuse ;

N°s 270 et 271 : 0^{gr},656 de nitrate de chaux équivalant chacune à 0^{gr},112 Az.

Les n^{os} des séries I, III, IV et V, nous le répétons encore une fois, avaient reçu chacun une dose de 4 grammes, soit 1 p. 100 du sol, de carbonate de chaux stérilisé, tandis que la série II, pour répondre au but de l'expérience, n'avait reçu aucune addition de chaux.

Résultats.

La serradelle leva tard (il lui fallut environ 14 jours) et moins régulièrement que les autres plantes, mais dès qu'on eut enlevé aux vases la moitié des graines germées qu'ils portaient, un état satisfaisant et uniforme ne tarda pas à s'établir dans toutes les séries.

Les premières pousses furent lentes à se développer, ainsi que cela arrive en plein champ. Mais une différence frappante se laissa bientôt apercevoir dans les numéros qui n'avaient pas reçu de nitrates : dès la formation de la troisième feuille, ils entrèrent d'une façon prononcée dans la période d'inanition, c'est-à-dire qu'ils perdirent leur teinte verte et leur végétation sembla s'arrêter. Les plantes, au contraire, qui avaient reçu l'alimentation azotée, conservèrent toujours la couleur verte qui indique la santé et se développèrent sans aucune interruption. Ce bénéfice fut acquis dès l'origine non seulement aux numéros ayant reçu les plus hautes doses de nitrates, mais encore aux numéros compris entre 262 et 265, qui n'avaient reçu que 7 milligr. d'azote; c'est ainsi que leurs plantes pouvaient, au 22 juin, montrer de 5 à 6 feuilles d'un vert clair et d'une hauteur de 4 à 5 cent., tandis que celles qui avaient été laissées en dehors de l'alimentation azotée n'avaient que 2 à 3 feuilles jaunes et misérables de 2 à 3 cent. de hauteur.

A ce moment, vers le 22 juin, il se révéla aussi dans la croissance des plantes de chaque série et de chaque couple de numéros des différences frappantes, dont nous pûmes promptement déterminer les caractères essentiels.

Dans les numéros de la série V, l'action des faibles doses de nitrate fut rapidement épuisée et la période d'inanition commença pour eux de la même façon désastreuse que pour ceux dont le milieu de culture était complètement dépourvu d'azote.

Les huit numéros de la série IV, qui avaient reçu de plus fortes doses de nitrate eurent une croissance constante et normale en proportion avec les quantités d'azote données, de telle sorte que jusqu'à la fin de juillet aucune différence manifeste ne se signala entre les numéros 245 à 257, qui n'avaient pas eu l'adjuvant d'infusion terreuse, et les numéros compris entre 258 et 261, qui en avaient été alimentés. Au commencement d'août, les premières perdirent cependant peu à peu leur teinte verte, prirent un aspect malade et quelques semaines plus tard l'effet de l'infusion terreuse se manifesta à l'œil. Les numéros dépourvus de cette addition, et tout d'abord les n°s 254 et 255, puis les n°s 256 et 257 ensuite, fleurirent abondamment, il est vrai, mais furent pour la plupart inféconds; la croissance s'arrêta, les folioles commencèrent à se dessécher, elles tombèrent et la végétation prit fin prématurément. Les numéros qui avaient été arrosés avec l'infusion, eux, se relevèrent et donnèrent dès la fin d'août un grand nombre de jeunes pousses, puis ils continuèrent à croître vigoureusement, quoiqu'ils ne soient parvenus qu'à fleurir et que leurs graines aient été vides. — La haute dose de carbonate de chaux donnée aux n°s 270 et 271 n'a rien changé à ces conditions.

Dans le sol privé d'azote, toutes les plantes qui n'avaient reçu aucun aliment additionnel ou avaient été arrosées avec l'infusion de terre sableuse stérilisée se sont affamées et même celles auxquelles on avait donné une infusion de terre marno-lehmeuse sont mortes lentement. Il est vrai que, pendant trois mois, il poussa encore une quatrième, une cinquième et à quelques-unes une sixième feuille; mais celles-ci tombèrent constamment jaunes et chétives, et les folioles des trois plus anciennes feuilles étant épuisées, il arriva qu'en septembre, n'ayant pour la plupart conservé de leur feuillage que les pétioles, ces plantes en miniature n'avaient plus que l'aspect de misérables balais.

Au contraire, les numéros auxquels on avait donné l'infusion de terre sableuse non stérilisée sortirent vers le 28 juin de la période d'inanition, prirent la teinte verte de la santé, commencèrent à assimiler et crûrent à partir de ce moment si rapidement, que déjà au 1er août elles avaient rejoint et en partie dépassé les plantes qu'on avait alimentées avec 0^{gr},112 d'azote nitrifié; puis elles fleurirent abondamment et portèrent, quelques-unes au moins, des gousses contenant des graines très bien formées.

Ici encore les hautes doses de carbonate de chaux n'eurent aucune influence.

Parmi les diverses solutions nutritives, on put voir nettement que la serradelle préférait celle dont la réaction était manifestement acide à celle où elle était quelque peu alcaline.

Les résultats des récoltes donnés dans les tableaux suivants résument exactement toutes les observations.

TABLEAU.

VASES.	ALIMENTATION DONNÉE.			NOMBRE des pousses par vase.	LONGUEUR DES POUSSES. En général.	LONGUEUR DES POUSSES. 1 ou 2 exceptionnellement hautes.	NOMBRE des pousses contenant des grains.
	Centimètres cubes.				Centimètres.	Centim.	
	SÉRIE I. — *Avec infusion de terre sableuse.*						
242	Infusion.	»		»	»	»	»
243	Infusion.	»		»	»	»	»
244	Infusion.	25		13	55 — 65	»	319
245	Infusion.	25		13	56 — 62	69	369
246	Infusion.	25 stérilisée.		»	»	»	»
247	Infusion.	25 stérilisée.		»	»	»	»
	SÉRIE II. — *Avec diverses réactions dans la solution alimentaire.*						
	Carbonate de potasse. Grammes.	Infusion de terre sableuse. Cent. cubes.					
248	»	25		13	46 — 77	105	1 389
249	»	25		17	56 — 79	»	1 163
250	0,276	25		12	34 — 41	65	53
251	0,415	25		11	30 — 43	»	»
	SÉRIE III. — *Avec infusion lehmeuse.*						
252	»	25		»	»	»	»
253	»	25		»	»	»	»
	SÉRIE IV. — *Avec azote nitrifié.*						
	Azote.	Infusion de terre sableuse.					
254	0,056	»		12	22 — 34	»	»
255	0,056	»		12	25 — 30	61	»
256	0,112	»		20	38 — 50	»	79
257	0,112	»		22	16 — 38	57	»
258	0,056	25		21	33 — 40	47	»
259	0,056	25		19	80 — 100	111	»
260	0,112	25		25	47 — 60	»	»
261	0,112	25		19	50 — 58	64	»
	SÉRIE V. — *Avec une dose d'azote très faible.*						
262	0,007	»		»	»	»	»
263	0,007	»		»	»	»	»
264	0,007	25 stérilisée.		»	»	»	»
265	0,007	25 stérilisée.		»	»	»	»
	SÉRIE VI. — *Avec beaucoup de carbonate de chaux.*						
	Carbonate de chaux. Grammes.	Infusion de terre sableuse.	Azote.				
266	40	»	»	»	»	»	»
267	40	»	»	»	»	»	»
268	40	25	»	12	76 — 85	»	261
269	40	25	»	13	40 — 55	64	183
270	40	»	0,112	23	25 — 37	»	»
271	40	»	0,112	19	47 — 66	86	11

VASES.	ALIMENTATION DONNÉE.			RÉCOLTE EN SUBSTANCE SÈCHE. Gousses contenant des grains.	Balles et paille.	Total des organes aériens.	Racines.	Plante entière.
	Centimètres cubes.			Gr.	Gr.	Gr.	Gr.	Gr.
	SÉRIE I. — *Avec infusion de terre sableuse.*							
242	Infusion.	»		»	0,047	0,047	0,045	0,092
243	Infusion.	»		»	0,033	0,033	0,030	0,063
244	Infusion.	25		1,348	12,000	13,348	3,516	16,864
245	Infusion.	25		1,289	13,136	14,425	3,765	18,190
246	Infusion.	25 stérilisée.		»	0,028	0,028	0,056	0,084
247	Infusion.	25 stérilisée.		»	0,050	0,050	0,059	0,109
	SÉRIE II. — *Avec des réactions diverses de la solution alimentaire.*							
	Grammes.	Cent. cubes.						
248	Carbonate de potasse. »	Infusion de terre sableuse. 25		4,614	6,011	10,625	1,061	11,686
249	Carbonate de potasse. »	Infusion de terre sableuse. 25		3,986	10,337	11,323	2,088	16,411
250	Carbonate de potasse. 0,276	Infusion de terre sableuse. 25		0,179	9,309	9,488	3,042	12,530
251	Carbonate de potasse. 0,415	Infusion de terre sableuse. 25		»	7,337	7,337	2,072	9,409
	SÉRIE III. — *Avec infusion de terre lehmeuse.*							
252	0,056	25		»	0,038	0,038	0,037	0,075
253	0,056	25		»	0,023	0,023	0,032	0,055
	SÉRIE IV. — *Avec azote nitrifié.*							
254	Azote. 0,056	Infusion de terre sableuse. »		»	1,925	1,925	0,913	2,838
255	Azote. 0,056	Infusion de terre sableuse. »		»	2,078	2,078	0,849	2,927
256	Azote. 0,112	Infusion de terre sableuse. »		0,214	4,653	4,867	1,356	6,223
257	Azote. 0,112	Infusion de terre sableuse. »		»	5,326	5,326	1,532	6,858
258	Azote. 0,056	Infusion de terre sableuse. 25		»	9,484	9,484	2,452	11,936
259	Azote. 0,056	Infusion de terre sableuse. 25		»	12,586	12,586	2,738	15,324
260	Azote. 0,112	Infusion de terre sableuse. 25		»	8,936	8,936	2,101	11,037
261	Azote. 0,112	Infusion de terre sableuse. 25		»	13,899	13,899	3,178	17,077
	SÉRIE V. — *Avec une dose d'azote très faible.*							
262	0,007	»		»	0,125	0,125	0,081	0,209
263	0,007	»		»	0,155	0,155	0,117	0,272
264	0,007	25 stérilisée.		»	0,204	0,204	0,112	0,316
265	0,007	25 stérilisée.		»	0,112	0,112	0,185	0,297
	SÉRIE VI. — *Avec beaucoup de carbonate de chaux.*							
			Grammes.					
266	Carbonate de chaux. 40	Infusion de terre sableuse. »	Azote. »	»	0,063	0,063	0,072	0,135
267	Carbonate de chaux. 40	Infusion de terre sableuse. »	Azote. »	»	0,019	0,049	0,043	0,092
268	Carbonate de chaux. 40	Infusion de terre sableuse. 25	Azote. »	1,014	13,245	14,259	3,111	17,370
269	Carbonate de chaux. 40	Infusion de terre sableuse. 25	Azote. »	0,481	10,384	10,865	2,626	13,491
270	Carbonate de chaux. 40	Infusion de terre sableuse. »	Azote. 0,112	»	4,758	4,758	1,319	6,077
271	Carbonate de chaux. 40	Infusion de terre sableuse. »	Azote. 0,112	0,040	5,457	5,497	1,337	6,837

d) **Lupins.**

(V. pl. II.)

Une expérience faite sur les lupins dans des conditions tout à fait semblables à celles dans lesquelles nous nous étions placés pour la serradelle, mais seulement dirigée dans une voie plus large à plusieurs points de vue, manqua presque complètement, parce que la solution nutritive dont nous nous étions servis eut une influence pernicieuse sur la végétation, influence due sans aucun doute à sa réaction franchement acide.

Deux motifs m'empêchent de passer sous silence cette partie de nos expériences. D'abord quelques vases, dans lesquels le développement des lupins fut irréprochable, la réaction acide de la solution nutritive ayant été affaiblie par des doses plus ou moins fortes de carbonate de potasse, pouvaient suffire comme démonstration au but que nous nous proposions. En second lieu, par cette communication sans réticence, on peut reconnaître d'une façon évidente que la seule cause d'insuccès est bien celle que nous avions mentionnée et qui s'est clairement révélée comme une source de trouble ; nulle part, du reste, les accidents constatés n'ont été en contradiction positive avec les résultats donnés par les autres espèces de plantes.

Je me bornerai seulement à réunir dans une courte description les conditions générales et le plan de l'expérience ainsi que les quantités de substance sèche obtenues.

Vases : $0^{m},40$ de hauteur ; $0^{m},15$ et $0^{m},15$ de diamètre.

Sable par vase : 8 kilogr.

Humidité du sol : au début de 10 à 8 p. 100 ; à partir du milieu de juillet, de 12 à 10 p. 100.

Variété : *Lupinus luteus*.

Semence : Poids absolu de 110 à 130 milligr., soit en moyenne $118^{mgr},4$ par grain séché à l'air.

Ensemencement : 3 graines par vase.

Période de végétation : Ensemencement le 11 mai.

Récolte le 8 septembre.

Alimentation pour chaque vase :

	GRAMMES.
Monophosphate de potasse	0,5444
Chlorure de potassium	0,2984
Chlorure de calcium	0,2220
Sulfate de magnésie	0,2400

En outre, tous les numéros des séries I, III, IV, V ont reçu chacun 8 grammes de carbonate de chaux (1 p. 100 du poids du sable), qui ont été mélangés à l'état sec.

Tous les numéros sans exception ont été stérilisés comme pour la serradelle.

Série I, avec infusion de terre sableuse :

Les nos 272, 273 et 274 n'ont reçu aucune addition d'infusion.

Les nos 275, 276 et 277 ont été pourvus chacun de 50 cent. cubes d'infusion de terre sableuse I, correspondant à 10 grammes de terre.

Les nos 278, 279 et 280 ont reçu la même infusion, mais après qu'elle avait été stérilisée.

Série II, avec solution nutritive de réaction différente :

Les nos 281 et 282, sans addition de carbonate de potasse et sans infusion terreuse.

Les nos 283 et 284, sans addition de carbonate de potasse, mais avec 50 cent. cubes d'infusion de terre sableuse I.

Les nos 285 et 286, avec 0gr,415 de carbonate de potasse, sans infusion.

Les nos 287 et 288, avec 0gr,415 de carbonate de potasse et 58 cent. cubes d'infusion de terre sableuse.

Les nos 288 et 290, avec 0gr,553 de carbonate de potasse, sans infusion terreuse.

Les nos 291 et 292, avec 0gr,553 de carbonate de potasse et 50 cent. cubes d'infusion de terre sableuse.

Série III, avec des infusions de terre d'origines diverses [1] :

1. Voir l'expérience suivante sur les pois pour les détails au sujet des différentes terres employées.

Les n°s 293 et 294, avec 50 cent. cubes d'infusion de terre sableuse II.

Les n°s 295, 296 et 297, avec 50 cent. cubes d'infusion de terre lehmeuse I.

Les n°s 298 et 299, avec 50 cent. cubes d'infusion de terre lehmeuse II.

Série IV, avec azote nitrifié, a reçu :

N°s 300 et 301 :	$0^{gr},328$ nitrate de chaux	$0^{gr},056$ Az.			
N°s 302 et 303 :	0 ,656 —	—	0 ,112 —	
N°s 304 et 305 :	1 ,312 —	—	0 ,224 —	
N°s 306 et 307 :	0 ,328 —	—	0 ,056 —	Plus 50 cent. cubes chacun d'infusion de terre sableuse I.
N°s 308 et 309 :	0 ,656 —	—	0 ,112 —	
N°s 310 et 311 :	1 ,312 —	—	0 ,224 —	

Série V, avec une très faible dose d'azote :

N°s 312, 313 et 314 : $0^{gr},041$ nitrate de chaux = $0^{gr},007$ Az.

N°s 315, 316 et 317 : $0^{gr},041$ nitrate de chaux = $0^{gr},007$ Az, et de plus 50 cent. cubes d'infusion de terre sableuse I, stérilisée.

Série VI, avec la haute dose de carbonate de chaux :

Les 4 numéros de la série ont reçu d'abord chacun une addition de 80 grammes de carbonate de chaux stérilisé, soit 1 p. 100 du sol et de plus :

N°s 318 et 319 : rien.

N°s 320 et 321 : chacun 50 cent. cubes d'infusion de terre sableuse I.

Comme rendements de la récolte on a trouvé :

TABLEAU.

VASES.	ALIMENTATION DONNÉE.		Grains.	Balles.	Paille.	Total des organes aériens.	Racines.	Plante entière.
			SUBSTANCE SÈCHE RÉCOLTÉE.					
	Centimètres cubes.		Gr.	Gr.	Gr.	Gr.	Gr.	Gr.
	Série I. — *Avec infusion de terre sableuse.*							
272	Infusion terreuse.	»	»	»	0,665	0,665	0,092	0,757
273		»	»	»	0,636	0,636	0,085	0,721
274		»	»	»	0,486	0,486	0,063	0,519
275		50	»	»	1,230	1,230	0,117	1,347
276		50	1,616	2,650	14,187	18,453	4,443	22,896
277		50	5,513	5,350	8,450	19,313	3,798	23,111
278		50 stérilisée.	»	»	0,583	0,583	0,053	0,636
279		50 Id.	»	»	0,570	0,570	0,096	0,660
280		50 Id.	»	»	0,575	0,575	0,085	0,660
	Série II. — *Avec solution nutritive de réaction différente.*							
	Grammes.	Cent. cubes.						
	Carbonate de potassium.	Infusion terreuse.						
281	»	»	»	»	0,477	0,477	0,109	0,586
282	»	»	»	»	0,328	0,328	0,045	0,373
283	»	50	2,260	1,681	3,041	6,982	0,901	7,883
284	»	50	»	»	0,815	0,815	0,074	0,889
285	0,415	»	»	»	0,802	0,802	0,117	0,919
286	0,415	»	»	»	0,720	0,720	0,080	0,800
287	0,415	50	8,157	7,928	20,706	36,791	7,927	44,718
288	0,415	50	4,820	5,710	25,735	36,265	9,316	45,611
289	0,553	»	»	»	0,800	0,800	0,121	0,921
290	0,553	»	»	»	0,882	0,882	0,139	1,021
291	0,553	50	5,384	5,768	23,545	34,697	9,784	44,481
292	0,553	50	13,474	10,721	12,756	36,954	5,497	42,451
	Série III. — *Avec infusion de terre d'origine différente.*							
293	A chacun 50 cent. cubes d'infusion de	terre sableuse II.	»	»	0,703	0,703	0,049	0,752
294		Id.	»	»	0,803	0,803	0,049	0,852
295		terre lehmeuse I.	»	»	0,569	0,569	0,067	0,636
296		Id.	»	»	0,648	0,648	0,074	0,722
297		Id.	»	»	0,586	0,586	0,059	0,645
298		terre lehmeuse II.	»	»	0,550	0,550	0,061	0,611
299		Id.	»	»	0,674	0,674	0,091	0,765
	Série IV. — *Avec azote nitrifié.*							
	Azote.	Infusion de terre sableuse.						
300	0,056	»	»	»	0,497	0,497	0,058	0,555
301	0,056	»	»	»	0,538	0,538	0,072	0,610
302	0,112	»	»	»	0,673	0,673	0,072	0,745
303	0,112	»	»	»	0,597	0,597	0,037	0,634
304	0,224	»	»	»	0,582	0,582	0,026	0,608
305	0,224	»	»	»	0,572	0,572	0,072	0,644
306	0,056	50	»	»	0,796	0,796	0,053	0,849
307	0,056	50	7,533	6,334	7,993	21,880	3,354	25,234
308	0,112	50	»	»	1,113	1,113	0,085	1,198
309	0,112	50	0,714	0,933	2,621	4,268	0,817	5,085
310	0,224	50	»	»	0,818	0,818	0,011	0,829
311	0,224	50	»	»	0,761	0,761	0,036	0,797

VASES.	ALIMENTATION DONNÉE.		SUBSTANCE SÈCHE RÉCOLTÉE.					
	Azote.	Infusion de terre sableuse.	Grains.	Balles.	Paille.	Total des organes aériens.	Racines.	Plante entière.
	Grammes.	Cent. cubes.	Gr.	Gr.	Gr.	Gr.	Gr.	Gr.
	SÉRIE V. — *Avec une dose d'azote très faible.*							
312	0,007	»	»	»	0,566	0,566	0,064	0,630
313	0,007	»	»	»	0,443	0,443	0,056	0,499
314	0,007	»	»	»	0,498	0,498	0,059	0,557
315	0,007	50 stérilisée.	»	»	0,720	0,720	0,074	0,794
316	0,007	50 Id.	»	»	0,528	0,528	0,096	0,624
317	0,007	50 Id.	»	»	0,524	0,524	0,060	0,584
	SÉRIE VI. — *Avec haute dose de carbonate de chaux.*							
318	Carbonate de chaux. 80	»	»	»	0,817	0,817	0,210	1,027
319	Carbonate de chaux. 80	»	»	»	0,819	0,819	0,134	0,953
320	Carbonate de chaux. 80	50	2,450	3,150	15,397	20,997	3,628	24,625
321	Carbonate de chaux. 80	50	3,061	3,602	10,601	17,264	2,453	19,717

c) **Pois.**

(V. pl. III.)

Vases : 24 cent. de hauteur, 15 et 13 cent. de diamètre.

Sable : 4 kilogr. par vase.

Humidité du sol : variant pendant la végétation de 17 1/2 à 10 p. 100 (70 à 40 p. 100 de la faculté d'absorption du sable).

Variété : Pois « Gloire de Cassel ».

Semence : Poids absolu de 220 à 240 milligr., soit en moyenne par graine séchée à l'air 228^{mgr},5 (13 p. 100 d'eau).

Ensemencement : 4 graines par vase, dont 2 ont été extraites après la levée des plantes.

Période de végétation : Ensemencement le 11 mai.

Quant à la récolte, certaines plantes ayant donné des pousses latérales tardives, dont on voulut attendre le développement, elle ne fut pas entreprise partout au même moment et se fit dans l'ordre suivant :

Le 12 août, on récolta les n^{os} : 331, 332, 322, 323, 334, 335, 336, 328, 329, 342, 343, 359, 360, 356, 357, 344, 350, 351, 366, 367, 368, 369, 324, 362, 365, 330 et 361.

Pour les autres plantes, afin d'éviter des pertes, on enleva, le 30 août, les portions les plus anciennes, qui étaient complètement mûres et on laissa les jeunes pousses seules jusqu'au 24 septembre, moment où elles furent définitivement récoltées et, mûres ou non, réunies à la masse.

Alimentation par vase :

	GRAMMES.
Monophosphate de potasse.	0,5444
Chlorure de potassium	0,2984
Chlorure de calcium	0,2220
Sulfate de magnésie	0,2400

Tous les numéros des séries I, III, IV et V ont reçu de plus chacun 4 grammes de carbonate de chaux (1 p. 100 du poids du sable) mélangé à l'état sec.

Dans tous les numéros sans exception, le sable, la solution nutritive et le carbonate de chaux furent stérilisés de la façon indiquée plus haut, et, pour ceux qui devaient recevoir une infusion terreuse stérilisée, les vases même et les matériaux de drainage furent stérilisés avant tout emploi.

Chaque vase après l'ensemencement fut chargé d'une forte couche de ouate stérilisée et resta ainsi couvert pendant tout le temps de la végétation.

Des 50 vases concourant à l'expérience, on fit les six séries suivantes :

Série I, avec infusion de terre (marno-lehmeuse I).

Pour préparer l'infusion destinée à cette expérience sur les pois, on s'est servi, la série III exceptée, des couches profondes de la terre marno-lehmeuse humique, reposant sur la roche calcaire, qui forme notre champ d'expériences, situé sur la rive gauche de la Saale. Ce champ avait porté précédemment des betteraves à sucre et la terre, extraite en avril 1887, bien retournée, était passablement desséchée. Nous la désignons à l'avenir sous le nom de terre marno-lehmeuse I, ou par abréviation L. I [1].

1. Cette terre et celles qui seront indiquées plus loin ont servi aux infusions employées dans l'expérience précédente sur les lupins.

Les numéros de cette série reçurent :

322, 323, 324 : rien.

325, 326, 327 : chacun 25 cent. cubes d'infusion L. I, répondant à 5 grammes de terre.

328, 329, 330 : également chacun 25 cent. cubes d'infusion L. I, mais préalablement stérilisée, comme il a été indiqué plus haut.

Série II, avec solution nutritive de réaction différente :

331, 332 : sans aliment additionnel.

333, 334 : avec addition de $0^{gr},276$ de carbonate de potasse.

335 : avec addition de $0^{gr},415$ de carbonate de potasse.

336 : avec addition de $0^{gr},553$ de carbonate de potasse.

Tous ces numéros avaient reçu, en outre, une dose de 26 cent. cubes de l'infusion de terre L. I.

Série III, avec infusion de terres d'origines diverses :

Pour faire ces différentes infusions on a employé :

1° Une terre marno-lehmeuse humique du diluvium reposant sur le grès, qui venait des lots communaux de la ville de Bernburg. Prélevée le 4 mai 1887, elle fut employée à l'état humide. Nous la désignons marno-lehmeuse II ou L. II.

2° Une terre sableuse diluvienne, venant des abords de la station du chemin de fer de Güterglück. Prélevée le 5 mai 1887, après avoir porté des lupins jaunes, elle fut employée humide. Nous la désignons terre sableuse I ou S. I.

3° Enfin, une terre de sable légère à peu près improductive de la métairie Sieb, appartenant au domaine de Dahme. Cette terre, de mémoire d'homme, n'a pas reçu d'engrais, sinon irrégulièrement quand de temps à autre on y plantait des lupins. Elle fut prélevée en avril 1887 et employée après dessiccation à l'air libre. Nous la désignons par : S. II.

Les numéros de cette série ont reçu :

337, 338 : chacun 25 cent. cubes d'infusion L. II, répondant à 5 grammes de terre.

339, 340, 341 : chacun 25 cent. cubes d'infusion S. I, répondant à 5 grammes de terre.

342, 343 : chacun 25 cent. cubes d'infusion S. II, répondant à 5 grammes de terre.

Série IV, avec de hautes doses de nitrates.

On a donné aux numéros de cette série :

344, 345 : chacun $0^{gr},328$ nitrate de chaux $= 0^{gr},056$ Az.

346, 347 : Id. 0 ,656 Id. = 0 ,112

348, 349 : Id. 1 ,312 Id. = 0 ,224

350, 351 : Id. 0 ,328 Id. = 0 ,056

352, 353 : Id. 0 ,656 Id. = 0 ,112

354, 355 : Id. 1 ,312 Id. = 0 ,224

et, de plus, chacun de ces trois derniers, 25 cent. cubes d'infusion de terre L. I.

Série V, avec doses d'azote très faibles :

356, 357, 358 : chacun $0^{gr},041$ nitrate de chaux $= 0^{gr},007$ Az.

359, 360, 361 : chacun $0^{gr},041$ nitrate de chaux $= 0^{gr},007$ Az. et, de plus, 25 cent. cubes d'infusion L. I stérilisée.

Série VI, avec fortes doses de carbonate de chaux :

Tous les numéros de cette série ont reçu tout d'abord chacun 40 grammes de carbonate de chaux stérilisé, soit 1 p. 100 du poids du sable et, outre cela :

362, 363 : rien.

364, 365 : chacun 25 cent. cubes d'infusion L. I.

366, 367 : chacun $0^{gr},328$ nitrate de chaux $= 0^{gr},056$ Az.

368, 369 : chacun $0^{gr},656$ nitrate de chaux $= 0^{gr},112$ Az.

370, 371 : chacun $0^{gr},656$ nitrate de chaux $= 0^{gr},112$ Az.

et en outre chacun de ces deux derniers 25 cent. cubes d'infusion de terre L. I.

Résultats.

La levée des pois eut lieu au 16 mai et fut aussi bonne que régulière. Le 26 mai, dans les 50 vases, toutes les plantes étaient en bonne santé, d'une égalité complètement satisfaisante et sans différences visibles.

A partir de ce moment, les plantes de la série IV, qui avaient reçu de l'azote nitrifié, commencèrent à se distinguer par la vigueur de leur végétation ; au 3 juin, elles avaient presque atteint une hauteur double de celle des autres et sans interruption elles continuèrent à se développer, si bien, qu'au milieu de juin, elles avaient pris le devant sur tous les numéros dépourvus d'azote. Jusqu'au 7 juin, aucune différence ne se montra même à l'intérieur de la série, mais à partir de cette époque les numéros qui avaient reçu de faibles doses d'azote (56 milligr.) restèrent en arrière et bientôt la dose d'infusion terreuse manifesta ses avantages. Le 1er juillet, toutes les plantes de la série fleurirent abondamment.

Les doses minuscules de 7 milligr. d'azote nitrifié par vase manifestèrent leur influence même sur les pois, mais sans que celle-ci fût aussi frappante que dans la culture du sarrasin ; elle le fut moins même que dans les expériences sur la serradelle et se montra à peine aussi nettement que dans les recherches faites sur l'avoine.

Les plantes, dont le milieu de culture était dépourvu d'azote, indiquèrent, en jaunissant, qu'elles entraient dans la période d'inanition le 3 et le 4 juin, sans aucune exception, et les numéros dont la solution nutritive n'avait pas été additionnée d'infusion terreuse, ou dont l'infusion était stérilisée, restèrent dans cet état pendant tout le temps que vécurent leurs plantes. Il ne se présenta qu'une seule exception, qui méritât une mention particulière et ce fut chez le numéro 363, faisant partie de la série VI, à laquelle il avait été donné une forte dose de chaux. Une des plantes de ce numéro laissa tout d'abord apercevoir un reflet vert dans ses jeunes feuilles le 13 juin, puis elle reverdit peu à peu dans la suite, commença à croître et enfin donna des fleurs et des fruits normaux ; la seconde des plantes, elle, resta dans l'état d'inanition jusqu'au milieu de juillet, puis elle se releva quelque peu à son tour, mais sans fournir une production appréciable.

L'action des infusions de terre L. I, L. II et S. II fut remarquable et se montra de bonne heure : celle de la terre S. I au 5 juin, celle de la terre L. II au 7 juin et celle de la terre L. I au 9 du même mois se manifestèrent clairement. Seules les infusions du sable stérile de Dahme ne montrèrent qu'une influence incertaine. Cependant les plantes du n° 343 reverdirent dès le 15 juin et commencèrent à croître très lentement puis continuèrent ainsi de façon à donner une production modérée, tandis que les pois du n° 342 en particulier ne sortirent pas du stade d'inanition.

La dose importante de chaux donnée dans la série VI parut tout d'abord entraver complètement l'action des infusions de terre. Les 4 plantes des n°s 364 et 365, au 16 juin, étaient aussi jaunes et aussi dépourvues de végétation que celles qui n'avaient pas reçu d'infusion terreuse. Cet état nous engagea à rendre de nouveau, au 16 juin, à ces deux numéros 25 cent. cubes d'infusion de la terre L. I ; aussi, dès les premiers jours de juillet, les deux plantes du n° 364 commencèrent à assimiler activement et en août elles avaient l'aspect brillant de pois bien portants; mais dans le n° 365 une seule plante se releva et demeura toujours un sujet faible.

Au 1er juillet, les pois dont la terre avait été pourvue d'infusion de terre, à part les exceptions dans le développement que nous avons mentionnées, étaient parvenus à une pleine et riche floraison en même temps que ceux qui avaient reçu des nitrates.

Les pois semblèrent rester indifférents à la réaction, quelle qu'elle fût, de la solution nutritive, ou au moins pendant la végétation on ne put apercevoir aucune différence caractéristique dans les trois couples de numéros qui composaient la série II.

La cause de trouble indiquée précédemment, dont l'influence fut si défavorable à la formation du fruit dans l'avoine, se fit sentir aussi d'une façon très nuisible sur les pois ; la plupart des fleurs, qui à ce moment étaient bien développées, séchèrent et furent stériles, et dans toutes nos expériences de cette année sur cette légumineuse, la formation des graines est demeurée imparfaite.

Pour cette raison et pour une autre encore, que nous indiquerons plus tard, un certain nombre de plantes donnèrent de jeunes pousses latérales en juillet et même en août, en sorte que la maturité étant irrégulière, on ne put, comme il a été dit, récolter tous les numéros en même temps.

La récolte a fourni les produits suivants :

VASES.	ALIMENTATION DONNÉE.		LONGUEUR des tiges principales.		NOMBRE	
			Plante *a*.	Plante *b*.	des cosses.	des grains.
	Centimètres cubes.		Centim.	Centim.		
	Série I. — *Avec infusion de terre L. I.*					
322	Infusion de terre.	»	25	22	»	»
323	Infusion de terre.	»	22	15	»	»
324	Infusion de terre.	»	31	32	1	»
325	Infusion de terre.	25	122	142	7	12
326	Infusion de terre.	25	125	120	6	19
327	Infusion de terre.	25	110	117	10	39
328	Infusion de terre.	25 stérilisée.	29	29	»	»
329	Infusion de terre.	25 id.	37	29	1	»
330	Infusion de terre.	25 id.	18	30	»	»
	Série II. — *Avec solution de réactions différentes.*					
	Grammes. Carbonate de potasse.	Cent. cubes. Infusion de terre L. I.				
331	»	25	97	109	5	36
332	»	25	110	115	5	40
333	0,276	25	125	125	13	35
334	0,276	25	109	125	6	37
335	0,415	25	102	124	7	40
336	0,553	25	130	120	7	42
	Série III. — *Avec infusions de terres d'origine diverse.*					
	Cent. cubes. Infusion.	Terre.				
337	25	L. II.	115	125	2	»
338	25	L. II.	120	130	8	39
339	25	S. I.	115	107	2	4
340	25	S. I.	120	105	1	1
341	25	S. I.	115	110	2	4
342	25	S. II.	20	27	»	»
343	25	S. II.	67	85	5	19
	Série IV. — *Avec hautes doses d'azote nitrifié.*					
	Grammes. Azote.	Cent. cubes. Infusion de terre L. I.				
344	0,056	»	80	81	4	8
345	0,056	»	125	107	2	3
346	0,112	»	116	121	1	2
347	0,112	»	135	125	»	»
348	0,224	»	97	99	3	7
349	0,224	»	107	95	2	6
350	0,056	25	75	61	3	5
351	0,056	25	73	75	4	6
352	0,112	25	124	134	»	»
353	0,112	25	130	140	2	1
354	0,224	25	120	110	»	»
355	0,224	25	100	120	2	4

VASES.	ALIMENTATION DONNÉE.					LONGUEUR des tiges principales.		NOMBRE	
						Plante *a*.	Plante *b*.	des cosses.	des grains.
		Grammes.		Cent. cubes.	Grammes.	Centim.	Centim.		
	Série V. — *Avec dose très faible d'azote.*								
356	Azote.	0,007	Infusion de terre L. I.	»		34	38	»	»
357		0,007		»		68	32	»	»
358		0,007		»		47	36	»	»
359		0,007		25 stérilisée.		24	37	1	»
360		0,007		25 id.		32	16	»	»
361		0,007		25 id.		35	40	»	»
	Série VI. — *Avec hautes doses de carbonate de chaux.*								
362	Carbonate de chaux.	40	Infusion de terre L. I.	»	Azote. »	31	25	»	»
363		40		»	»	59	81	10	23
364		40		25	»	98	64	12	46
365		40		25	»	32	68	2	7
366		40		»	0,056	68	80	2	7
367		40		»	0,056	81	77	3	6
368		40		»	0,112	95	95	5	13
369		40		»	0,112	98	80	4	13
370		40		25	0,112	137	130	7	5
371		40		25	0,112	150	125	»	»

VASES.	ALIMENTATION DONNÉE.		SUBSTANCE SÈCHE DE LA RÉCOLTE.					
			Grains.	Balles.	Paille.	Total des organes aériens.	Racines.	Plante entière.
	Centimètres cubes.		Gr.	Gr.	Gr.	Gr.	Gr.	Gr.
	Série I. — *Avec infusion de terre L. I.*							
322	Infusion de terre L. I.	»	»	»	0,543	0,543	0,236	0,779
323		»	»	»	0,440	0,440	0,304	0,744
324		»	»	0,024	0,696	0,720	0,208	0,928
325		25	1,460	1,834	11,992	14,786	1,831	16,617
326		25	0,957	2,477	8,268	11,702	0,911	12,613
327		25	0,746	2,457	9,313	18,516	1,580	20,096
328		25 stérilisée.	»	»	0,579	0,579	0,319	0,898
329		25 id.	0,016	0,027	0,517	0,560	0,282	0,842
330		25 id.	»	»	0,590	0,590	0,332	0,922

VASES.	ALIMENTATION DONNÉE.		SUBSTANCE SÈCHE DE LA RÉCOLTE.					
			Grains.	Balles.	Paille.	Total des organes aériens.	Racines.	Plante entière.
	Grammes.	Centimètres cubes.	Gr.	Gr.	Gr.	Gr.	Gr.	Gr.
	SÉRIE II. — *Avec solution nutritive de réactions différentes.*							
331	Carbonate de chaux. »	Infusion de terre L. I. 25	5,551	1,710	5,267	11,528	1,220	13,748
332	»	25	4,967	2,025	4,913	11,905	0,658	12,563
333	0,276	25	3,940	2,384	9,116	15,440	1,689	17,129
334	0,276	25	5,248	2,474	4,234	11,956	0,585	12,541
335	0,415	25	7,049	1,722	3,862	12,633	0,870	13,503
336	0,553	25	7,844	2,112	4,725	14,681	1,093	15,774
	SÉRIE III. — *Avec infusion de terres d'origines différentes.*							
	Cent. cubes.							
337	Infusion. 25	Terre. L. II.	»	0,452	17,143	17,595	2,116	19,711
338	25	L. II.	3,111	2,917	18,365	24,393	2,965	27,358
339	25	S. I.	0,420	0,145	15,712	16,277	1,339	17,616
340	25	S. I.	0,018	0,061	17,893	17,972	2,454	20,426
341	25	S. I.	0,525	0,282	14,136	14,943	1,019	15,962
342	25	S. II.	»	»	0,654	0,654	0,265	0,919
343	25	S. II.	3,604	0,820	1,538	5,962	0,609	6,571
	SÉRIE IV. — *Avec hautes doses d'azote nitrifié.*							
	Grammes.							
344	Azote. 0,056	Infusion de terre L. I. »	0,627	0,391	2,085	3,103	0,842	3,945
345	0,056	»	0,228	0,190	8,862	9,280	1,310	10,590
346	0,112	»	0,146	0,085	9,124	9,355	1,721	11,076
347	0,112	»	»	»	12,792	12,792	1,881	14,673
348	0,224	»	0,792	0,308	8,842	9,942	1,336	11,278
349	0,224	»	0,463	0,295	8,647	9,405	1,528	10,933
350	0,056	25	1,466	0,257	1,585	3,308	1,107	4,415
351	0,056	25	0,468	0,319	1,774	2,561	0,993	3,554
352	0,112	25	»	»	12,700	12,700	0,899	13,599
353	0,112	25	0,213	0,131	16,252	16,596	0,489	17,085
354	0,224	25	»	»	16,209	16,209	2,153	18,362
355	0,224	25	0,594	0,261	15,956	16,811	2,020	18,831
	SÉRIE V. — *Avec doses d'azote très faibles.*							
356	Azote. 0,007	Infusion de terre L. I. »	»	»	0,954	0,954	0,385	1,339
357	0,007	»	»	»	0,940	0,910	0,368	1,308
358	0,007	»	»	»	0,974	0,974	0,291	1,265
359	0,007	25 stérilisée.	»	0,027	0,687	0,714	0,330	1,044
360	0,007	25 id.	»	»	0,728	0,728	0,343	1,071
361	0,007	25 id.	»	»	0,907	0,907	0,248	1,155

VASES.	ALIMENTATION DONNÉE.			SUBSTANCE SÈCHE DE LA RÉCOLTE.					
	Carbonate de chaux.	Infusion de terre L. I.	Azote.	Grains.	Balles.	Paille.	Total des organes aériens.	Racines.	Plante entière.
	Grammes.	Cent.cub.	Grammes.	Gr.	Gr.	Gr.	Gr.	Gr.	Gr.
	Série VI. — *Avec hautes doses de carbonate de chaux.*								
362	40	»	»	»	»	0,671	0,671	0,190	0,861
363	40	»	»	2,291	1,008	3,173	7,102	?	?
364	40	25	»	7,316	1,807	4,465	13,588	0,710	14,298
365	40	25	»	0,899	0,270	1,303	2,472	0,353	2,825
366	40	»	0,056	0,619	0,305	2,322	3,246	1,109	4,355
367	40	»	0,056	0,487	0,299	2,381	3,167	1,069	4,236
368	40	»	0,112	1,171	0,597	3,674	5,442	1,479	6,921
369	40	»	0,112	1,344	0,637	3,872	5,853	1,756	7,609
370	40	25	0,112	0,865	0,583	15,028	16,476	1,494	17,970
371	40	25	0,112	»	»	18,199	18,199	2,287	20,486

IX.

Nous allons donner maintenant les résultats des déterminations de l'azote que nous avons faites sur la substance sèche récoltée, n'ayant à faire observer qu'une seule chose, c'est que nous avons employé dans nos analyses la méthode de Kjeldahl-Wilfarth. Pour le surplus, nous renvoyons le lecteur à ce qui a été dit pages 47 et 48.

Il a été trouvé :

Azote.

Orge.

a) Dans les grains employés à l'ensemencement :

1886. . . . . 1.76 p. 100

b) Dans les produits récoltés :

1886

VASES.	AZOTE donné en nitrate de chaux.	GRAINS.	BALLES et paille.	TOTALITÉ des organes aériens.
—	Grammes.	P. 100.	P. 100.	P. 100.
119	0,224	1.17	0.53	0.78
121	0,112	1.02	0.48	0.67
122	0,000	»	0.72	0.72
123	0,000	2.49	0.63	0.73

Avoine.

a) Dans les grains employés à l'ensemencement :

1886.	1.82 p. 100
1887.	1.67 —

b) Dans les produits récoltés :

1886

VASES. —	AZOTE donné en nitrate de chaux. — Grammes.	GRAINS. — P. 100.	BALLES et paille. — P. 100.	TOTALITÉ des organes aériens. — P. 100.
124	0,224	1.32	0.44	0.81
126	0,112	1.20	0.34	0.69
128	0,000	0.65 (grains et balles et paille)		0.65
129	0,000	»	0.57	0.57

1887

VASES.	ALIMENTATION DONNÉE. Azote.	Infusion de terre.	Carbonate de chaux.	GRAINS.	BALLES.	PAILLE.	RACINES.	PLANTE entière.
	Grammes.	Cent. cub.	Grammes.	P. 100.	P. 100.	P. 100.	P. 100.	P. 100.
				Série I. — *Sans azote.*				
214	»	»	4	1.18	1.42	0.71	0.64	0.82
215	»	»	4	0.85	0.82	0.60	0.66	0.64
216	»	25	4	1.80	1.05	0.54	0.63	0.67
217	»	25	4	1.58	0.79	0.41	0.43	0.56
218	»	»	40	1.39	0.69	0.44	0.37	0.72
219	»	»	40	1.74	0.91	0.54	0.54	0.64
				Série II. — *Avec azote.*				
220	0,056	»	4	1.57	0.38 (balles et paille)		0.60	0.70
221	0,056	»	4	1.49	0.33 (balles et paille)		0.41	0.59
222	0,112	»	4	1.32	0.81	0.19	0.55	0.61
223	0,112	»	4	1.38	?	0.25	0.58	?
				Série III. — *Avec azote et infusion de terre.*				
224	0,056	25	4	1.57	0.33 (balles et paille)		0.51	0.62
225	0,056	25	4	1.46	0.31 (balles et paille)		0.53	0.59
226	0,112	25	4	1.71	0.81	0.23	0.49	0.63
227	0,112	25	4	1.50	0.84	0.25	0.63	0.62

VASES.	ALIMENTATION DONNÉE.			GRAINS.	BALLES.	PAILLE.	RACINES.	PLANTE entière.
	Azote.	Infusion de terre.	Carbonate de chaux.					
	Grammes.	Cent. cub.	Grammes.	P. 100.	P. 100.	P. 100.	P. 100.	P. 100.
				Série IV. — *Avec azote et chaux.*				
228	0,056	»	40	1.51	0.32		0.50	0.63
229	0,056	»	40	1.49	0.36		0.47	0.61
230	0,112	»	40	1.47	1.20	0.27	0.46	0.64
231	0,112	»	40	1.36	0.84	0.20	0.48	0.62
				Série V. — *Avec une trace d'azote.*				
232	0,007	»	4	1.81	0.86	0.43	0.61	0.93
233	0,007	»	4	1.60	0.78	0.39	0.58	0.70

Sarrasin.

a) Dans les grains de semence :

1887. . . . . 1.84 p. 100

b) Dans les produits récoltés :

1887

VASES.	ALIMENTATION DONNÉE.			GRAINS.	BALLES et paille.	TOTALITÉ des organes aériens.
	Azote.	Infusion de terre.	Carbonate de chaux.			
	Grammes.	Cent. cubes.	Grammes.	P. 100.	P. 100.	P. 100.
234	»	»	4	»	3.05	3.05
235	»	»	4	4.44	2.61	2.83
236	»	25	4	»	4.87	4.87
237	»	25	4	»	2.80	2.80
238	»	»	40	»	2.54	2.54
239	»	»	40	5.33	1.97	2.15
240	0,007	»	4	1.48	1.03	1.18
241	0,007	»	4	2.46	1.35	1.46

Serradelle.

a) Dans les grains de semence :

1887. . . . . 3.98 p. 100

b) Dans les produits récoltés :

1887

VASES.	ALIMENTATION DONNÉE.	GRAINS.	BALLES et paille.	RACINES.	PLANTE entière.
	Centimètres cubes.	P. 100.	P. 100.	P. 100.	P. 100.
	SÉRIE I. — *Avec infusion de terre.*				
212	Infusion de terre. »	»	1.34		1.34
243	Infusion de terre. »	»	1.85		1.85
244	Infusion de terre. 25	3.36	1.75	2.65	2.07
245	Infusion de terre. 25	3.61	1.88	2.73	2.18
246	Infusion de terre. 25 stérilisée.	»	1.18		1.18
247	Infusion de terre. 25 id.	»	1.25		1.25
	SÉRIE II. — *Avec solution nutritive de réaction différente.*				
	Grammes. — Cent. cubes.				
248	Carbonate de potasse. » — Infusion de terre sableuse. 25	4.69	1.79	2.77	3.02
249	Carbonate de potasse. » — Infusion de terre sableuse. 25	4.41	2.04	2.75	2.71
250	Carbonate de potasse. 0,276 — Infusion de terre sableuse. 25	3.78	1.77	2.58	2.00
251	Carbonate de potasse. 0,415 — Infusion de terre sableuse. 25	»	2.05	2.54	2.16
	SÉRIE III. — *Avec infusion de terre lehmeuse.*				
	Cent. cubes.				
252	Infusion. 25	»	1.38		1.38
253	Infusion. 25	»	1.36		1.36
	SÉRIE IV. — *Avec azote nitrifié.*				
	Grammes. — Cent. cubes.				
254	Azote. 0,056 — Infusion de terre sableuse. »	»	0.86	1.37	1.03
255	Azote. 0,056 — Infusion de terre sableuse. »	»	0.88	1.32	1.01
256	Azote. 0,112 — Infusion de terre sableuse. »	1.94	0.97	1.56	1.13
257	Azote. 0,112 — Infusion de terre sableuse. »	»	0.92	1.43	1.03
258	Azote. 0,056 — Infusion de terre sableuse. 25	»	1.30	2.48	1.54
259	Azote. 0,056 — Infusion de terre sableuse. 25	»	1.39	2.68	1.62
260	Azote. 0,112 — Infusion de terre sableuse. 25	»	1.38	2.53	1.59
261	Azote. 0,112 — Infusion de terre sableuse. 25	»	1.67	2.71	1.86
	SÉRIE V. — *Avec très peu d'azote.*				
262	Azote. 0,007 — Infusion de terre sableuse. »	»	1.06		1.06
263	Azote. 0,007 — Infusion de terre sableuse. »	»	0.98		0.98
264	Azote. 0,007 — Infusion de terre sableuse. 25 stérilisée.	»	0.78		0.78
265	Azote. 0,007 — Infusion de terre sableuse. 25 id.	»	1.16		1.16
	SÉRIE VI. — *Avec beaucoup de carbonate de chaux.*				
	Grammes. — Cent. cubes. — Grammes.				
266	Carbonate de chaux. 40 — Infusion de terre sableuse. » — Azote. »	»	1.06		1.06
267	Carbonate de chaux. 40 — Infusion de terre sableuse. » — Azote. »	»	1.34		1.34
268	Carbonate de chaux. 40 — Infusion de terre sableuse. 25 — Azote. »	2.73	2.02	2.93	2.23
269	Carbonate de chaux. 40 — Infusion de terre sableuse. 25 — Azote. »	3.77	1.91	2.71	2.13
270	Carbonate de chaux. 40 — Infusion de terre sableuse. » — Azote. 0,112	»	1.02	1.69	1.17
271	Carbonate de chaux. 40 — Infusion de terre sableuse. » — Azote. 0,112	2.84	0.83	1.56	1.05

Lupins.

a) Dans les grains de semence :

1887. . . . . 6.85 p. 100

b) Dans les produits récoltés:

1887

VASES.	ALIMENTATION DONNÉE.						GRAINS.	BALLES.	PAILLE.	RACINES.	PLANTE entière.
		Grammes.		Cent. cub.		Grammes.	P. 100.	P. 100.	P. 100.	P. 100.	P. 100.
276		»		50			7.24	1.02	2.12	1.55	2.24
277		»		50			7.51	0.50	1.77	1.83	2.86
281		»		»			»	»	2.09		2.09
282		»		»			»	»	3.15		3.15
283		»		50			5.88	0.48	2.08	2.47	2.87
284		»		50			»	»	2.90		2.90
285	Carbonate	0,415		»			»	»	1.59		1 59
286	de	0,415		»			»	»	1.70		1.70
287	potasse.	0,415	Infusion de	50			8.18	1.09		2.04	2.55
288		0,415	terre.	50			8.07	1.65		2.62	2.53
289		0,553		»			»	»	1.44		1.44
290		0,553		»			»	»	1.31		1.31
291		0,553		50			7.94	1.66		2.77	2.66
292		0,553		50			7.38	0.86		2.02	3.08
307		0,056		50	Carbonate	8	7.71	0.37	1.42	1.91	3.10
320	Azote.	»		50	de	80	7.38	1.35	1.94	1.67	2.37
321		»		50	chaux.	80	7.54	0.84	2.06	1.58	2.63

Pois.

a) Dans les grains de semence :

1886 . . . . 4.00 p. 100

1887 . . . . 3.96 —

b) Dans les produits récoltés :

1886

VASES.	INFUSION de terre.	GRAINS.	BALLES et paille.	TOTALITÉ des organes aériens.
—	—	—	—	—
	Cent. cubes.	P. 100.	P. 100.	P. 100.
130	»	4.39	1.52	2.78
131	»	4.91	1.84	2.92
135	»	2.34		2.34
143	»	2.15		2.15
144	»	2.32		2.32

VASES.	INFUSION de terre.	GRAINS.	BALLES et paille.	TOTALITÉ des organes aériens.
—	—	—	—	—
	Cent. cubes.	P. 100.	P. 100.	P. 100.
147	»	4.06	1.63	2.99
155	»	4.38	1.41	2.83
156	»	2.58		2.58
158	»	4.78	1.19	2.88
159	»	2.05		2.05
160	25	5.00	1.35	2.69
161	25	4.47	0.88	2.63
165	25	4.22	1.34	2.63
169	25	4.61	1.69	2.89
			PLANTE ENTIÈRE.	
			—	
170	25 stérilisée.		1.50	
171	25 id.		1.47	

1887

VASES.	ALIMENTATION DONNÉE.	GRAINS.	BALLES.	PAILLE.	RACINES.	PLANTE entière.
	Centimètres cubes.	P. 100.	P. 100.	P. 100.	P. 100.	P. 100.
	SÉRIE I. — *Avec infusion de terre L. I.*					
322	Infusion de terre. »	»	»	1.35	2.25	1.63
323	»	»	»	1.44	2.05	1.68
324	»	»	»	1.52		1.52
325	25	5.44	1.54		2.42	1.98
326	25	5.68	2.15		2.39	2.44
327	25	5.24	1.99		3.08	3.17
328	25 stérilisée.	»	»	1.33	2.16	1.63
329	25 id.	5.31	2.91	1.33	1.89	1.65
330	25 id.	»	»	1.58		1.58
	SÉRIE II. — *Avec solution nutritive de réaction différente.*					
	Carbonate de potasse. Grammes. — / Infusion de terre L. I. Cent. cubes. —					
331	» / 25	5.11	1.99		2.96	3.34
332	» / 25	4.15	1.51		2.99	2.63
333	0,276 / 25	5.41	1.90		3.20	2.84
334	0,276 / 25	3.88	0.99		3.62	2.32
335	0,415 / 25	3.29	0.77		2.17	2.18
336	0,553 / 25	3.43	0.90		2.52	2.27

VASES.	ALIMENTATION DONNÉE.			GRAINS.	BALLES.	PAILLE.	RACINES.	PLANTE entière.
	Cent. cubes.			P. 100.	P. 100.	P. 100.	P. 100.	P. 100.
	Série III. — *Avec infusion de terres d'origine diverse.*							
	Infusion.	Terre.						
337	25	L. II.		»	2.51		2.70	2.53
338	25	L. II.		6.00	2.18		2.87	2.69
339	25	S. I.		4.16	2.72		2.85	2.76
340	25	S. I.		6.22	2.37		2.54	2.39
341	25	S. I.		5.35	2.72		2.96	2.82
342	25	S. II.		»	»	1.34	1.86	1.49
343	25	S. II.		3.96	0.93		1.89	2.68
	Série IV. — *Avec haute dose d'azote nitrifiée.*							
	Azote. Grammes.	Infusion de terre L. I. Cent. cubes.						
344	0,056	»		2.36	0.78		1.95	1.28
345	0,056	»		5.26	1.54		2.67	1.76
346	0,112	»		3.98	0.65		2.70	1.01
347	0,112	»		»	»	1.64	2.92	1.80
348	0,224	»		3.75	1.16		2.57	1.51
349	0,224	»		4.48	0.98		2.55	1.35
350	0,056	25		5.40	0.74		1.56	2.49
351	0,056	25		2.53	0.78		1.91	1.33
352	0,112	25		»	»	2.14	2.44	2.16
353	0,112	25		5.37	1.20		2.42	1.29
354	0,224	25		»	»	2.12	2.57	2.17
355	0,224	25		4.97	2.19		2.52	2.31
	Série V. — *Avec dose d'azote très faible.*							
	Azote.	Infusion de terre L. I.						
356	0,007	»		»	»	1.10	2.29	1.44
357	0,007	»		»	»	1.21	1.87	1.40
358	0,007	»		»	2.15	1.55		1.55
359	0,007	25 stérilisée.		»	»	1.38	2.40	1.72
360	0,007	25 id.		»	»	1.26	1.85	1.46
361	0,007	25 id.		»	»	1.42		1.42
	Série VI. — *Avec forte dose de carbonate de chaux.*							
	Carbonate de chaux. Grammes.	Infusion de terre L. I. Cent. cubes.	Azote. Grammes.					
362	40	»	»	»	»	1.49		1.49
363	40	»	»	3.22	1.05		?	?
364	40	25	»	4.16	1.06		2.58	2.02
365	40	25	»	2.73	1.05		2.05	1.71
366	40	»	0,056	2.18	0.65		1.78	1.20
367	40	»	0,056	2.25	0.66		1.50	1.06
368	40	»	0,112	2.41	0.67		2.05	1.26
369	40	»	0,112	2.43	0.73		1.76	1.27
370	40	25	0,112	5.17	1.38		2.31	1.64
371	40	25	0,112	»	»	1.98	2.95	2.09

Si, d'après ces données, on calcule le poids absolu de l'azote contenu dans les grains récoltés, et qu'on établisse la balance d'un côté entre l'azote, fourni par le sol[1], la semence, et donné sous forme de nitrate, et d'autre part celui qui a été retrouvé dans les récoltes, on obtient les résultats suivants :

VASES.	AZOTE fourni en		AZOTE retrouvé dans		AZOTE RETROUVÉ EN PLUS OU EN MOINS de la quantité fournie			
					en nitrates et semence		en nitrates, semences et sol.	
	nitrates et semence.	nitrates, semence et sol.	la substance sèche de la partie aérienne.	la plante entière.	dans la substance sèche de la partie aérienne.	dans la plante entière.	dans la substance sèche de la partie aérienne.	dans la plante entière.
	Gr.	Gr.	Grammes.	Grammes.	Grammes.	Grammes.	Grammes.	Grammes.
				ORGE				
				1886				
119	0,229	0,254	0,167	»	— 0,062	»	— 0,087	»
121	0,117	0,142	0,086	»	— 0,031	»	— 0,056	»
122	0,005	0,030	0,003	»	— 0,002	»	— 0,027	»
123	0,005	0,030	0,004	»	— 0,001	»	— 0,026	»
				AVOINE				
				1886				
124	0,229	0,254	0,168	»	— 0,061	»	— 0,086	»
126	0,117	0,142	0,080	»	— 0,037	»	— 0,062	»
128	0,005	0,030	0,003	»	— 0,002	»	— 0,027	»
129	0,005	0,030	0,003	»	— 0,002	»	— 0,027	»
				1887				
214	0,005	0,027	0,005	0,007	± 0,000	+ 0,002	— 0,022	— 0,020
215	0,005	0,027	0,004	0,006	— 0,001	+ 0,001	— 0,023	— 0,021
216	0,005	0,027	0,005	0,007	± 0,000	+ 0,002	— 0,022	— 0,020
217	0,005	0,027	0,005	0,009	± 0,000	+ 0,004	— 0,022	— 0,018
218	0,005	0,027	0,005	0,009	± 0,000	+ 0,004	— 0,022	— 0,018
219	0,005	0,027	0,005	0,009	± 0,000	+ 0,004	— 0,022	— 0,018
220	0,061	0,083	0,034	0,042	— 0,027	+ 0,019	— 0,049	— 0,041
221	0,061	0,083	0,037	0,044	— 0,024	— 0,017	— 0,046	— 0,039
222	0,117	0,139	0,075	0,090	— 0,042	— 0,027	— 0,064	— 0,049
224	0,061	0,083	0,031	0,038	— 0,030	— 0,023	— 0,052	— 0,045
225	0,061	0,083	0,030	0,037	— 0,031	— 0,024	— 0,053	— 0,046
226	0,117	0,139	0,076	0,088	— 0,041	— 0,029	— 0,063	— 0,051
227	0,117	0,139	0,074	0,096	— 0,043	— 0,021	— 0,065	— 0,043

1. Comme teneur du sol en azote nous avons pris ici pour base, comme précédemment nous l'avons déjà fait, la plus haute quantité d'azote trouvée dans une analyse soit $5^{mgr},4$ Az par kilogr. de sable.

VASES.	AZOTE fourni en		AZOTE retrouvé dans		AZOTE RETROUVÉ EN PLUS OU EN MOINS de la quantité fournie			
					en nitrates et semence		en nitrates, semence et sol	
	nitrates et semence.	nitrates, semence et sol.	la substance sèche de la partie aérienne.	la plante entière.	dans la substance sèche de la partie aérienne.	dans la plante entière.	dans la substance sèche de la partie aérienne.	dans la plante entière.
	Gr.	Gr.	Grammes.	Grammes.	Grammes.	Grammes.	Grammes.	Grammes.
				AVOINE (*suite*).				
				1887				
228	0,061	0,083	0,038	0,047	— 0,023	— 0,014	— 0,045	— 0,036
229	0,061	0,083	0,035	0,044	— 0,026	— 0,017	— 0,048	— 0,039
230	0,117	0,139	0,078	0,101	— 0,039	— 0,016	— 0,061	— 0,038
231	0,117	0,139	0,085	0,104	— 0,032	— 0,013	— 0,054	— 0,035
232	0,012	0,034	0,008	0,011	— 0,004	— 0,001	— 0,026	— 0,023
233	0,012	0,034	0,008	0,011	— 0,004	— 0,001	— 0,026	— 0,023
				SARRASIN				
				1887				
234	0,001	0,023	0,001	»	± 0,000	»	— 0,022	»
235	0,001	0,023	0,002	»	+ 0,001	»	— 0,021	»
236	0,001	0,023	0,001	»	± 0,000	»	— 0,022	»
237	0,001	0,023	0,001	»	± 0,000	»	— 0,022	»
238	0,001	0,023	0,001	»	± 0,000	»	— 0,022	»
239	0,001	0,023	0,001	»	± 0,000	»	— 0,022	»
240	0,008	0,030	0,003	»	— 0,005	»	— 0,027	»
241	0,008	0,030	0,002	»	— 0,006	»	— 0,028	»
				SERRADELLE				
				1887				
242	0,001	0,023	»	0,001	»	± 0,000	»	— 0,022
243	0,001	0,023	»	0,001	»	± 0,000	»	— 0,022
244	0,001	0,023	0,255	0,349	+ 0,251	+ 0,318	+ 0,232	+ 0,326
245	0,001	0,023	0,294	0,396	+ 0,293	+ 0,395	+ 0,271	+ 0,373
246	0,001	0,023	»	0,001	»	± 0,000	»	— 0,022
247	0,001	0,023	»	0,001	»	± 0,000	»	— 0,022
248	0,001	0,023	0,324	0,353	+ 0,323	+ 0,352	+ 0,301	+ 0,330
249	0,001	0,023	0,387	0,444	+ 0,386	+ 0,443	+ 0,364	+ 0,421
250	0,001	0,023	0,172	0,250	+ 0,171	+ 0,219	+ 0,149	+ 0,227
251	0,001	0,023	0,150	0,203	+ 0,149	+ 0,202	+ 0,127	+ 0,180
252	0,001	0,023	»	0,001	»	± 0,000	»	— 0,022
253	0,001	0,023	»	0,001	»	± 0,000	»	— 0,022
254	0,057	0,079	0,017	0,029	— 0,040	— 0,028	— 0,062	— 0,050
255	0,057	0,079	0,018	0,030	— 0,039	— 0,027	— 0,061	— 0,049
256	0,113	0,135	0,049	0,071	— 0,064	— 0,042	— 0,086	— 0,064
257	0,113	0,135	0,049	0,071	— 0,064	— 0,042	— 0,086	— 0,064
258	0,057	0,079	0,123	0,184	+ 0,066	+ 0,127	+ 0,044	+ 0,105
259	0,057	0,079	0,175	0,248	+ 0,118	+ 0,191	+ 0,096	+ 0,169
260	0,113	0,135	0,123	0,177	+ 0,010	+ 0,064	— 0,012	+ 0,042

VASES.	AZOTE fourni en		AZOTE retrouvé dans		AZOTE RETROUVÉ EN PLUS OU EN MOINS de la quantité fournie			
					en nitrates et semence		en nitrates, semences et sol	
	nitrates et semence.	nitrates, semence et sol.	la substance sèche de la partie aérienne.	la plante entière.	dans la substance sèche de la partie aérienne.	dans la plante entière.	dans la substance sèche de la partie aérienne.	dans la plante entière.
	Gr.	Gr.	Grammes.	Grammes.	Grammes.	Grammes.	Grammes.	Grammes.
				SERRADELLE (*suite*).				
				1887				
261	0,113	0,135	0,232	0,318	+ 0,119	+ 0,205	+ 0,097	+ 0,138
262	0,008	0,030	»	0,002	»	— 0,006	»	— 0,028
263	0,008	0,030	»	0,003	»	— 0,005	»	— 0,027
264	0,008	0,030	»	0,003	»	— 0,005	»	— 0,027
265	0,008	0,030	»	0,004	»	— 0,004	»	— 0,026
266	0,001	0,023	»	0,001	»	± 0,000	»	— 0,022
267	0,001	0,023	»	0,001	»	± 0,000	»	— 0,022
268	0,001	0,023	0,295	0,387	+ 0,294	+ 0,386	+ 0,272	+ 0,364
269	0,001	0,023	0,216	0,288	+ 0,215	+ 0,287	+ 0,193	+ 0,265
270	0,113	0,135	0,049	0,071	— 0,064	— 0,042	— 0,086	— 0,064
271	0,113	0,135	0,046	0,067	— 0,067	— 0,046	— 0,089	— 0,068
				POIS				
				1886				
130	0,016	0,038	0,567	»	+ 0,551	»	+ 0,529	»
131	0,016	0,038	0,439	»	+ 0,423	»	+ 0,401	»
135	0,016	0,038	0,085	»	+ 0,069	»	+ 0,047	»
143	0,016	0,038	0,071	»	+ 0,055	»	+ 0,033	»
144	0,016	0,038	0,038	»	+ 0,022	»	± 0,000	»
147	0,016	0,038	0,507	»	+ 0,491	»	+ 0,469	»
155	0,016	0,038	0,451	»	+ 0,435	»	+ 0,413	»
156	0,016	0,038	0,114	»	+ 0,098	»	+ 0,076	»
158	0,016	0,038	0,494	»	+ 0,478	»	+ 0,456	»
159	0,016	0,038	0,038	»	+ 0,022	»	± 0,000	»
160	0,016	0,038	0,425	»	+ 0,409	»	+ 0,387	»
161	0,016	0,038	0,493	»	+ 0,477	»	+ 0,455	»
165	0,016	0,038	0,520	»	+ 0,504	»	+ 0,482	»
169	0,016	0,038	0,469	»	+ 0,453	»	+ 0,431	»
170	0,016	0,038	»	0,008	»	— 0,008	»	— 0,030
171	0,016	0,038	»	0,008	»	— 0,008	»	— 0,030
				1887				
322	0,016	0,038	0,007	0,013	— 0,009	— 0,003	— 0,031	— 0,025
323	0,016	0,038	0,006	0,013	— 0,010	— 0,003	— 0,032	— 0,025
324	0,016	0,038	»	0,014	»	— 0,002	»	— 0,024
325	0,016	0,038	0,285	0,329	+ 0,269	+ 0,313	+ 0,247	+ 0,291
326	0,016	0,038	0,285	0,307	+ 0,269	+ 0,291	+ 0,247	+ 0,269
327	0,016	0,038	0,588	0,636	+ 0,572	+ 0,620	+ 0,550	+ 0,598
328	0,016	0,038	0,008	0,015	— 0,008	— 0,001	— 0,030	— 0,023
329	0,016	0,038	0,009	0,014	— 0,007	— 0,002	— 0,029	— 0,024

VASES.	AZOTE fourni en		AZOTE retrouvé dans		AZOTE RETROUVÉ EN PLUS OU EN MOINS de la quantité fournie			
					en nitrates et semence		en nitrates, semence et sol	
	nitrates et semence.	nitrates, semence et sol.	la substance sèche de la partie aérienne.	la plante entière.	dans la substance sèche de la partie aérienne.	dans la plante entière.	dans la substance sèche de la partie aérienne.	dans la plante entière.
	Gr.	Gr.	Grammes.	Grammes.	Grammes.	Grammes.	Grammes.	Grammes.
				POIS (*suite*).				
				1887				
330	0,016	0,038	»	0,015	»	— 0,001	»	— 0,023
331	0,016	0,038	0,422	0,459	+ 0,406	+ 0,443	+ 0,384	+ 0,421
332	0,016	0,038	0,311	0,331	+ 0,295	+ 0,315	+ 0,273	+ 0,293
333	0,016	0,038	0,432	0,489	+ 0,416	+ 0,473	+ 0,394	+ 0,451
334	0,016	0,038	0,270	0,291	+ 0,254	+ 0,275	+ 0,232	+ 0,253
335	0,016	0,038	0,275	0,294	+ 0,259	+ 0,278	+ 0,237	+ 0,256
336	0,016	0,038	0,331	0,358	+ 0,315	+ 0,342	+ 0,239	+ 0,320
337	0,016	0,038	0,442	0,499	+ 0,426	+ 0,483	+ 0,404	+ 0,461
338	0,016	0,038	0,651	0,736	+ 0,635	+ 0,720	+ 0,613	+ 0,698
339	0,016	0,038	0,449	0,487	+ 0,433	+ 0,471	+ 0,411	+ 0,449
340	0,016	0,038	0,427	0,489	+ 0,411	+ 0,473	+ 0,389	+ 0,451
341	0,016	0,038	0,420	0,451	+ 0,404	+ 0,435	+ 0,382	+ 0,413
342	0,016	0,038	0,009	0,014	— 0,007	— 0,002	— 0,029	— 0,024
343	0,016	0,038	0,165	0,176	+ 0,149	+ 0,160	+ 0,127	+ 0,138
344	0,072	0,094	0,034	0,051	— 0,038	— 0,021	— 0,960	— 0,043
345	0,072	0,094	0,151	0,186	+ 0,079	+ 0,114	+ 0,057	+ 0,092
346	0,128	0,150	0,066	0,112	— 0,062	— 0,016	— 0,084	— 0,038
347	0,128	0,150	0,210	0,265	+ 0,082	+ 0,137	+ 0,060	+ 0,115
348	0,240	0,262	0,136	0,170	— 0,104	— 0,070	— 0,126	— 0,092
349	0,240	0,262	0,108	0,147	— 0,132	— 0,093	— 0,154	— 0,115
350	0,072	0,094	0,093	0,110	+ 0,021	+ 0,038	— 0,001	+ 0,016
351	0,072	0,094	0,028	0,047	— 0,044	— 0,025	— 0,066	— 0,047
352	0,128	0,150	0,272	0,294	+ 0,144	+ 0,166	+ 0,122	+ 0,144
353	0,128	0,150	0,208	0,220	+ 0,080	+ 0,092	+ 0,058	+ 0,070
354	0,240	0,262	0,344	0,399	+ 0,104	+ 0,159	+ 0,082	+ 0,137
355	0,240	0,262	0,385	0,436	+ 0,145	+ 0,196	+ 0,123	+ 0,174
356	0,023	0,045	0,007	0,013	— 0,016	— 0,010	— 0,038	— 0,032
357	0,023	0,015	0,006	0,013	— 0,017	— 0,010	— 0,039	— 0,032
358	0,023	0,045	»	0,014	»	— 0,009	»	— 0,031
359	0,023	0,045	0,010	0,018	— 0,013	— 0,005	— 0,035	— 0,027
360	0,023	0,045	0,009	0,016	— 0,014	— 0,007	— 0,036	— 0,029
361	0,023	0,045	»	0,016	»	— 0,007	»	— 0,029
362	0,016	0,038	»	0,013	»	— 0,003	»	— 0,025
363	0,016	0,038	0,138	»	+ 0,122	»	+ 0,100	»
364	0,016	0,038	0,370	0,388	+ 0,354	+ 0,372	+ 0,332	+ 0,350
365	0,016	0,038	0,041	0,048	+ 0,025	+ 0,032	+ 0,003	+ 0,010
366	0,072	0,094	0,033	0,052	— 0,039	— 0,020	— 0,061	— 0,042
367	0,072	0,094	0,029	0,045	— 0,043	— 0,027	— 0,065	— 0,049
368	0,128	0,150	0,057	0,088	— 0,071	— 0,040	— 0,093	— 0,062
369	0,128	0,150	0,066	0,097	— 0,062	— 0,031	— 0,084	— 0,053
370	0,128	0,150	0,260	0,295	+ 0,132	+ 0,167	+ 0,110	+ 0,145
371	0,128	0,150	0,360	0,428	+ 0,232	+ 0,300	+ 0,210	+ 0,278

X.

Avant de tirer des conclusions de ces expériences, il nous semble opportun de revenir avec un peu plus de détails sur les deux perturbations qui ont atteint nos cultures expérimentales de 1887 et que nous n'avons fait qu'indiquer précédemment en passant.

Nous avons dit (p. 98) que les plantes mises en observation avaient été atteintes par les exhalaisons accidentelles d'une fabrique assez éloignée, pendant la période de la floraison, et que cette circonstance, en même temps qu'elle compromettait le développement de la fleur, avait nui aussi au rendement du grain.

Chaque année, à côté de nos vases d'expériences, nous en plaçons quelques-uns emplantés à peu près de même, d'orge et d'avoine. Ces vases n'ont pas pour objet de compléter ni de confirmer notre démonstration, mais ils nous servent de mesure commode, en mettant chaque jour sous nos yeux le cours d'une végétation que rien ne trouble et que nous pouvons comparer à la façon générale dont se comportent les plantes que nous observons longuement et souvent. Ils nous fournissent les mêmes moyens de contrôle que le thermomètre normal que nous suspendons près du thermomètre enregistreur Richard.

Ce fut en effet en voyant blanchir les panicules d'avoine et ensuite en constatant qu'elles demeuraient en partie vides, que nous reconnûmes tout d'abord cette perturbation et cela, assez tôt pour pouvoir en déterminer la cause. Néanmoins, la végétation de l'avoine, comme celle des autres plantes soumises à l'expérience, se poursuivit complètement jusqu'à la maturation, nous indiquant ainsi que la transmission de la substance des organes feuillus aux organes de la fructification avait seule été entravée, mais que le développement normal des premiers, la production de la substance sèche surtout et l'assimilation de l'azote n'avaient en rien souffert.

Les chiffres suivants le démontrent très nettement. Ils sont le résultat d'expériences faites sur l'avoine dans des conditions semblables.

ANNÉES.	NUMÉROS des vases.	AZOTE donné en nitrates et en semence.	TOTAL DE LA RÉCOLTE dans les organes aériens	
			en substance sèche.	en azote.
—	—	—	—	—
		Grammes.	Grammes.	Grammes.
		a) *Végétation normale.*		
1883	42 — 44	0,061	5,287 — 5,902	0,041
1884	53 — 55	0,061	5,128 — 5,726	0,035
		b) *Formation du grain troublée.*		
1887	220 — 231	0,061	4,603 — 5,736	0,030 — 0,038

et encore :

		a) *Végétation normale.*		
1883	40 — 41	0,117	10,941 — 10,981	0,080
1884	50 — 52	0,117	9,890 — 11,058	0,076
1885	58 — 65	0,117	9,742 — 12,545	0,087
1886	126 — 127	0,117	11,462 — 11,600	0,080
		b) *Formation du grain troublée.*		
1887	220 — 231	0,117	11,399 — 12,843	0,074 — 0,085

D'un autre côté nos expériences sur les lupins, en 1887, avaient pour la plupart complètement échoué. Nous avons dit précédemment que nous en accusions la réaction acide de la solution nutritive et il nous reste encore à justifier cette assertion.

Depuis fort longtemps, à Dahme d'abord, plus tard à Bernburg, nous nous étions efforcés, mais sans succès, d'utiliser le lupin, comme une plante très bien appropriée à nos recherches sur la nutrition. Il ne nous était jamais arrivé, en effet, que, plantées dans notre sable additionné d'une solution nutritive, ces plantes placées dans les conditions où les graminées aussi bien que d'autres légumineuses végétaient sans accroc, eussent jamais offert une croissance normale. Quelques sujets parvenaient bien à fleurir et même à former leur fruit, mais restaient néanmoins tellement en retard, que nous ne pouvions nous contenter du résultat. Diminution ou augmentation de l'une des substances alimentaires, réduction dans la concentration de la solution nutritive, abaissement de l'humidité du sol, etc., rien n'améliorait la situation.

En 1886, voyant pour la première fois croître des lupins dans un état de santé satisfaisant, cette observation nous entraîna à donner l'année suivante une plus grande extension à nos expériences sur cette légumineuse, malgré la remarque faite plus haut, que les plantes d'un vase de contrôle, en prenant une teinte jaune maladive dans le cours ultérieur de leur végétation, démontraient que tout, cette fois encore, n'était pas dans l'ordre normal.

Le résultat malheureusement ne répondit en rien à l'espérance que nous avions conçue ; car la plus grande partie des lupins fut perdue. Mais de l'ensemble de nos recherches était au moins ressorti un point bien net cette fois, nous montrant quelle était la faute commise. Toutes les plantes auxquelles l'acide phosphorique avait été donné sous forme de monophosphate de potasse, furent malades, qu'elles eussent ou non reçu une addition de carbonate de chaux ; toutes les plantes au contraire, dans la solution alimentaire desquelles le monophosphate avait été transformé en biphosphate ou en triphosphate par une addition de carbonate de potasse, furent saines et poussèrent normalement.

La constatation de ces deux faits opposés fut si précise et d'une application si générale que nous aurions pu regarder le problème comme résolu, si nous ne nous étions trouvés en présence d'une cause d'influence tout à fait inexplicable et vraiment déconcertante, par cet autre fait qu'en 1886, les lupins, qui de même n'avaient reçu l'acide phosphorique que sous forme de monophosphate de potasse avec addition de carbonate de chaux, avaient crû de façon normale, à une exception près.

Heureusement il nous arriva de trouver assez vite une explication suffisamment plausible de cette contradiction, dans nos recherches ultérieures.

Différents phénomènes nous avaient frappés dans nos essais sur la betterave à sucre. Ces phénomènes, dont l'exposé ne serait pas à sa place ici, n'ayant aucun rapport avec les expériences dont nous parlons, nous engagèrent à soumettre le carbonate de chaux, dont nous faisions usage, à une épreuve plus approfondie. C'était celui que nous avions employé pour expérimenter sur les lupins en 1886, il nous venait d'une fabrique de produits chimiques renommée, éprouvée par nous depuis longtemps et il donna une réaction fortement alcaline.

La lumière s'était faite assez à temps pour nous permettre

de mettre encore en marche, dans le courant de 1887, une série d'expériences nouvelles, qui, portant sur 8 numéros, nous donnait la possibilité d'expérimenter l'effet de quelques modifications apportées tant dans la composition que dans la concentration de la solution nutritive. Voici, dans leur ordre habituel, les résultats que nous avons obtenus :

La dimension des vases, la quantité de sable, l'humidité du sol, la valeur de la semence et le nombre des grains plantés furent les mêmes que pour les vases du n° 272 au n° 321, consacrés aux expériences sur les lupins dans cette même année (v. plus haut, p. 110 et suivantes).

Variété : *Lupinus luteus*.

Période de végétation : 18 juin - 4 novembre.

Alimentation de chaque vase :

	NUMÉROS							
	372.	373.	374.	375.	376.	377.	378.	379.
	Gr.	Gr.	Gr.	Gr.	Gr.	Gr.	Gr.	Gr.
Monophosphate de potasse .	0,544	0,544	0,541	0,272	0,544	0,272	0,272	0,136
Carbonate de potasse . . .	»	»	0,276	0,138	0,2.6	0,138	0,138	0,069
Chlorure de potassium . . .	0,597	0,149	»	»	0,448	0,224	0,149	0,075
Sulfate de potasse	»	»	0,523	0,261	»	»	»	»
Sulfate de magnésie	0,240	0,240	0,240	0,120	0,240	0,120	0,120	0,060
Chlorure de calcium	»	»	0,444	0,222	»	»	0,111	0,056
Sulfate de chaux	»	»	0,272	0,136	0,272	0,136	»	»
Carbonate de chaux	4,000	4,000	»	»	2,000	1,000	»	»

Tous les numéros reçurent chacun en outre, sans aucune exception, 50 centimètres cubes d'infusion de terre sableuse n° 1 (correspondant à 10 grammes de terre) qui furent mélangés au sable.

On n'a donné d'azote sous aucune forme.

La levée fut bonne et pendant les trois premières semaines les lupins se comportèrent bien.

La période d'inanition dura peu de temps.

Au milieu de juillet, les plantes des deux n°s 372 et 373, qui avaient reçu l'acide phosphorique sous forme de monophosphate, perdirent leur teinte verte et bientôt après jaunirent complètement. Quelques petites feuilles se tachèrent, les autres, desséchées, tombèrent, enfin ces six plantes furent très malades et le demeurèrent jusqu'à la fin.

Les plantes des six autres numéros, auxquelles on avait donné l'acide phosphorique sous forme de biphosphate, se maintinrent au contraire toujours vertes, sans en excepter aucune, elles poussèrent rapidement et présentèrent des sujets dont le développement était sain et normal. Une seule différence se révéla clairement entre elles : celles qui appartenaient aux numéros ayant reçu une alimentation de moindre concentration, eurent une plus belle apparence dès le début et se développèrent étonnamment plus vite que celles qui avaient reçu une solution concentrée. Aux premiers jours d'août, celles-ci, comme dimension, étaient restées visiblement en arrière des autres et montraient même quelques taches sombres assez particulières sur leurs folioles, mais cet aspect inquiétant disparut bientôt et le temps perdu fut promptement et vigoureusement rattrapé. Les 18 plantes fleurirent bien et fructifièrent normalement. Un seul vase, le n° 379, qui avait reçu l'alimentation la moins concentrée, atteignit au 4 novembre la maturité complète, les autres, vu la saison avancée, durent être récoltés plus ou moins verts encore. Ils ont donné :

VASES.	NOMBRE des graines formées.	SUBSTANCE SÈCHE.					
		Grains.	Balles.	Paille.	Totalité des organes aériens.	Racines.	Plante entière.
		Gr.	Gr.	Grammes.	Grammes.	Grammes.	Grammes.
				a) *Avec monophosphate.*			
372	»	»	»	1,016	1,016	0,878	1,894
373	»	»	»	1,072	1,072	0,145	1,217
				b) *Avec biphosphate.*			
374	98	5,306	9,040	20,213	34,559	9,959	44,518
375	44	3,994	6,349	25,707	36,050	12,647	48,697
376	28	2,590	3,773	32,328	38,691	12,505	51,196
377	45	3,526	8,986	29,533	42,045	16,402	58,447
378	35	1,790	4,336	29,685	35,811	7,972	43,783
379	35	4,250	4,801	11,142	20,193	6,593	26,786

Dans cette substance sèche, l'analyse faite suivant la méthode Kjeldahl-Wilfarth a indiqué comme proportion centésimale de la teneur en azote :

VASES.	GRAINS.	BALLES.	PAILLE.	RACINES.	PLANTE entière.
—	—	—	—	—	—
	P. 100.	P. 100.	P. 100.	P. 100.	P. 100.
		a) *Avec monophosphate.*			
372	»	»	2.61		2.61
373	»	»	2.60		2.60
		b) *Avec biphosphate.*			
374	7.06	1.76	2.03	2.22	2.56
375	8.01	2.49	1.49	1.64	2.19
376	7.59	1.22	1.37	1.31	1.66
377	7.96	2.55	1.43	1.37	1.98
378	6.79	3.23	1.22	3.35	2.04
379	7.67	0.72	1.44	2.18	2.48

Établissant, sur ces données, la balance de l'azote, comme nous l'avons fait plus haut, nous trouvons :

VASES.	AZOTE fourni par		AZOTE retrouvé dans		AZOTE TROUVÉ EN PLUS OU EN MOINS de la quantité fournie par			
					la semence		la semence et le sol	
	la semence.	la semence et le sol.	la substance sèche de la partie aérienne.	la plante entière.	dans la substance sèche de la partie aérienne.	dans la plante entière.	dans la substance sèche de la partie aérienne.	dans la plante entière.
	Gr.	Gr.	Grammes.	Grammes.	Grammes.	Grammes.	Grammes.	Grammes.
				a) *Avec monophosphate.*				
372	0,021	0,064	?	0,049	»	+ 0,028	»	— 0,015
373	0,021	0,064	?	0,032	»	+ 0,011	»	— 0,032
				b) *Avec biphosphate.*				
374	0,021	0,064	0,917	1,138	+ 0,896	+ 1,117	+ 0,853	+ 1,074
375	0,021	0,064	0,861	1,068	+ 0,840	+ 1,047	+ 0,797	+ 1,004
376	0,021	0,064	0,686	0,849	+ 0,665	+ 0,828	+ 0,622	+ 0,785
377	0,021	0,064	0,932	1,157	+ 0,911	+ 1,136	+ 0,868	+ 1,093
378	0,021	0,061	0,624	0,892	+ 0,603	+ 0,871	+ 0,560	+ 0,828
379	0,021	0,064	0,521	0,665	+ 0,500	+ 0,644	+ 0,457	+ 0,601

Les chiffres que nous venons de donner parlent assez clairement et n'ont pas besoin de commentaires. Le fait n'est pas douteux : les lupins ne supportent pas sans dommage l'alimentation à réaction acide, dans laquelle l'acide phosphorique est introduit en quantité notable sous la forme de monophosphate de potasse, alimentation dont les graminées et les autres plantes, parmi lesquelles même certaines légumineuses, se trouvent très bien. En outre, la dose de carbonate de chaux, fût-elle relativement importante, ne supprime pas le mal, parce que dans les conditions où sont placés nos essais de culture, la transformation du monophosphate en biphosphate et définitivement en triphosphate de chaux s'opère trop lentement pour faire sentir à temps son influence.

Dans les expériences qui embrassent la période entière de végétation d'une plante, il est impossible d'écarter tous les troubles, quelque soin qu'on y mette ; mais ils perdent leur importance dès qu'on parvient à être exactement fixé sur leur cause et leur portée. Nous espérons donc, après tout ce que nous avons dit, qu'on ne nous blâmera pas, si, par la suite, en rendant compte des résultats fournis par nos expériences sur l'assimilation de l'azote par les végétaux, nous n'attachons aucune valeur particulière à l'absence de fructification constatée en 1887 et si nous ne tenons pas compte des vases dans lesquels les lupins n'ont pas prospéré sous l'influence d'une alimentation acide, en ne nous attachant qu'à ceux qui ont crû normalement dans une solution neutre, ou basique, et que nous considérons comme aussi propres à appuyer une démonstration que les autres végétaux soumis à nos expériences.

XI

En groupant les résultats directs que nous avons indiqués précédemment comme ressortant des expériences faites en 1886 et en 1887, je crois pouvoir formuler ici les propositions suivantes :

a) *Relativement aux graminées.*

Les expériences faites sur l'avoine comme sur l'orge, dans les années 1886 et 1887, ont confirmé sur tous les points ce que nous avaient appris les recherches faites précédemment en 1883 et en 1885, en démontrant à nouveau :

a) Que la croissance de cette famille de végétaux est dans une relation étroite avec les nitrates renfermés dans le sol et que partout une quantité déterminée d'azote du sol fournit à peu près le même rendement en substance sèche;

b) Que, dans les conditions données, les deux plantes mises en observation n'ont trouvé, en dehors des nitrates existant dans le sol, aucune autre source qui leur permît en y puisant de satisfaire à leur besoin d'azote dans une proportion notable, et qu'il a été toujours retrouvé moins d'azote dans la récolte qu'il n'en avait été contenu dans la semence, le sol et la solution nutritive au début de l'expérience.

DOSE d'azote donnée (nitrate de chaux). — Grammes.	SUBSTANCE SÈCHE récoltée dans la partie aérienne. — Grammes.	DIFFÉRENCE entre l'azote retrouvé et celui qui avait été fourni dans la semence, le sol et la solution nutritive. — Grammes.
	Orge.	
	1883-1885.	
0,224	20,396 à 23,384	— 0,073 à — 0,106
0,112	10,210 à 11,251	— 0,061 à — 0,068
0,056	5,322 à 5,704	— 0,046 à — 0,049
0,000	0,415 à 0,650	— 0,023 à — 0,025 [1]
	1886.	
0,224	21,292 à 21,459	— 0,087
0,112	11,949 à 12,716	— 0,056
0,000	0,459 à 0,650	— 0,026 à — 0,027 [1]
	Avoine.	
	1883-1885.	
0,224	21,273 à 22,757	— 0,070 à — 0,085
0,112	9,742 à 12,545	— 0,055 à — 0,066
0,056	5,128 à 5,902	— 0,045 à — 0,051
0,000	0,361 à 0,671	— 0,024 à — 0,025 [1]

1. Azote retrouvé dans la plante entière.

DOSE d'azote donnée (nitrate de chaux). — Grammes.	SUBSTANCE SÈCHE récoltée dans la partie aérienne. — Grammes.	DIFFÉRENCE entre l'azote retrouvé et celui qui avait été fourni dans la semence, le sol et la solution nutritive. — Grammes.
	Avoine 1886-1887 (suite).	
0,224	20,702	— 0,086
0,112	11,462 à 12,041	— 0,062 à — 0,061
0,056	4,603 à 5,664	— 0,046 à — 0,049
0,000	0,439 à 0,604	— 0,022 à — 0,027 [1]

Les expériences de 1887 nous ont appris quelque chose de plus encore au sujet de l'avoine.

c) Une addition de carbonate de chaux, relevant la teneur du sol en carbonate de chaux de 1 p. 1000 à 1 p. 100, amena une augmentation dans le rendement, aussi bien que dans l'assimilation de l'azote, mais le gain se maintint dans des limites très minimes sous ces deux rapports.

Avec une dose de 4 gr. de carbonate de chaux, soit 1 p. 1000 du sol, on a obtenu :

NUMÉROS des vases.	ADDITION d'azote donné comme nitrate de chaux.	SUBSTANCE SÈCHE de la partie aérienne.		AZOTE TROUVÉ dans la plante entière.	
		Total.	Moyenne.	Total.	Moyenne.
—	Grammes.	Gr.	Gr.	Gr.	Gr.
214	0,000	0,589	0,597	0,007	0,007
215	0,000	0,604		0,006	
220	0,056	4,603	5,134	0,042	0,043
221	0,056	5,664		0,044	
222	0,112	12,041	11,757	0,090	0,090
223	0,112	11,473			

Et avec une dose de 40 gr. de carbonate de chaux = 1 % du sol :

NUMÉROS des vases.	ADDITION d'azote donné comme nitrate de chaux.	SUBSTANCE SÈCHE de la partie aérienne.		AZOTE TROUVÉ dans la plante entière.	
		Total.	Moyenne.	Total.	Moyenne.
—	Grammes.	Gr.	Gr.	Gr.	Gr.
218	0,000	0,658	0,663	0,009	0,009
219	0,000	0,668		0,009	
228	0,056	5,736	5,594	0,047	0,046
229	0,056	5,451		0,044	
230	0,112	11,399	12,121	0,101	0,103
231	0,112	12,843		0,104	

1. Azote retrouvé dans la plante entière.

d) Une addition d'infusion terreuse, correspondant à 5 grammes de terre pour 4 kilogr. de sable, est restée sans influence aucune, tant sur la végétation de l'avoine que sur l'assimilation de l'azote.

Sans addition d'infusion terreuse on a obtenu :

NUMÉROS des vases.	ADDITION d'azote donné comme nitrate de chaux.	SUBSTANCE SÈCHE de la partie aérienne.		AZOTE TROUVÉ dans la plante entière.	
		Total.	Moyenne.	Total.	Moyenne.
	Grammes.	Gr.	Gr.	Gr.	Gr.
214	0,000	0,589	0,597	0,007	0,007
215	0,000	0,604		0,006	
220	0,056	4,603	5,134	0,042	0,043
221	0,056	5,664		0,044	
222	0,112	12,041	11,757	0,090	0,090
223	0,112	11,473			

Et avec addition d'infusion terreuse :

NUMÉROS des vases.	ADDITION d'azote donné comme nitrate de chaux.	SUBSTANCE SÈCHE de la partie aérienne.		AZOTE TROUVÉ dans la plante entière.	
		Total.	Moyenne.	Total	Moyenne.
	Grammes.	Gr.	Gr.	Gr.	Gr.
216	0,000	0,659	0,699	0,007	0,008
217	0,000	0,738		0,009	
224	0,056	4,661	4,822	0,038	0,038
225	0,056	4,983		0,037	
226	0,112	11,462	11,639	0,088	0,092
227	0,112	11,816		0,096	

e) Les nitrates existant dans le sol furent assimilés, même quand ils étaient à un très haut degré de dilution, et manifestèrent leur influence ; une dose de nitrate de chaux équivalant à 1 $^3/_4$ d'azote pour 1 million de parties du sol se laissa facilement reconnaître tant par la vigueur de la végétation que dans la teneur des produits récoltés.

NUMÉROS des vases.	DOSE D'AZOTE sous forme de nitrate de chaux	SUBSTANCE SÈCHE fournie par la partie aérienne.		AZOTE TROUVÉ dans la plante entière.	
		Total.	Moyenne.	Total.	Moyenne.
	Grammes.	Gr.	Gr.	Gr.	Gr.
214	0,000	0,589	0,597	0,007	0,007
215	0,000	0,604		0,006	
232	0,007	0,981	1,014	0,011	0,011
233	0,007	1,046		0,011	

f) Le chauffage de la dissolution nutritive et du sable, non plus que la couverture de ouate placée sur ce dernier pendant la végétation, enfin toutes les manipulations que nous avons pratiquées comme moyens de stérilisation, n'ont rien changé à ces conditions et se sont montrées sans action favorable ou pernicieuse sur la végétation de l'avoine.

Pendant l'année 1886, dans nos essais sur l'avoine, aucune de ces opérations n'a été faite et il a été récolté :

POUR une dose d'azote de	SUBSTANCE SÈCHE DE LA PARTIE AÉRIENNE.	Moyenne de toutes les expériences de 1883 à 1886.
Grammes.	Grammes.	Grammes.
0,000	0,361 — 0,671	0,489
0,056	5,128 — 5,902	5,615
0,112	9,742 — 12,545	11,200

En 1887, les expériences sur l'avoine ont été faites dans les mêmes conditions que celles dans lesquelles on a opéré sur les légumineuses avec des vases stérilisés, et on a récolté :

POUR une dose d'azote de	SUBSTANCE SÈCHE DE LA PARTIE AÉRIENNE.	En moyenne.
Grammes.	Grammes.	Grammes.
0,000	0,589 — 0,604	0,597
0,056	4,603 — 5,664	5,134
0,112	11,473 — 12,041	11,757

Ajoutons enfin ici une remarque au sujet du sarrasin, qui, chaque fois qu'il a été soumis aux mêmes conditions d'expériences que l'avoine, s'est comporté dans tous ses échantillons de la même façon qu'elle.

Rien n'a indiqué que le sarrasin, pour satisfaire en tout ou en partie seulement à son besoin d'azote, pût puiser à d'autres sources que celles qui lui sont offertes par les combinaisons assimilables existant dans le sol ;

Sur elle, l'infusion de terre est restée sans effet ;

L'augmentation du carbonate de chaux dans le sol n'a produit ni élévation notable dans le rendement, ni, comme conséquence, assimilation plus active de l'azote.

Mais ce résultat a pu être obtenu par les plus faibles doses de nitrates introduites dans le sol, ne fût-ce que dans la proportion de 1 $^3/_4$ d'azote pour 1 million de parties du sol.

On trouvera facilement, dans le petit tableau donné page 210, les chiffres qui justifient ces assertions.

b) *Relativement aux légumineuses.*

Les essais de culture faits en 1886 ont d'abord confirmé les résultats des expériences précédentes, car ils ont montré :

a) Que, dans notre sable, les pois, même alimentés avec une solution dépourvue d'azote, pouvaient avoir une belle végétation et assimiler de l'azote en quantité appréciable ; mais que cette croissance et cette faculté d'assimilation ne se montraient pas également chez tous les sujets et dépendaient visiblement d'une cause, agissant tout à fait accidentellement et sans aucune régularité.

Dans ces conditions, on a obtenu :

ANNÉES. —	NUMÉROS. —	SUBSTANCE SÈCHE fournie par la partie aérienne. — Grammes.	AZOTE RETROUVÉ dans la plante entière en plus ou en moins que l'azote fourni par la semence et le sol. — Grammes.
1883-1885	»	0,551 à 33,147	—0,187 à +1,242
			Dans la partie aérienne. —
1886	130 à 159	1,640 à 20,372	+0,000 à +0,529

Les essais culturaux de 1886, concordant avec ceux de 1887, nous ont de plus fixés sur les points suivants :

b) Dès qu'on stérilisait les vases, la solution nutritive, ainsi que le sable et dès qu'on couvrait celui-ci de ouate stérilisée pendant la végétation, les légumineuses de nos cultures se comportaient exactement comme les graminées, c'est-à-dire qu'on n'obtenait pas d'elles une croissance normale ou même appréciable, si l'on n'introduisait pas de nitrates dans leur alimentation et que dans les produits récoltés se trouvait toujours moins d'azote qu'il n'en avait été fourni au début par la semence et le sol.

ANNÉES.	NUMÉROS des vases.	DOSE de nitrate.	RÉCOLTE en substance sèche de la partie aérienne.	BILAN de l'azote.
			Grammes.	Grammes.
			Serradelle.	
1887	242	0	0,092	—0,022
	243	0	0,063	—0,022
			Lupins.	
1887	285	0	0,919	— 0,049
	286	0	0,800	— 0,050
	289	0	0,921	— 0,051
	290	0	1,021	— 0,051
			Pois.	
1886	170	0	0,515	— 0,030
	171	0	0,559	— 0,030
1887	322	0	0,779	— 0,025
	323	0	0,744	— 0,025
	324	0	0,928	— 0,024

c) On a pu, même sans introduire de nitrate dans l'alimentation, obtenir une végétation belle et normale aussi bien qu'une assimilation visible de l'azote, et cela sans aucune exception, dès qu'on donnait au sable une faible quantité d'infusion faite avec de la terre arable en bon état de culture (infusion de terre sableuse, à la dose de 5 grammes de terre pour 4 kilogr. de sable), nos légumineuses ainsi traitées se sont comportées, d'une façon précise et caractéristique, tout autrement que les graminées.

Dans des conditions de végétation absolument semblables à celles de tous les numéros inscrits au-dessous de la lettre *b*), voici ce qu'ont donné les numéros additionnés d'infusion de terre sableuse :

ANNÉES.	NUMÉROS des vases.	DOSE de nitrate.	RÉCOLTE en substance sèche de la partie aérienne.	AZOTE RETROUVÉ en plus ou en moins que l'azote fourni par la semence et le sol.
			Grammes.	Grammes.
			Serradelle.	
1887	244	0	16,864	+ 0,326
	245	0	18,190	+ 0,373
	248	0	11,686	+ 0,330
	249	0	16,411	+ 0,421

ANNÉES.	NUMÉROS des vases.	DOSE de nitrate.	RÉCOLTE en substance sèche de la partie aérienne.	AZOTE RETROUVÉ en plus ou en moins que l'azote fourni par la semence et le sol.
—	—	—	— Grammes.	— Grammes.
		Lupins [1].		
1887	287	0	44,718	+ 1,077
	288	0	45,611	+ 1,089
	291	0	44,481	+ 1,121
	292	0	42,451	+ 1,243
		Pois.		
1887	339	0	17,616	+ 0,449
	340	0	20,426	+ 0,451
	341	0	15,962	+ 0,413

d) Les infusions de terre d'origines différentes n'ont pas une influence égale ; aussi l'action de l'infusion faite avec la terre sableuse, venant d'un terrain qui n'avait jamais reçu d'engrais et qui avait été rarement cultivé, resta de beaucoup inférieure à celle des infusions faites avec une terre bien cultivée. En même temps on put voir que l'infusion d'une même terre n'agissait pas également sur la végétation des différentes légumineuses ; ainsi, par exemple, l'infusion de bonne terre à betteraves, prise dans notre champ d'expériences, a été favorable à la croissance des pois plantés dans un sol dépourvu d'azote, tandis qu'elle est demeurée sans influence aucune sur le développement de la serradelle et des lupins.

En voici la preuve :

ANNÉES.	NUMÉROS des vases.	DOSE de nitrate.	SUBSTANCE SÈCHE récoltée dans la partie aérienne.	AZOTE RETROUVÉ dans la plante en plus ou en moins qu'il n'en avait été fourni par la semence et le sol.
—	—	—	— Grammes.	— Grammes.
		Pois.		
Après addition d'infusion de terre sableuse de Gütergläck (5 gr. de terre pour 4 kilogr. de sable).				
1887	339	0	17,616	+ 0,449
	340	0	20,426	+ 0,451
	341	0	15,962	+ 0,413

1. Les lupins, végétant dans un milieu de volume double, avaient reçu aussi deux fois plus d'infusion de terre que la serradelle et les pois.

ANNÉES.	NUMÉROS des vases.	DOSE de nitrate.	SUBSTANCE SÈCHE récoltée dans la partie aérienne.	AZOTE RETROUVÉ dans la plante en plus ou en moins qu'il n'en avait été fourni par la semence et le sol.
—	—	—	— Grammes.	— Grammes.
Infusion de terre à betteraves du champ d'expériences (5 gr. : 4000 gr.).				
1887	325	0	16,617	+ 0,291
	326	0	12,613	+ 0,269
	327	0	20,096	+ 0,598
Infusion d'une autre terre à betteraves des environs de Bernburg (5 gr. : 4000 gr.).				
1887	337	0	19,711	+ 0,461
	338	0	27,358	+ 0,698
Infusion d'une terre très pauvre et presque inculte du domaine de Dahme (5 gr. : 4000 gr.).				
1887	342	0	0,919	— 0,024
	343	0	6,571	+ 0,138
Serradelle.				
Infusion de terre sableuse de Güterglück (5 gr. : 4000 gr.).				
1887	244	0	16,864	+ 0,326
	245	0	18,190	+ 0,373
	248	0	11,686	+ 0,330
	249	0	16,411	+ 0,421
Infusion de terre à betteraves du champ d'expériences (5 gr. : 4000 gr.).				
1887	252	0	0,075	— 0,022
	253	0	0,055	— 0,022

e) La calcination préalable du sable, ainsi que les autres manipulations pratiquées pour stériliser les vases, etc., n'ont ni entravé ni surexcité l'action des infusions de terre.

Dans nos cultures de pois de 1887, tous les numéros qui devaient recevoir de l'infusion de terre avaient été traités, avant qu'on la leur donnât, de la même façon que les numéros stérilisés; mais, en 1886, les vases d'expériences n'avaient subi aucune de ces opérations et voici des résultats qui peuvent nous fixer sur ce point :

Pois.

Alimentés par une solution dépourvue d'azote ; mais ayant reçu une infusion de terre à betteraves de notre champ d'expériences (5 gr. de terre pour 4000 gr. de sable) :

ANNÉES.	NUMÉROS des vases.	SUBSTANCE SÈCHE fournie par la partie aérienne.	AZOTE RETROUVÉ dans la plante en excédent de ce qui a été fourni par la semence et le sol.
—	—	—	—
		Grammes.	Grammes.
1886	160 à 169	15,789 à 19,743	+ 0,387 à + 0,482
1887	325 à 327	12,613 à 20,096	+ 0,269 à + 0,598

f) L'infusion de terre, chauffée pendant un temps assez long à 100° C., perdait complètement son influence.

Voici les résultats donnés par des essais faits parallèlement à ceux auxquels étaient soumis les vases, cités à l'appui des propositions *b*) et *c*), essais dans lesquels à une solution nutritive où l'azote manquait on a ajouté une infusion de terre préalablement portée à l'ébullition :

ANNÉES.	NUMÉROS des vases.	SUBSTANCE SÈCHE fournie par la partie aérienne.	AZOTE RETROUVÉ dans la plante en moins de ce que contenaient la semence et le sol.
—	—	—	—
		Grammes.	Grammes.
		Serradelle.	
1887	246	0,084	— 0,022
	247	0,109	— 0,022
		Pois.	
1887	328	0,898	— 0,023
	329	0,842	— 0,024
	330	0,922	— 0,023

g) Les nitrates existant dans le sol ont été absorbés et utilisés par les légumineuses.

En leur donnant une dose additionnelle de nitrate de chaux, on ne remarqua jamais dans ces plantes, sinon dans certaines conditions déterminées, le passage à la période d'inanition après l'épuisement de la réserve contenue dans la semence; elles poussèrent au contraire régulièrement et sans interruption depuis la sortie du germe jusqu'à la fin ; l'état d'inanition apparaissait seulement dès que l'approvisionnement en nitrate était consommé.

h) Dans un sol stérilisé les légumineuses se comportèrent exactement comme les graminées vis-à-vis des nitrates, c'est-à-dire, qu'une quantité déterminée d'azote nitrifié fournissait un rendement à peu près égal en substance sèche, et la récolte a toujours donné à l'analyse moins d'azote qu'il n'en avait été fourni par la semence, le sol et la solution nutritive au commencement de l'expérience.

i) Mais si avec les nitrates et en même temps qu'eux on donnait aux plantes la moindre quantité d'infusion terreuse, celle-ci ajoutant son action à celle des nitrates, le rendement cessait d'être en rapport direct avec l'azote du sol et la teneur de la récolte accusait un excédent très marqué sur la teneur en azote constatée à l'origine.

k) Le gain en azote, que l'on peut atteindre en donnant aux plantes une infusion de terre, a été toujours beaucoup plus faible quand, en même temps, il se trouvait des nitrates dans le sol, que lorsqu'il n'y en avait pas.

ANNÉES. —	NUMÉROS des vases. —	AZOTE donné en nitrate de chaux. — Grammes.	SUBSTANCE sèche fournie par la partie aérienne. — Grammes.	CHIFFRES du bilan de l'azote. — Grammes.
		Serradelle[1].		
		Sans infusion de terre.		
1887	254	0,056	2,838	— 0,050
	255	0,056	2,927	— 0,049
	256	0,112	6,223	— 0,064
	257	0,112	6,858	— 0,064
		Avec infusion de terre sableuse.		
1887	258	0,056	11,936	+ 0,105
	259	0,056	15,324	+ 0,169
	260	0,112	11,037	+ 0,042
	261	0,112	17,077	+ 0,183
	244	0,000	16,864	+ 0,326
	245	0,000	18,190	+ 0,373
	248	0,000	11,686	+ 0,330
	249	0,000	16,411	+ 0,421

1. Dans les essais parallèles sur les pois, ces rapports se sont montrés moins précis et moins clairs, parce que, la végétation tout entière l'a déjà prouvé, nous n'avons pas pu poursuivre la stérilisation jusqu'à la fin. Nous trouverons une autre occasion de donner quelques détails sur les causes de ce fait, que, dans les conditions où nous nous étions placé, la poursuite de la stérilisation jusqu'aux jours de la récolte est plus difficile à appliquer aux pois qu'à la serradelle et aux lupins.

l) Rien n'a indiqué que les légumineuses eussent la faculté particulière et exceptionnelle de découvrir dans le sol, mieux que les graminées, les traces de combinaisons azotées qui s'y rencontrent à l'état assimilable, de se les approprier et de les emprunter à des solutions extrêmement diluées.

La comparaison des chiffres donnés par nos essais sur les légumineuses avec ceux qui ont été rapportés plus haut (A *e*) au sujet des graminées conduit à cette conclusion.

ANNÉES.	NUMÉROS des vases.	AVEC AZOTE donné (nitrate de chaux). — Grammes.	SUBSTANCE sèche fournie par la partie aérienne. — Grammes.	AZOTE retrouvé dans la plante entière. — Grammes.
		Serradelle.		
		En sol stérilisé.		
1887	242	0,000	0,092	0,001
	243	0,000	0,063	0,001
	262	0,001	0,209	0,002
	263	0,007	0,272	0,003
		En sol stérilisé avec addition d'infusion de terre bouillie.		
1887	246	0,000	0,084	0,001
	247	0,000	0,109	0,001
	264	0,007	0,316	0,003
	265	0,007	0,297	0,004
		Pois.		
		En sol stérilisé.		
1887	322	0,000	0,779	0,013
	323	0,000	0,744	0,013
	324	0,000	0,928	0,014
	356	0,007	1,339	0,013
	357	0,007	1,308	0,013
	358	0,007	1,265	0,014
		En sol stérilisé avec addition d'infusion de terre bouillie.		
1887	328	0,000	0,898	0,015
	329	0,000	0,842	0,014
	330	0,000	0,922	0,015
	359	0,007	1,044	0,018
	360	0,007	1,071	0,016
	361	0,007	1,155	0,016

m) L'élévation de la teneur du sol en carbonate de chaux n'a rien changé aux résultats précédents et est demeurée sans aucun effet.

ANNÉES.	NUMÉROS des vases.	AVEC ADDITION de carbonate de chaux.	AVEC ADDITION d'azote.	SUBSTANCE sèche fournie par la partie aérienne.	CHIFFRES du bilan de l'azote.
—	—	—	—	—	—
		Grammes.	Grammes.	Grammes.	Grammes.
			Serradelle.		
			Sans infusion de terre.		
1887	242	4	0,000	0,092	— 0,022
	243	4	0,000	0,063	— 0,022
	266	40	0,000	0,135	— 0,022
	267	40	0,000	0,092	— 0,022
	256	4	0,112	6,223	— 0,064
	257	4	0,112	6,858	— 0,064
	270	40	0,112	6,077	— 0,064
	271	40	0,112	6,837	— 0,068
			Avec infusion de terre.		
1887	244	4	0,000	16,864	+ 0,326
	245	4	0,000	18,190	+ 0,373
	248	0	0,000	11,686	+ 0,330
	249	0	0,000	16,411	+ 0,421
	268	40	0,000	17,370	+ 0,364
	269	40	0,000	13,491	+ 0,265

XII

Voici en substance ce qui ressort clairement des résultats que nous venons d'exposer :

Si, dès le début de l'expérience, on stérilise un milieu de culture, tel que le sable quartzeux dont nous nous servons, et qu'on le maintienne dans le même état pendant la période entière de végétation, les graminées et les légumineuses qu'on y cultive se comportent absolument de même; c'est-à-dire qu'aucune quantité de nitrate n'étant donnée au sol, non plus qu'aucune combinaison azotée assimilable, la production des papilionacées, comme celle des graminées, etc., reste à son minimum ou même est à peu près nulle. Mais une addition de nitrate a pu activer la végétation des plantes, papilionacées aussi bien que graminées, et, dans ce cas, la production a toujours été en rapport à peu près direct avec la quantité de nitrate fournie[1], tout le temps que la dose d'azote n'a pas été excédante par rapport à un autre facteur de la végétation, et l'on a toujours retrouvé dans la récolte moins d'azote qu'il n'en existait originairement dans le sol. Enfin, rien n'indique dans nos expériences qu'il se rencontre une plante, papilionacée, graminée ou autre, ayant la faculté de satisfaire à son besoin d'azote, en tout ou en partie, ou seulement de s'assimiler une quantité appréciable de cet aliment, en le puisant ailleurs que dans la provision d'azote assimilable emmagasiné par le sol.

Mais si on additionne le sable d'une infusion préparée avec de la terre arable en bon état de culture, il se produit alors, dans la manière d'être des plantes qu'on a semées, avec une netteté qui ne permet pas de la méconnaître, une différence typique et non purement quantitative, qui se manifeste de la façon suivante :

Dans la végétation des graminées rien n'est changé ; les conditions de la production restent ce qu'elles étaient dans le sable stérilisé. En un mot, l'infusion de terre se montre absolument sans influence sur leur développement.

Les papilionacées, au contraire, en recevant la dose d'infusion terreuse, même sans addition de nitrate ou de toute autre combinaison azotée normalement assimilable, acquièrent la faculté de

1. Quoique nous ayons dit plus haut qu'on ne peut fixer par un chiffre le coefficient d'influence de l'azote sur les légumineuses d'une façon aussi commode qu'on le fait pour les graminées, et que nous soyons peu en état encore de donner même approximativement ces chiffres, les bases dont nous disposons étant encore trop peu nombreuses, il me semble néanmoins que nos expériences contiennent des indications suffisantes pour déterminer numériquement l'action de l'azote même sur les papilionacées, si, cultivant ces plantes dans un sol stérilisé qu'on enrichit de nitrates, on les préserve pendant la végétation de l'invasion des micro-organismes. Dans tous les cas, nos essais de culture montrent évidemment que le coefficient d'influence de l'azote est essentiellement plus faible pour les papilionacées que pour les graminées ; ainsi dans des circonstances ordinairement favorables on doit compter qu'une partie d'azote donne de 90 à 100 parties de substance sèche pour l'avoine et pour l'orge, tandis que dans les mêmes conditions on ne peut attendre d'une partie d'azote que 50 à 60 parties de substance sèche dans la serradelle (voir les rendements des vases n°s 242, 243, 254, 255, 256, 257, p. 217).

croître et même de se développer d'une façon luxuriante ; elles peuvent assouvir pleinement leur besoin d'azote à une source qui est complètement fermée pour les graminées, et elles accusent, dans leur récolte, une quantité importante d'azote en plus que celle qui a été donnée dans le sol dès le début de la végétation.

Il reste à examiner si et jusqu'à quel point ces constatations, qui se lient à d'autres observations précédemment mentionnées, peuvent justifier notre hypothèse, que l'influence singulière de l'infusion terreuse, aussi bien que la façon particulière dont se conduisent les papilionacées dans l'assimilation de l'azote, doivent être attribuées à l'action de micro-organismes et si, enfin, les résultats de nos expériences peuvent répondre en même temps aux quelques objections qu'a déjà soulevées notre travail.

Nous affirmons tout d'abord que la différence caractéristique entre la manière dont se comportent les papilionacées dans le sable stérilisé et leur façon d'être dans ce même milieu, quand il est pourvu d'une infusion de terre, accuse et précise uniquement l'action de cette infusion, à l'exclusion de toute autre cause.

En tout cas, il est établi expérimentalement que, non seulement la substance humique et l'argile du sol, mais encore le sable quartzeux subissent certaines transformations, si on les porte au rouge ou même seulement à une température de 100° : or, dans nos vases d'expériences stérilisés nous avons chauffé le sable jusqu'à 200° et quelquefois même nous l'avons porté au rouge.

Mais nous pouvons heureusement prouver en rappelant nos expériences de 1887, portant sur ce point, que les transformations ainsi opérées n'ont pas eu dans nos cultures d'influence sensible sur l'assimilation de l'azote par les plantes.

En 1887, tous les vases concourant à nos recherches, qu'on les comptât ou non comme stérilisés, qu'ils dussent recevoir ou non une addition d'infusion terreuse, furent tout d'abord traités exactement de la même façon, c'est-à-dire que le sable et la solution nutritive passèrent à l'étuve, que les grains destinés à la semaille furent lavés dans une solution de bichlorure de mercure et que le sol pendant toute la période de végétation resta couvert de ouate stérilisée.

Le succès éclatant dû à l'addition d'une infusion terreuse, tant pour cette année que pour les autres années de recherches, dans la végétation des papilionacées, met hors de doute que c'est dans son rôle seul qu'on doit chercher la cause de ce développement et non ailleurs, à moins qu'on ne veuille admettre qu'une dose de cette infusion rend au sable d'une façon quelconque la propriété d'emmagasiner de l'azote, après qu'elle lui avait été enlevée par les procédés de stérilisation. Cette opinion n'a guère de vraisemblance, mais elle est d'ailleurs directement réfutée par l'observation faite en 1887 et de laquelle il ressort qu'une infusion de terre *marno-lehmeuse humique* prise dans notre champ d'expériences n'a eu d'action que sur certaines papilionacées, les pois de champ communs, par exemple, et est restée tout à fait sans influence sur d'autres, tels que la serradelle et les lupins.

Nous affirmons en outre qu'on ne peut pas attribuer l'action de l'infusion terreuse à sa teneur éventuelle en substances pouvant servir d'aliments aux plantes, et à l'appui de cette assertion nous donnons les détails supplémentaires suivants, en continuant à désigner par abréviation : l'infusion de terre *à betteraves* de notre champ d'expériences par L. I ; celle de *terre à betteraves* prise sur la rive droite de la Saale près de Bernburg par L. II. ; celle de terre sableuse de Güterglück par S. T. ; et celle de la terre sableuse de Dahm par S. II.

Comme on l'a vu dans la description des expériences donnée plus haut, chaque vase de culture a été régulièrement alimenté de 25 cent. cubes d'infusion, à l'exception des plus grands qui, contenant 8 kilogr. de sable, en ont reçu 50 cent. cubes chacun. C'est dans ces vases que furent plantés les lupins en 1887.

Voici les résultats de l'analyse :

	INFUSION. — Cent. cubes.	MATIÈRE solide. — Milligr.	AZOTE contenu. — Milligr.	PLANTES qui ont reçu l'infusion. —
		Année 1886.		
L. I.	25	?	0,35	Pois.
		Année 1887.		
L. I.	25	45,9	0,28	Avoine et sarrasin.
	25	55,1	0,35	
	25	60,4	0,35	

	INFUSION.	MATIÈRE solide.	AZOTE contenu.	PLANTES qui ont reçu l'infusion.
	Cent. cubes.	Milligr.	Milligr.	
		Année 1887.		
L. I.	25	21,5	0,21	Pois.
	25	21,7	0,21	
L. II.	25	35,8	0,28	
	25	36,1	0,28	
S. I.	25	143,8	0,69	
	25	122,2	0,69	
S. II.	25	7,1	0,14	
	25	15,0	0,14	
L. I.	25	?	0,21	Serradelle.
	25	16,3	0,21	
S. T.	25	27,1	0,14	
	25	28,2	0,14	
S. I.	50	99,0	0,49	Lupins.
	50	99,6	0,49	

Pour déterminer l'azote, nous nous sommes servi de la méthode Kjeldahl-Wilfarth avec addition de sucre et nous avons opéré en faisant passer à l'étuve sur un *bain-marie* chaque dose de 25 ou de 50 cent. cubes d'infusion, placée dans un récipient, puis en la traitant par l'acide sulfurique. Craignant que, par ce procédé, il ne se produisît une perte notable d'azote, nous avons opéré la dessiccation en vase clos; puis, laissant refroidir le produit de cette distillation, nous l'avons titré séparément. Celui-ci, en général, n'a jamais révélé la présence d'ammoniaque en quantité appréciable, et dans quelques cas seulement, où la haute teneur de l'infusion en azote a rendu l'analyse possible, on a trouvé :

	INFUSION.	AZOTE sous forme d'ammoniaque.
	Cent. cubes.	Milligr.
L. I.	25	0,04
S. I.	25	0,07

En voyant, par les précédentes déterminations, combien variaient dans leur teneur les infusions de terres différentes et même celles d'un seul et même sol, on s'explique facilement que nous ayons mesuré arbitrairement et sans uniformité le temps nécessaire au dépôt des corps solides dans la préparation des infusions, et par conséquent que nous les ayons utilisées lorsqu'elles tenaient encore plus ou moins de matières en suspension.

Néanmoins, les chiffres que nous avons obtenus montrent que la quantité d'azote introduite dans le sol par les infusions de terre n'a atteint, dans aucun cas, la valeur d'un milligramme.

Si l'on veut bien se souvenir, d'une part, combien faible fut l'effet obtenu par nous d'une dose de 7 milligr. d'azote, donnée sous forme de nitrate de chaux, et, d'autre part, si l'on considère que le gain d'azote, accusé par les légumineuses après addition d'infusion de terre, a atteint régulièrement plusieurs centaines de milligrammes et dans certaines circonstances s'est élevé même à plus d'un gramme, on verra que rien n'autorise à faire jouer un rôle quelconque, dans l'action de l'azote, à la quantité minime pour laquelle ce métalloïde entre dans la composition de l'infusion terreuse.

On s'expliquera en même temps aussi que, dans les calculs destinés à dresser le bilan de l'azote, calculs dans lesquels nous avons négligé les fractions de milligramme, nous ayons pu laisser complètement de côté les quantités d'azote introduites dans le sol par les infusions de terre.

Enfin, quant à leur teneur possible en d'autres substances nutritives, qui seraient venues s'ajouter au mélange alimentaire donné par nous aux plantes, il n'y fut pas attaché plus d'importance qu'à leur teneur en azote. Déjà les faibles proportions indiquées plus haut comme fournies par les résidus dus à l'évaporation, suffisaient pour nous rassurer, si l'on considère surtout que la plus grande partie n'était formée que de sable très fin, d'argile, etc. ; mais les analyses suivantes sont venues confirmer notre opinion avec plus de précision encore.

Voici ce qu'on trouva dans les infusions :

	PAR LITRE. — Grammes.	PAR 25 cent. cubes d'infusion. — Milligr.
1° *Infusion L. I.*		
Substance sèche	2,2151	
Perte par calcination	0,1920	
Résidu incombustible	2,0231	
Insoluble dans l'acide chlorhydrique	1,3615	
Partie soluble dans l'acide chlorhydrique	0,6616	
Composition de la partie soluble :		
Acide phosphorique	0,0080	0,20
Chaux	0,0918	2,30
Magnésie	0,0210	0,53
Acide sulfurique	0,0294	0,74
Potasse	0,0415	1,04
Soude	0,0221	
2° *Infusion S. I.*		
Substance sèche	1,3593	
Perte par calcination	0,1132	
Résidu incombustible	1,2461	
Insoluble dans l'acide chlorhydrique	1,0270	
Soluble dans l'acide chlorhydrique	0,2191	
Composition de la partie soluble :		
Acide phosphorique	0,0125	0,31
Chaux	0,0055	0,14
Magnésie	0,0120	0,30
Acide sulfurique	0,0078	0,20
Potasse	0,0091	0,23
Soude	0,0164	
3° *Infusion S. II.*		
Substance sèche	1,0951	
Perte par calcination	0,1830	
Résidu incombustible	0,9121	
Insoluble dans l'acide chlorhydrique	0,6261	
Soluble dans l'acide chlorhydrique	0,2860	
Composition de la partie soluble :		
Acide phosphorique	0,0120	0,30
Chaux	0,0108	0,27
Magnésie	0,0133	0,33
Acide sulfurique	0,0099	0,25
Potasse	0,0117	0,29
Soude	0,0141	

Mais alors, si l'influence de l'infusion terreuse ne peut être attribuée d'une façon quelconque à la propriété qu'elle donnerait au sable d'emmagasiner de l'azote, non plus qu'à sa teneur en substances nutritives pour les végétaux, où donc pouvons-nous la chercher?

Eh bien, nous l'affirmons aujourd'hui : nos investigations doivent porter sur l'action des micro-organismes, des germes de champignon, introduits dans le sable avec la terre infusée, et les observations suivantes viennent à l'appui de cette assertion :

a) Il suffit d'une quantité très faible d'infusion terreuse pour obtenir un effet complet.

En 1886 et en 1887, comme nous l'avons souvent répété, nous avions donné partout 25 cent. cubes d'infusion pour 4 kilogr. de sable, et ces 25 cent. cubes de liquide étaient obtenus chaque fois par la dissolution de 5 grammes de terre arable. Si donc on considère qu'en opérant ainsi, toute la matière du sol n'était jamais épuisée, nous sommes en droit de dire qu'avec les infusions, nous n'introduisions dans aucun cas dans notre sable les éléments actifs d'une terre de champ que dans la proportion tout au plus de 1 p. 1000.

b) La façon dont se développent les légumineuses, activées dans leur croissance par une dose d'infusion terreuse, montre un grand nombre de particularités qui ne peuvent guère s'expliquer que par l'influence des micro-organismes.

Pour éviter les répétitions, nous nous permettons de renvoyer à ce qui a été dit plus haut, *de la p. 165 à la p. 170.*

c) Si l'on fait bouillir quelque temps (une demi-heure) l'infusion de terre, elle perd complètement son influence sur la végétation des légumineuses.

Mentionnons ici, par anticipation, ce que nous ont appris les expériences faites en 1888 : il suffit de porter une infusion de terre à la température de 70° C. pour annihiler complètement et sûrement son action.

d) Les infusions de terre de champ de différentes natures ont une influence très variable sur le développement des légumineuses, et l'infusion d'une même terre a une action spéciale et sans uniformité sur les diverses sortes de légumineuses.

Il suffira de rappeler à ce sujet que nous avons toujours pu, par exemple, agir sur la croissance des pois et des vesces, en leur donnant une infusion de la terre prise dans notre champ d'expériences (L. I.), tandis que cette même infusion est demeurée constamment sans effet sur la végétation des lupins et de l'ornithopus.

Enfin, et cette dernière observation nous semble plus probante que toute autre :

e) Les légumineuses peuvent dans des circonstances données, même sans avoir reçu aucune infusion de terre, croître normalement dans un sol dépourvu d'azote et en assimiler des quantités notables, si l'on ne s'oppose pas avec soin à l'apport des spores de champignons par l'air atmosphérique.

Nos cultures de pois en ont fourni chaque année nombre de témoignages. C'est justement cette observation qui nous a engagés, dès l'abord, à entrer plus avant dans cette question par la voie expérimentale.

XIII.

De ces diverses considérations est née la pensée, que l'accumulation particulière de l'azote dans les légumineuses, constatée par nous, doit être précisément attribuée à la coopération des micro-organismes. Cette opinion, suffisamment fondée sur les observations faites aux cours de nos expériences, nous a porté à faire un pas de plus, en nous obligeant à admettre que cette action repose sur une symbiose des micro-organismes et des légumineuses, et qu'aux différentes sortes de légumineuses s'attachent aussi différentes sortes de micro-organismes. Nous concevons ici la symbiose dans sa plus large signification, comme un rapport dans lequel deux végétaux de nature différente exercent réciproquement une influence active sur les fonctions de leur existence.

Il ressort des expériences de Berthelot qu'une terre cultivée, qu'elle porte ou non des végétaux, peut, dans certaines circonstances favorables, s'enrichir sensiblement en azote sous une forme qui ne permet pas à l'eau de pluie de l'entraîner, et il attribue ce phénomène à l'activité des bactéries existant dans le sol. D'un autre côté,

Frank, dans ces derniers temps, a observé un accroissement de l'azote dans le sol, dû à l'action vitale d'algues et de mousses.

Il y a peut-être lieu de se demander si ces deux constatations ne suffisent pas déjà à expliquer de tous points l'assimilation de l'azote constatée dans nos expériences. Nous croyons pouvoir affirmer qu'il n'en est rien, en nous appuyant sur les motifs suivants.

Si l'on admet que les phénomènes observés au sujet de la transformation de l'azote libre de l'atmosphère en combinaisons assimilables par l'intermédiaire des micro-organismes existant dans le sol, n'ont aucun rapport avec les plantes qui y végètent, il est difficile d'expliquer pourquoi, par exemple, les pois savent admirablement utiliser les sources d'alimentation qui s'offrent ainsi à eux, tandis que, malgré leur végétation d'une durée égale, l'orge, l'avoine, le sarrasin, etc., ne peuvent en tirer aucun profit, ou tout au plus un profit insignifiant. Il serait plus difficile encore de dire pourquoi dans nos expériences l'addition d'une faible dose d'infusion, préparée avec notre terre à betteraves, n'a jamais exercé une influence quelque peu sensible sur la végétation des lupins et de la serradelle, tandis qu'elle activait sûrement celle des pois, au point de les amener à leur développement complet et normal.

Il resterait peut-être, comme dernière ressource, à affirmer que les différentes espèces des champignons inférieurs font aussi entrer l'azote libre de l'air en différentes combinaisons et que ces formes diverses de combinaisons azotées ne sont pas également assimilables par toutes les variétés de plantes d'organisation supérieure. Mais une telle assertion n'est appuyée, à notre connaissance, par aucun fait connu, et nous n'en avons trouvé la confirmation nulle part dans nos propres observations.

Enfin, à notre avis, demeurerait alors tout à fait inexplicable ce fait, observé par nous non pas une, mais maintes fois, que parmi un certain nombre d'individus d'une même variété, des pois par exemple, qui étaient plantés dans le même vase, tous ayant mené à bien leur germination, ayant crû normalement et uniformément, tant que leur a suffi la réserve alimentaire contenue dans la semence, sont tous entrés simultanément dans la période d'inanition, et que souvent, l'un d'eux seul se relève brusquement aujourd'hui, un autre parfois quelques semaines plus tard, un troisième enfin pas du tout, les premiers et les seconds poussant tout d'un coup avec une vigueur étonnante, la moindre quantité d'infusion terreuse suffisant à faire disparaître cette inégalité dans la croissance, dès qu'on l'introduit dans les vases de culture.

Tous ces phénomènes, au contraire, n'ont rien d'étrange, si l'on admet que les végétaux supérieurs entrent en rapport étroit avec les micro-organismes, collecteurs d'azote, et que l'influence bienfaisante de ces derniers a besoin, pour s'exercer complètement, de la présence de ces végétaux.

Il n'est peut-être pas superflu de faire expressément observer que nous n'entendons pas ici mettre en doute, ni méconnaître la faculté que possèdent les bactéries, etc., de combiner l'azote libre de l'air et de se l'assimiler. Nous affirmons seulement que, dans notre cas, le gain en azote des légumineuses ne pouvait s'expliquer comme provenant de cette source, et nous trouverons encore l'occasion de revenir sur les expériences, dans lesquelles nous avons vu, quoiqu'on n'eût en rien entravé l'introduction de germes bactériques dans le sol et qu'on eût fourni en abondance les algues et les mousses indiquées par Frank, la serradelle et les lupins périr affamés d'azote, sans avoir pu tirer le moindre profit de cette source d'alimentation.

Comme toutes nos expériences se faisaient dans des vases de verre, la production de cryptogames de couleur verte ne pouvait avoir lieu sans être remarquée, et, peut-être, est-ce ici le moment d'aborder un point qu'il me faut examiner de plus près.

Dans la description de nos cultures d'essai de 1887, nous avons fait remarquer la contradiction qui se manifesta dans certains numéros de la série des pois frappés d'un insuccès évident.

Ainsi, par exemple, les plantes d'un numéro de contrôle (n° 363), quoiqu'elles fussent dans un sol stérilisé et n'eussent reçu, même tardivement, ni dose d'azote, ni infusion de terre, se tirèrent de la période d'inanition et, bien que restant de taille modeste, se développèrent et assimilèrent une quantité d'azote, qui n'était pas à négliger; puis les plantes des deux numéros de contrôle 345 et 347 auxquelles avait été donnée une dose de nitrate, mais sans infusion de terre, après avoir végété au début en concordance parfaite avec les autres, ne commencèrent à pousser qu'un peu plus tard, et montrèrent dans la récolte un gain d'azote contrairement au résultat qu'accusaient les autres vases traités comme eux.

Pour expliquer cet insuccès partiel, nous l'avions attribué à la stérilisation et nous avions même ajouté que dans les expériences, faites par nous avec la serradelle parallèlement aux lupins, il n'y avait eu absolument aucune contradiction semblable.

Nous ne nous sommes fait, dès l'origine, aucune illusion sur notre méthode de stérilisation. Fût-il possible, en suivant exactement les précautions les plus minutieuses de placer nos cultures dans des conditions parfaites de stérilisation au début de l'expérience, nous ne pouvions pas douter que la simple couverture de ouate stérilisée, difficile à appliquer à certaines plantes à cause de leur structure particulière et fort défectueuse, n'était qu'un moyen très imparfait de maintenir la stérilisation du sol pendant toute une période de végétation. Nous en aurions douté, que l'apparition d'algues vertes nous eût bientôt convaincu.

Il est certain que la stérilisation complète d'une culture expérimentale ne peut être obtenue que dans un lieu parfaitement clos, sous une cloche. Si nous avons négligé de prendre ces précautions dans notre travail, c'est que la simple expérience nous avait appris qu'il est extraordinairement difficile, sinon peut-être impossible, d'obtenir dans ces conditions une végétation véritablement normale d'une plante, depuis la germination jusqu'à la maturité. D'un autre côté, nous espérions arriver encore à des résultats utiles, si nous parvenions à préserver la plante, mise en observation, de l'invasion accidentelle des germes micro-organiques dans la principale phase de la végétation et jusqu'au moment où le développement serait le plus avancé possible.

Il nous est arrivé, ce que nous pensions, sur ces deux points, et nous ne trouvons aucun sujet d'inquiétude dans les contradictions constatées dans nos expériences sur les pois. Notre opinion est qu'on y voit au contraire la confirmation des assertions exprimées au commencement de ce chapitre.

La production des algues et des mousses a eu dans nos expériences le caractère suivant :

Dans les vases qui n'étaient ni stérilisés, ni couverts de ouate (mais en particulier dans ceux qui avaient reçu une infusion de terre), une végétation cryptogamique de couleur verte apparut toujours après un temps relativement court, non seulement à la superficie de la terre, mais aussi entre le sol et la paroi intérieure du vase et descendit aussi loin que pénétrait la lumière, c'est-à-dire, dans certains cas, jusqu'au fond.

Nous avons déjà dit que leur présence n'opéra aucun changement dans les plantes phanérogames, et que celles-ci, dès que le sol ne recevait pas de nitrate, périrent sans avoir fourni de production appréciable et sans avoir assimilé d'azote.

Les vases stérilisés et couverts de ouate restèrent affranchis de cette végétation pendant des semaines et même des mois, mais, cette période dépassée, il se montra çà et là à la superficie, parfois même plus profondément sur les parois latérales du vase, des colonnes isolées d'algues vertes, qui, avec le temps, s'étendaient encore. Que, dans ce cas, avec les algues aient volé des germes de champignons, etc., cela peut être et cela fut en effet, on le comprend. Nous n'avons observé nulle part l'influence de cette importation accidentelle sur la croissance des légumineuses, en 1886 et 1887, relativement aux lupins et à la serradelle, mais sur les pois elle fut remarquable et se manifesta en leur faisant donner tout à coup des pousses latérales, dont la végétation active produisit des fleurs et des fruits en un temps où les fruits et les pousses plus anciennes mûrissaient déjà pour la plupart, ce qui rendit la récolte anormale, en la retardant.

On se voit forcé malgré soi de reconnaître qu'il existe un rapport étroit entre ce phénomène et ces deux autres observations, si souvent rappelées, que les pois dans un sol privé d'azote, et non protégé par une enveloppe, à côté d'une croissance très inégale, ont montré fréquemment une végétation magnifique, liée à une assimilation d'azote très active, et que, d'autre part, une infusion de terre à betteraves de nos environs exerçait sur le développement des pois une influence très frappante, tandis qu'elle se révélait sans effet aucun sur les lupins et la serradelle.

Nous n'apercevons, en effet, dans ces trois phénomènes que l'action d'une cause unique, et nous croyons qu'on peut l'expliquer très simplement de la façon suivante :

S'il est vrai, ce que nos recherches s'accordent toutes à démontrer, que la végétation des légumineuses dans un sol, qui est pauvre en azote ou qui en est dépourvu, doit être attribuée à une symbiose avec des espèces déterminées de champignons inférieurs, on admettra, sans aucune difficulté, que ces cryptogames se propagent dans tous les sols cultivés sans exception, mais en quantités qui varient avec les différentes espèces de sols, et que ceux de ces organismes, par exemple, qui sont en rapports plus étroits avec les lupins et la serradelle, ont été offerts très parcimonieusement aux plantes dans la terre marno-lehmeuse de nos environs, que nous avons employée pour l'infusion, et très abondamment dans la terre sableuse, tirée d'ailleurs. Mais cette différence ne vient pas de ce que l'un est un sol sableux, l'autre un sol lehmeux, elle vient simplement de ce que nous avions pris la terre sableuse à un champ qui avait porté des lupins, tandis que la terre lehmeuse venait d'un champ à betteraves qui n'avait jamais porté ni lupins, ni serradelles, c'est-à-dire de plantes nourricières des champignons dont il est question.

Ces faits nous semblent assez concluants pour qu'apparaisse, simple et claire, la cause pour laquelle une faible dose d'infusion de terre sableuse, mais non de terre lehmeuse, rendît possible le développement normal des lupins et de la serradelle, dans notre sable quartzeux. Ils expliquent encore comment, dans nos expériences à l'air libre et dans un milieu où le pois, avec les diverses variétés de trèfles, est la seule plante qui soit fréquemment cultivée, ce sont justement les pois qui se sont signalés par une bonne végétation et une assimilation importante de l'azote dans des vases non couverts, souvent même sans infusion terreuse ; enfin ces faits montrent pourquoi il nous est arrivé d'obtenir dans le sens voulu par l'expérience, même avec des procédés imparfaits, la stérilisation des vases pour la serradelle et les lupins, mais non pour les pois.

XIV.

Dans la communication que j'ai faite, à l'occasion de la 59e assemblée des naturalistes allemands, j'avais indiqué en dernier lieu que, suivant mon opinion, « l'organe qu'on appelle les tubérosités des légumineuses est en relation directe avec l'assimilation de l'azote ».

Ce jugement fut attaqué de toutes parts et on nous a reproché de confondre la cause avec l'effet sans tenir compte des faits connus. Nous croyons donc utile d'exposer encore une fois rapidement les motifs qui nous ont inspiré cette manière de voir et de chercher si elle ne peut pas se justifier.

Les tubérosités des légumineuses ont déjà été tant étudiées qu'on peut presque dire qu'elles ont leur littérature propre, mais il n'a pas encore été donné jusqu'ici d'explication définitive sur ces formations énigmatiques.

Les petits corpuscules qui se rencontrent dans les cellules du parenchyme intérieur des tubérosités radicales, ont été longtemps considérés sans conteste comme des champignons. Brunchorst, Tschirch et Frank plus tard les ont conçus comme « des corps albumineux se liant à la vie même de la plante » ; et dans ces derniers temps, Lundstroem et Marshall Ward ont affirmé de nouveau qu'ils étaient bien de la nature des champignons[1].

Si les botanistes sont loin d'être unanimes sur les caractères essentiels des tubérosités, les avis ne sont pas moins divisés sur leurs fonctions.

Après avoir longtemps regardé ces protubérances comme des formations pathogènes, comme des galles, l'opinion s'est peu à peu répandue qu'elles sont des créations normales intimement liées à l'économie des plantes.

C'est ainsi que Nobbe[2] les « appelle des organes destinés à emmagasiner les aliments azotés ». De Vries[3] cherche leur fonction capitale dans la faculté qu'ils ont de saisir les traces les plus faibles d'aliments azotés à l'état inorganique et de les convertir en combinaisons organiques. Schindler[4] admet « qu'un rapport existe entre

1. Vuillemin et Prazowski ont émis la même opinion, à ce que j'apprends au moment où je corrige l'épreuve de ce passage.

2. *Die landw. Versuchsstationen*, vol. X, p. 99.

3. *Landw. Jahrbücher*, vol. VI, p. 935.

4. *Botan. Centralblatt*, vol. XVIII, p. 84, et *Journal für Landwirthschaft*, Jahrg. XXXIII, p. 334.

l'assimilation de l'azote par les légumineuses et leurs tubérosités, qui, par leur présence, jouent dans la production du fruit en tant que collecteur d'azote, un rôle de haute importance et jusqu'ici inexpliqué. »

Brunchorst[1] arrive à conclure que « les tubérosités sont dans les « légumineuses des organes normaux, importants pour la nutrition « et que les *bactéroïdes* sont des productions normales du plasma « cellulaire, qui concourent aux fonctions de ces protubérances, « puisque leur action est analogue à celle d'un ferment organisé, « formé de véritables organismes ». Il tient pour vraisemblable que les légumineuses ont dans leurs tubérosités des organes qui leur donnent, mieux qu'aux autres plantes, la faculté d'utiliser n'importe quelle matière organique azotée du sol, mais il incline à regarder comme étant sans fonctions les protubérances naissant dans les solutions nutritives ne renfermant que des traces de matières organiques ou n'en contenant pas. Tschirch[2] pense que les tubérosités sont « des magasins de réserve momentanée » et il croit à ce sujet que dans leur prévoyance excessive les plantes y accumulent parfois un peu plus d'approvisionnement qu'il ne leur en faudrait. Frank[3] les a signalées comme « des organes qui se pourvoient de matières azotées tirées du sol », et il conclut en disant, qu'au point de vue de l'azote nécessaire à la nutrition des plantes elles ne peuvent jouer aucun rôle indispensable.

Ainsi la moitié des auteurs regarde les tubérosités comme des greniers d'abondance, l'autre moitié comme des organes d'assimilation; ou, en d'autres termes, les uns considèrent cette formation tubéreuse dans les légumineuses comme la conséquence, les autres comme la cause effective de la croissance des plantes.

Certainement il n'appartient qu'aux botanistes de décider en dernier ressort de quelle nature est en réalité le contenu des tubérosités, si c'est ou non un champignon et quel est ce champignon.

Mais comme conséquence des recherches faites par nous sur les légumineuses qui, croissant dans des conditions fort différentes, ont

1. *Ber. d. Deutschen botan. Gesellsch.*, Jahrg. III, p. 256-257.

2. *Ber. d. Deutschen botan. Gesellsch.*, Jahrg. V, p. 89.

3. *Deutsche landw. Presse*, Jahrg. XIII, p. 630, et *Landw. Jahrbücher*, vol. XVII, p. 517.

passé en grand nombre par nos mains, nous n'avons pu éviter, en réunissant nos connaissances acquises aux observations qui nous étaient fournies de divers côtés, de nous former une opinion personnelle sur la production et la fonction de ces protubérances. Il nous sera donc permis d'ajouter en quelques mots ce qu'à l'occasion nous avons remarqué nous-même.

La production des tubérosités n'est pas la même dans un sol stérilisé que dans un sol qui ne l'est pas; elle n'est pas la même dans un milieu renfermant de l'azote que dans celui dont l'azote est absent. En envisageant séparément chacun de ces cas, comme c'est absolument nécessaire, nous avons constaté les faits suivants :

1° Cultivées, en milieu stérilisé et maintenu tel, dans notre sable dépourvu d'azote ou à peu près, les légumineuses n'ont montré, sans exception, aucune tubérosité radicale : aussi, dans ces conditions, les plantes en général ne croissaient pas et n'assimilaient point d'azote ou n'en assimilaient qu'en quantité minime.

2° Dans un sol non stérilisé, et privé d'azote, la production de tubérosités nombreuses et bien conformées put être constatée régulièrement sur les racines des légumineuses, en même temps que marchaient, avec un ensemble parfait, une végétation active et une assimilation énergique de l'azote.

3° Dans un sol stérilisé, ayant reçu de l'azote par addition de nitrate, les plantes se sont développées; mais dans tout un réseau de racines bien formées, on n'a pu découvrir une seule petite nodosité et aucun gain d'azote ne fut constaté pendant la végétation.

4° Dans un sol non stérilisé et renfermant de l'azote, on constata la formation de protubérances plus ou moins nombreuses avec une végétation parfaite et un gain d'azote constant.

Nous nous bornerons à reproduire, comme exemple, ce que nous avons constaté au moment de la récolte dans nos cultures de serradelle, faites en 1887.

NUMÉROS des vases.	AZOTE donné à l'état de nitrate.	SUBSTANCE SÈCHE fournie par la plante entière.	GAIN D'AZOTE pendant la végétation.	TUBÉROSITÉS FORMÉES SUR LES RACINES.
	Gr.	Gr.	Gr.	
				a) *En sable stérilisé sans addition d'azote.*
242	—	0,092	+ 0,000	Point.
243	—	0,063	+ 0,000	Point.
246	—	0,084	+ 0,000	Point.
247	—	0,109	+ 0,000	Point.
266	—	0,135	+ 0,000	Point.
267	—	0,092	+ 0,000	Point.
				b) *En sable pourvu d'infusion de terre sans addition d'azote.*
244	—	16,864	+ 0,348	Nombreuses tubérosités grosses et petites, anciennes et récentes sur les racines de tout ordre : les grosses protubérances se trouvent particulièrement sur les racines principales ; beaucoup sont déjà vides.
245	—	18,190	+ 0,395	Comme au n° 244, un peu plus nombreuses et plus fortes peut-être.
248	—	11,686	+ 0,352	Tubérosités nombreuses ; un peu plus d'anciennes que de jeunes.
249	—	16,411	+ 0,443	Comme au numéro précédent.
250	—	12,530	+ 0,249	Id.
251	—	9,409	+ 0,202	Id.
268	—	17,370	+ 0,386	Beaucoup de grosses protubérances encore fermes et pleines pour la plupart ; d'autres nombreuses et récentes sur les racines d'ordre inférieur.
269	—	13,491	+ 0,287	Comme au numéro précédent.
				Ont fait exception à la règle :
252	—	0,075	+ 0,000	Point.
253	—	0,055	+ 0,000	Point.
				c) *En sable stérilisé, avec addition de nitrate.*
262	0,007	0,209	— 0,005	Point.
263	0,007	0,272	— 0,004	Point.
264	0,007	0,316	+ 0,000	Point.
265	0,007	0,297	+ 0,000	Point.
254	0,056	2,838	— 0,028	Point.
255	0,056	2,927	— 0,027	Point.
256	0,112	6,223	— 0,012	Point.
257	0,112	6,858	— 0,042	Point.
270	0,112	6,077	— 0,042	Point.
271	0,112	6,837	— 0,046	Point.
				d) *En sol pourvu d'infusion de terre avec addition de nitrate.*
258	0,056	11,936	+ 0,127	Tubérosités nombreuses, dont beaucoup d'anciennes et une partie déjà vidée.
259	0,056	15,324	+ 0,191	Comme au n° précédent, mais moins de vieilles protubérances.
260	0,112	11,037	+ 0,064	Anciennes tubérosités, assez nombreuses, mais presque toutes encore fermes ; deux ou trois seulement commencent à s'amollir ; d'autre part, grande quantité de protubérances toutes petites sur le jeune chevelu.
261	0,112	17,077	+ 0,205	Semblable sous tous les rapports au numéro qui précède.

Ces résultats confirment premièrement ce qui a trait à la production des tubérosités propres aux légumineuses, car, entre la plupart des observations communiquées par d'autres auteurs et celles que nous avons faites, nous ne trouvons aucune contradiction de principe. Ils permettent, en outre, ce que beaucoup de ceux-ci ne font pas, de mettre en regard en toute circonstance la façon dont les plantes se comportent dans l'assimilation de l'azote et la production des tubérosités, ce qui nous autorise, à ce qu'il me semble, à tirer de nos expériences de plus larges conclusions.

En jetant les yeux sur le tableau qui précède, je n'y vois rien qui soit favorable à l'opinion de ceux qui regardent ces protubérances comme de simples magasins de réserve pour les aliments azotés.

Cette opinion s'appuie principalement sur ce fait, que le contenu azoté des cellules tubéreuses se vide au moment de la floraison et de la fructification ; mais ne partagent-elles pas plus ou moins ce sort avec les feuilles et les racines qu'on peut, à un certain point de vue, regarder encore comme des organes emmagasineurs passagers et qu'on doit sans aucun doute considérer dans leurs fonctions principales comme des organes d'assimilation ? Elle se fonde encore sur ceci que les tubérosités se montrent en plus grande abondance et plus régulièrement dans un sol dépourvu d'azote ou pauvre en azote, tandis qu'elles ne se développent que faiblement, souvent même manquent complètement dans un milieu richement azoté.

J'avoue qu'en tout temps il m'a été difficile de comprendre qu'une plante déposât justement dans un magasin de réserve l'aliment, dont l'absence la fait souffrir, plutôt que de l'absorber directement ; mais il m'est plus difficile encore d'admettre qu'elle s'en abstienne, quand cet aliment se trouve à sa disposition en abondance et que, l'emmagasinant seulement parce qu'elle sent, pour ainsi dire, que vers la fin de la végétation le besoin d'un plus large approvisionnement deviendra de nouveau pressant, elle amasse en prévision de cette éventualité une fois plus d'aliment qu'il ne lui en faut, ce qui serait tout au moins une précaution inutile.

Nulle part cette prévoyance n'a laissé de traces dans les expériences que nous avons rapportées.

Et d'abord nous demandons pourquoi les deux numéros 252 et

253 n'ont formé aucune protubérance radicale, tandis que les numéros 244 et 245, 248-251 et 268 en ont abondamment montré sur leurs racines de tout ordre. Les plantes des deux premiers numéros étaient dans le même milieu dépourvu d'azote que les sept derniers, tous avaient reçu le même mélange nutritif non azoté et la même quantité d'infusion de terre. A tous était ainsi offert le même fonds où ils pouvaient puiser pour emmagasiner la provision d'aliments azotés nécessaire à la période de fructification. Il n'y avait qu'une seule différence : l'infusion de terre, donnée aux numéros 252 et 253, avait été préparée avec un sol lehmeux et celle qu'avaient reçue les autres numéros, l'avait été avec un sol sableux.

On pourrait répondre que les numéros 252 et 253, surtout n'ayant pas poussé, n'avaient pu acquérir la faculté d'emmagasiner un approvisionnement.

Eh bien, soit ! Mais alors nous demanderons pourquoi il ne s'était formé non plus aucune tubérosité dans les numéros 262-265, 254-257 et 270-271, alors que les numéros 258-261 en avaient développé de nombreuses et bien conformées.

Les plantes de tous ces numéros végétaient dans un sol, auquel on avait incorporé une certaine quantité de nitrate, les conditions de culture, la teneur en azote du sol étaient absolument semblables dans les numéros 254-257 (même 270, 271) et dans les numéros 258-261 : une seule différence existait entre eux, c'est que les derniers avaient reçu une infusion de terre, qui n'avait pas été donnée aux premiers.

Ici les plantes, après avoir végété plus ou moins longtemps et être parvenues à fournir une production très convenable, avaient encore la possibilité et le temps voulu pour se constituer une réserve selon leur gré et leurs besoins. D'autre part, rien ne manquait pour les pousser sérieusement dans cette voie, car le sol, sans être dépourvu d'azote, en était précisément pauvre ; qu'on réfléchisse que sur 4 kilogr. de sable, on donna sous forme de nitrate :

AUX NUMÉROS.	AZOTE	
	Gr.	Soit par 1000 de sable.
—	—	—
262 — 265	0,007	0,0018
254 — 255 } 258 — 259 }	0,056	0,014
256 — 257 } 270 — 271 } 259 — 260 }	0,112	0,028

et que les serradelles, dès le début, se trouvèrent sans exception en présence d'une insuffisance relative d'azote dans leur solution nutritive, telle que celle-ci ne pouvait suffire à des besoins normaux.

Certainement, les observations que nous avons communiquées ici ne disent pas, qu'au point de vue de l'assimilation, les tubérosités radicales sont uniquement pour la plante des réservoirs réguliers, dont la destination bien déterminée serait d'emmagasiner pendant un plus long temps les aliments azotés, destinés à permettre la fructification. Elles s'accordent bien mieux avec l'opinion que ces tubérosités sont des organes d'assimilation de la plante.

Quoi qu'il en soit, ces observations permettent les conclusions suivantes :

a) La formation des tubérosités et la croissance des plantes n'ont pas été dans une dépendance absolue l'une de l'autre. Les plantes ont pu croître normalement, fleurir et même porter des fruits, sans qu'il existât de protubérances radicales. (Ex. n°s 254-257).

b) La formation des tubérosités ne s'est pas montrée dépendante, en général, de l'assimilation de l'azote par les plantes. Les plantes ont pu en effet absorber les nitrates qui étaient mis à leur disposition dans le sol et les utiliser, qu'il se formât ou non des protubérances radicales. (Ex. n°s 254-257 et 258-261.)

c) La formation des tubérosités s'est rencontrée partout, mais uniquement quand on additionnait notre sable, préalablement stérilisé, d'une infusion récente de terre sableuse cultivée. Elle n'avait pas lieu quand l'infusion avait été portée à l'ébullition, ou quand on se servait d'une infusion faite avec une autre terre lehmeuse déterminée. (Ex. tous les vases d'essai.) Après les différents points que j'ai établis dans les chapitres précédents, je crois même pouvoir énoncer cette proposition de la façon suivante : La formation des tubérosités a dépendu de la présence, dans le sol, d'un ferment organisé actif.

d) La formation des tubérosités a été constamment accompagnée d'un gain d'azote, fait par la plante pendant la végétation, gain qu'on ne pouvait attribuer à la teneur primitive du sol en azote, au début de l'expérience. — Chaque numéro de nos séries d'études peut aussi servir d'exemple à ce sujet. Mais les numéros 254-257, d'un côté, et les numéros 258-261, de l'autre, offrent encore ici un intérêt particulier. Les plantes de ces huit vases, toutes placées dans un milieu renfermant de l'azote, végétèrent d'abord normalement et pendant longtemps avec une complète uniformité ; mais dans les quatre premiers vases, qui n'avaient pas reçu d'infusion terreuse, les plantes ne formèrent aucune protubérance sur leurs racines ; elles cessèrent de croître à un moment déterminé et leur production, se maintenant dans une relation incontestable avec la quantité de nitrate existant dans le sol, l'on ne put constater dans les produits récoltés aucun gain d'azote provenant d'une autre source. Dans les quatre derniers numéros au contraire, la végétation se prolongea plus longtemps et fut plus énergique ; les plantes y formèrent toutes, sans exception, des tubérosités ; la quantité de substance sèche produite ne fut pas du tout en rapport étroit avec la teneur du sol en nitrate et l'analyse y décela notablement plus d'azote qu'il n'en avait été fourni à chacune d'elles.

La parfaite concordance de nos propres expériences, sans en excepter aucune, nous commande cette conclusion et nous ne trouvons même dans les communications des autres auteurs sur la production des tubérosités rien qui la contredise, pas même, par exemple, l'expérience décrite par Frank dans les *Landw. Jahrbücher* (vol. XVII, p. 516).

Frank a rempli huit vases d'une terre de jardin contenant de l'humus : il en a placé la moitié dans l'appareil stérilisateur où il les a portés pendant cinq ou six heures à la température d'ébullition, puis il a ensemencé les huit vases d'une graine de lupin chacun. Les lupins ont commencé à croître dans tous les vases, mais se sont beaucoup mieux développés dans ceux qu'il avait stérilisés que dans ceux qui ne l'étaient pas. Le poids total de la récolte est monté à 55 grammes pour les premiers et n'a été que de 15^{g},5 pour les derniers. Les racines des cultures stérilisées étaient absolument dépourvues de protubérances, tandis que dans les vases non stérilisés toutes les plantes en étaient pourvues de grosseur plus ou moins considérable.

Frank conclut de là que les protubérances radicales ne sont pas indispensables aux lupins pour parvenir à un développement complet et à la production normale du fruit. Elles ne peuvent donc pas, selon lui, jouer un rôle important dans la nutrition azotée des plantes et rien ne nous autorise à chercher dans les tubérosités des racines le siège de la faculté qu'ont les légumineuses de s'enrichir en azote.

C'est beaucoup conclure d'une telle expérience et on nous pardonnera de ne pas nous ranger sans discussion à l'opinion de Frank.

Frank ne dit à peu près rien de la nature et de la teneur du sol, dont il s'est servi, non plus que des autres conditions de l'expérience ; mais il nous est au moins acquis qu'il a employé « un sable de jardin humique », c'est-à-dire des matériaux qui, indubitablement, renfermaient de l'azote.

Que les lupins, comme d'autres légumineuses, puissent croître dans un sol contenant de l'azote, sans former de tubérosités sur leurs racines, le fait, autant que je le sache, n'a jamais été contesté par personne ni par nous-même. Nous avons seulement toujours affirmé et nous affirmons encore que la production des protubérances radicales chez les légumineuses est dans une dépendance certaine, quoiqu'elle n'ait pas été expliquée jusqu'ici, de la faculté qu'ont ces plantes de s'approprier de l'azote, en le puisant à une source autre que celle qui leur est offerte par les nitrates et par les autres combinaisons azotées assimilables que renferme le sol.

La végétation relativement belle des lupins dépourvus de tubérosités dans les vases stérilisés n'est pas en contradiction très sérieuse avec notre manière de voir, pas plus que ne prouve, contre nous, la façon dont les plantes se sont comportées dans les vases qui n'avaient pas été stérilisés.

Ceux-ci, il est vrai, n'ont pas mieux crû que ceux-là, quoiqu'ils fussent tous pourvus de protubérances radicales de grosseurs différentes ; mais, et c'est là un point aussi saillant que digne d'attention, non seulement ils n'ont pas aussi bien végété, mais ils ont végété plus mal, beaucoup plus mal. La production moyenne, se montant à $3^{g},9$ pour un vase de la dimension de ceux dont Frank s'est servi (22 cm. de hauteur et 17 cm. de largeur à la partie supérieure), démontre que la végétation était restée rabougrie.

Que conclure de là, sinon, de deux choses l'une : Ou la production des tubérosités a eu un effet direct et désastreux sur la croissance des lupins, ou le sol qu'a employé Frank pour ses expériences ne pouvait, pour une cause inconnue, convenir à la végétation de cette plante, et cette cause enrayante s'était trouvée simplement écartée par le passage à l'étuve.

Toute la vraisemblance qui s'attache à cette dernière opinion dans le cas qui nous occupe, Fleischer et d'autres l'ont fait remarquer lors de la 59e assemblée des médecins et des naturalistes allemands et Frank lui-même conclut ainsi.

Quant au fait, que les lupins, placés dans un sol, qui présente à leur végétation un obstacle inconnu, ne puissent ou ne veuillent pas se développer, quand même des tubérosités existeraient sur leurs racines, nous ne l'avons jamais combattu et jamais nous n'avons soutenu le contraire.

Enfin, je n'ai pu apercevoir dans l'expérience de Frank aucune démonstration précise qui s'oppose au rapport existant, suivant nous, entre la formation des protubérances et l'assimilation de l'azote par les légumineuses, non plus qu'à l'influence qu'elles exercent, dans la pratique, sur l'accumulation de l'azote dans ces végétaux.

Les observations faites de divers côtés me paraissent tout aussi peu réfuter notre opinion, même celles de Rautenberg et de Kühn, constatant que les légumineuses élevées dans l'eau étaient richement pourvues de tubérosités et néanmoins n'ont révélé aucun gain d'azote.

La possession d'organes d'assimilation normalement développés ne conduit pas seule et nécessairement à une belle végétation : de même qu'une jeune plante, portât-elle des feuilles et des racines bien formées, peut encore mourir d'inanition sous l'influence d'une foule de causes défavorables, de même aussi les tubérosités radicales les mieux développées peuvent être entravées dans leurs fonctions par des causes analogues qui se rencontrent justement dans la culture dans l'eau.

Il est indiscutable que les nodosités des racines, plongées dans une solution nutritive aqueuse, c'est du moins notre avis, se trouvent au point de vue de l'assimilation de l'azote placées dans des conditions toutes différentes de celles qui leur sont offertes dans un sol bien aéré, et qu'elles sont en ce cas dans une situation très défavorable. On pourrait même aller plus loin, en se demandant si la culture dans l'eau n'annule pas nécessairement, dans certaines conditions, les fonctions des tubérosités.

Nous pensons après cela avoir le droit de nous en tenir à notre affirmation que la fonction de ces tubérosités est en rapport déterminé avec la faculté qu'ont les légumineuses de puiser l'azote à une source complètement indépendante du sol, et de nombreuses raisons nous permettent en outre d'affirmer qu'il y a là un rapport de cause à effet.

Il nous suffira peut-être de citer une unique observation et une démonstration expérimentale.

D'autres auteurs en traitant ce sujet ont déjà fait remarquer que la formation des protubérances radicales se produit bien souvent chez les légumineuses dans un stade de développement de la plante où le dépôt d'une réserve alimentaire ne paraît pas admissible. Pour nous, nous ajoutons que la formation de ces protubérances arrive même, comme nous avons eu maintes occasions de l'observer, dans lap ériode d'inanition la mieux prononcée et que le développement de la plante suit immédiatement leur naissance.

Il est indispensable d'expliquer avec plus de détails ce que nous entendons par « état d'inanition ».

Dans la description d'une expérience, où Frank examinant ce point en détail, établit que le lupin, dans la première période de sa végétation, concentre toute son activité sur la formation des organes radicaux et ne développe que beaucoup plus tard sa partie aérienne; il fait remarquer que : « l'agriculteur connaît ce temps d'arrêt du « lupin jaune dans les huit premières semaines, qui suivent la germination et lui donne le nom de *période d'inanition*[1]. »

Malgré mes nombreuses et anciennes relations avec les agricul-

1. *Landw. Jahrbücher*, v. XVII, p. 544.

teurs, cette désignation n'a jamais frappé mon oreille dans le sens indiqué ici. Je déclare expressément néanmoins, pour éviter tout malentendu, que le fait est généralement connu, non comme se manifestant sur les lupins seuls, mais aussi sur les autres plantes et à un degré plus ou moins fort sur tous les végétaux de la grande culture; mais ce phénomène toujours normal n'est pas naturellement ce que nous appelons l'état d'inanition.

L'état que nous entendons par ce mot se révèle très nettement et très précisément par les caractères suivants:

Chez la plante végétant dans des conditions favorables, dans un sol suffisamment pourvu de toutes les substances nutritives indispensables, on constate aisément trois périodes physiologiques différentes, que nous pouvons appeler: germination, croissance et maturité.

Dans la première période, la plante développe ses organes aériens comme ses organes souterrains autant que le lui permet la réserve alimentaire mise à sa disposition dans la semence, et de la grosseur ainsi que de la teneur de celle-ci dépend la durée de cette réserve.

Dans la seconde période commence une assimilation active d'aliments empruntés au milieu extérieur, période qui a pour résultat un large accroissement de tous les organes; chaque feuille qui naît se développe plus grande et plus vigoureuse que ne l'était la précédente; la masse principale de la plante se forme dans cette période.

Dans la troisième, où apparaissent les organes de la fructification, l'assimilation des aliments extérieurs diminue peu à peu et finit par s'arrêter tout à fait; les feuilles, s'il en naît encore, redeviennent plus petites, les anciennes commencent à se décolorer; leurs cellules se vident l'une après l'autre, résorbées au profit du fruit naissant, enfin elles se dessèchent complètement et la plante mûrit.

Ces trois périodes ne se succèdent naturellement pas sans transition et c'est graduellement que la vie végétale passe de l'une à l'autre.

Si les plantes se trouvent dans un sol qui non seulement contient les aliments nécessaires en quantité suffisante, mais en renferme en excès, elles se comportent alors tout autrement dans la troisième période; l'assimilation des substances extérieures se prolonge, ainsi que la résorption de celles qui sont contenues dans les feuilles, la tige et les organes de la fleur, à tel point que la troisième période de développement d'une plante à croissance normale peut être considérée comme n'ayant pas lieu; car la maturité n'arrive jamais. C'est ainsi qu'on remarquera, par exemple, que sur une orge, végétant dans ces conditions, quoique dans les épis les graines bien développées soient fermes, d'un bon volume et se colorent entièrement de jaune, à cet instant, non seulement toutes les pousses, toutes les feuilles, mais encore les barbes qui couronnent ces grains, mûrs en apparence, demeurent d'un vert plein de sève, et sur le pied se montrent de jeunes pousses latérales. (V. en 1884 les vases n°s 15 et 16. — *Digénie des blés de mars. — Orge de brasserie défectueuse. Betterave sucrière à mauvais quotient.*)

Si le sol dans lequel végète une plante est insuffisamment pourvu d'aliments nutritifs, la seconde période, celle d'assimilation, s'écartant des règles de la nature, se raccourcit, et la quantité de substance produite par la plante reste au-dessous de la proportion normale.

Mais, si aucune substance alimentaire ne se rencontre dans le sol, ou s'il manque seulement une des substances qui sont indispensables à la plante, alors la seconde période de végétation fait complètement défaut et la troisième période suit immédiatement la première.

Voici comment vit une plante placée dans un sol dépourvu d'azote, stérilisé et maintenu en état de stérilisation :

La période de germination n'offre rien d'anormal et s'accomplit exactement comme si les conditions du sol étaient favorables. Mais dès que les substances en réserve dans la semence sont épuisées, un arrêt manifeste de la végétation se montre. Quelque temps après, la chlorophylle subit une transformation, la décoloration des feuilles gagne des plus vieilles aux plus jeunes et ce fait se produit d'une façon très caractéristique pour chaque variété de plantes. Dans les pois, par exemple, les feuilles, les pétioles et les tiges deviennent jaunes ; dans la serradelle les pétioles se colorent de rouge carmin et les folioles jaunissent, chez les lupins, les cotylédons et les pétioles prennent une teinte sombre, brun rougeâtre, tandis que les folioles se tachent de rouille, et ainsi de suite ; seule la feuille supérieure, la plus jeune, conserve plus ou moins sa couleur verte. La plante ne meurt pas entièrement, elle pousse même de temps en temps encore de nouveaux organes ; mais chaque fois le dernier né est considérablement plus petit que le précédent. Quant à la matière dont ils se forment, la source en est bien claire, car chaque fois qu'un organe nouveau paraît au jour, une ou deux des feuilles les plus anciennes se dessèchent épuisées. Le temps que les plantes mettent à supporter cette sorte d'existence et à la prolonger dépend de la nature et de la composition du grain de semence. Les unes ne vivent que des semaines, d'autres des mois, mais généralement leur vie se prolonge aussi longtemps que celle des plantes de leur espèce végétant dans des conditions normales. Quelques-unes ne parviennent qu'à produire quelques petites feuilles, d'autres arrivent à former leurs fleurs, certaines même à porter des fruits. Le résultat final est naturellement la production d'un avorton bizarre, et l'on éprouve une impression comique, quand on voit fleurir un pied de chanvre qui, avec sa tige de la grosseur d'un fil, ses feuilles de quelques millimètres carrés, s'élève au grand maximum à 3 ou 4 centimètres de hauteur, ou un plant de colza qui porte des fruits et dont le sommet est couronné d'une silique en miniature, plus grande néanmoins que la plante tout entière.

Nous appelons « état d'inanition » celui dans lequel se trouve un végétal, quand la période normale d'assimilation lui fait défaut, et nous le désignons sous le nom d' « *état d'inanition azotique* », s'il résulte d'un manque absolu, dans le sol, de combinaisons azotées assimilables.

Nous avons montré, par nos expériences, qu'une faible dose d'infusion faite avec un sol cultivé est sans aucune action sur les céréales végétant dans un milieu stérilisé et dépourvu d'azote ; mais qu'elle peut influer à un très haut degré sur la végétation des légumineuses et nous avons déjà signalé ce qu'a de remarquable la façon, dont se manifeste cette influence. Nous allons maintenant compléter ces indications au moyen de quelques corollaires.

Quoique nous ayons toujours incorporé l'extrait de terre, en même temps que la solution nutritive, dès le début de l'expérience et avant tout ensemencement du sol sur lequel nous expérimentions, son influence ne s'est jamais révélée au commencement de la végétation. La période de germination normalement accomplie, les plantes qui avaient été pourvues de cette infusion entraient, au contraire, sans exception dans la phase d'inanition, précédemment décrite, exactement de la même façon que celles qui n'en avaient pas reçu, c'est-à-dire que la décoloration caractéristique des organes apparaissait en même temps que l'arrêt subit de la végétation. De la nature de la plante, de la composition de l'extrait, de sa quantité, de la température, etc., dépendait la prolongation de cet état pendant quelques jours seulement, ou pendant des semaines[1]. Dans ce dernier cas, la constitution rabougrie, dont nous avons parlé, apparaissait comme conséquence de cette durée et les vieilles feuilles, acquises dans la période de germination, périssaient toutes.

C'est alors et presque immédiatement que se fit sentir tout à coup l'influence de l'infusion terreuse; tous les organes décolorés qui n'étaient pas encore complètement secs, comme les cotylédons des lupins, reprirent la teinte verte naturelle à la chlorophylle et donnèrent le signal de l'entrée de la plante dans la période normale d'assimilation. Une nouvelle émission de feuilles suivit rapidement et chacune d'elles en se développant était plus vigoureuse et plus large que celle qui l'avait précédée; la tige non seulement gagnait en longueur, mais en même temps s'épaississait. Dans beaucoup de sujets, la tige principale péniblement formée dans la période d'inanition fut régulièrement délaissée et à sa place, en quelque sorte, poussa, de l'axe d'une feuille, un bourgeon latéral, qui dès sa sortie se présentait déjà très fort et auquel succédaient rapidement un second et un troisième bourgeon de plus en plus vigoureux. Ce passage de l'état d'inanition

1. Plus la semence est grosse dans une légumineuse, plus la réserve alimentaire qu'elle peut offrir, est abondante, et par conséquent plus longue est la période de germination; l'état d'inanition se montre alors naturellement d'autant plus tard et sa durée est aussi plus courte. Il peut même passer inaperçu ou être complètement évité, si à ce moment on donne une forte dose d'un extrait de terre très énergique. Une infusion, par exemple, préparée avec une terre fraîchement prise dans un champ, a toujours une action plus rapide et plus forte que celle qu'on tire d'une terre au repos depuis longtemps, il suffit même, comme nous l'ont appris des essais dont nous parlerons plus tard, qu'on ait laissé la terre se dessécher à l'air pour entraver remarquablement l'action de l'infusion, sinon pour la détruire complètement.

à la phase de la croissance fut si nettement marqué par toutes les manifestations de la plante, qu'un œil exercé pouvait en constater le commencement à jour fixe.

Il importe maintenant au but que nous nous sommes proposé, de constater que chez les plantes placées dans de bonnes conditions, la formation des tubérosités, comme nous avons eu tant de fois l'occasion de le vérifier, se produit dans la période d'inanition, c'est-à-dire avant le commencement de l'assimilation et de la croissance, et d'une façon certaine avant la réapparition de la teinte verte chez les organes décolorés. Nous avons examiné à ce point de vue de nombreux exemplaires de jeunes pois, de serradelle et de lupin et nous avons trouvé pendant la période de germination, comme dans les premiers temps de l'état d'inanition, leurs racines constamment exemptes de toute protubérance; mais dès qu'une trace de verdure apparaissait, ou, si l'inanition durait plus longtemps, dans les derniers temps d'arrêt produits par elle, les racines, sans exception en quelque sorte, se montraient pourvues de tubérosités déjà bien formées avant tout reverdissement.

Différents observateurs, nous l'avons dit, voient surtout dans la naissance des protubérances radicales aux premiers jours de l'existence des plantes se trouvant dans des conditions normales, une preuve que ces organes ne sont pas des magasins de réserve ; à plus forte raison alors comment s'imaginer que, végétant dans les conditions anormales précédemment décrites, une plante dont non seulement la production est entravée par le défaut absolu d'aliments, mais qui ne peut même prolonger sa vie, forcée qu'elle est de dévorer ses propres organes d'assimilation qui lui sont le plus indispensables, aille s'ingénier à amasser une réserve alimentaire pour des temps futurs ?

L'expérience suivante nous semble donner les mêmes enseignements.

En 1887, un très grand nombre de graines de pois avaient été semées dans une grande coupe de verre, remplie d'un sable stérilisé, qui n'avait été mouillé qu'avec de l'eau distillée; puis, quand quelques feuilles se furent développées, on lava les grains avec soin et on choisit parmi eux certains exemplaires qui, au lieu d'une racine pivotante, avaient formé deux racines secondaires vigoureuses.

Parmi celles-ci, il se rencontra quatre jeunes plantes, dont les racines partagées en deux parties, à peu près également développées, formaient des systèmes séparés d'ordre secondaire. Après avoir retranché quelques-unes de ces racines de second ordre, qui se montraient au collet du pivot, les sujets furent transportés dans de l'eau distillée, qu'on avait fait préalablement bouillir, puis, dès que les racines eurent atteint les dimensions que nous désirions, chacun d'eux fut placé dans un appareil construit simplement de la façon suivante :

Deux vases cylindriques (des verres à bière ordinaires) furent installés sur une planchette l'un contre l'autre, de façon que les bords pussent se toucher, puis on les couvrit d'un capuchon de zinc qui les réunissait, et dans le milieu duquel se trouvait soudée une sorte de bobèche avec son ouverture.

La plante fut fixée à la manière habituelle dans cette bobèche au moyen d'un bouchon percé d'un trou à son milieu et garni de ouate, de telle sorte qu'à cheval sur les bords des deux verres, qui se touchaient, elle envoyât une moitié de son système radical dans le vase A et l'autre moitié dans le vase B. (Voir pl. VI.)

Tous ces couples de vases furent ensuite remplis avec une solution nutritive, qui contenait par litre :

	GRAMMES.
Monophosphate de potasse	0,363
Carbonate de potasse	0,322
Chlorure de calcium	0,148
Sulfate de magnésie	0,160

En outre, ils reçurent tous une dose d'infusion contenant 5 grammes de terre pour chacun d'eux et préparée comme nous l'avons indiqué, avec une terre cultivée, provenant d'un carreau du jardin de la station d'essais et qui avait porté des pois en 1886. Seulement, le verre A de chaque couple reçut son infusion à l'état naturel, tandis que celle qu'on donna au vase B, mise d'abord pendant un quart d'heure sur un feu nu, avait été portée à la température d'ébullition pendant quatre heures et demie dans l'étuve stérilisatrice.

Par conséquent, d'après la disposition de l'expérience, chacune de ces quatre plantes plongeait moitié de ses racines dans une solution nutritive, renfermant des micro-organismes vivants, et l'autre moitié dans une solution stérilisée, mais de teneur et de composition exactement semblables à la première.

Le transport des plantes dans la solution eut lieu le 30 juillet. A ce moment on ne pouvait encore découvrir, sur aucun point des racines, de signes précurseurs de la formation des tubérosités; mais les quatre sujets se trouvaient déjà dans une phase avancée de l'état d'inanition et toutes les feuilles jusqu'à l'avant-dernière étaient complètement décolorées.

Pendant les neuf premiers jours de l'expérience, on n'eut à signaler aucune modification frappante, sinon la croissance lente et uniforme des racines dans tous les vases.

Mais à dater du 9 août, les plantes des numéros 380, 381 et 382 manifestèrent, de façon qu'on ne pouvait les méconnaître, des dispositions à former des protubérances radicales ; cependant, chose digne de remarque, cette tendance ne se montra que dans cette moitié des systèmes radiculaires qui dans les vases A avaient été pourvus d'une infusion de terre à l'état naturel, mais nulle part dans l'autre moitié, dont les racines, aux vases B, plongeaient dans la solution stérilisée.

Le développement de ces protubérances ne se fit pas attendre. Au 15 août, sur le sujet du n° 380, elles étaient à peu près aussi nombreuses qu'elles l'auraient été sur des pois croissant en plein champ dans des conditions normales ; on pouvait les voir ici et là pressées l'une contre l'autre, comme les perles d'un collier et en partie déjà de dimensions notables. La plante numéro 381 ne reste pas beaucoup en arrière du vase précédent ; sur celle du numéro 382, qui se montrait moins empressée, on pouvait cependant compter 18 tubérosités radicales de la grosseur d'une tête d'épingle. Quant au numéro 383, l'infusion n'avait amené aucune production de tubérosités et, en attendant, la plante avait succombé.

La planche IV montre la disposition donnée à l'expérience et la planche V fait voir, étendus entre deux plaques de verre pour les photographier, les deux systèmes radiculaires de la plante numéro 380, dans l'état de développement qu'ils avaient atteint le 15 août.

L'expérience fut poursuivie jusqu'à la fin d'août, mais sans rien offrir de bien remarquable. A ce moment les plantes n'avaient même pas montré encore la moindre trace de formations tubéreuses sur les racines plongeant dans les vases B stérilisés. Chez toutes, il se manifesta quelques tendances à donner des rejets latéraux, mais ceux-ci se flétrirent bientôt sans parvenir à se développer.

Nous ne croyons pas devoir attacher beaucoup d'importance à ce fait que la formation des tubérosités n'a pas eu pour résultat de provoquer dans les plantes une assimilation active et une croissance énergique; car nous pouvons l'attribuer, comme nous l'avons dit plus haut, en parlant de l'expérience de Rautenberg et Kühn, à l'annulation des fonctions, quand les tubérosités radicales sont nourries dans une solution aqueuse.

Le résultat de cette expérience nous semble au contraire contredire très nettement cette opinion, que les protubérances radicales ne seraient que des réservoirs accidentels destinés à emmagasiner des matières albuminoïdes. Nous ne saurions en tout cas trouver une explication plausible de cette manière de voir dans la production constante de tubercules dans les plantes observées sur la partie seule de leurs racines qui se nourrissait dans la solution non stérilisée alors qu'ils manquaient, sans exception, sur l'autre partie plongeant dans une solution stérilisée, qui, nous le répétons, était chimiquement absolument semblable à la première.

Ces considérations nous autorisent, croyons-nous, jusqu'à preuve contraire, à maintenir fermement cette opinion que les tubérosités radicales sont chez les légumineuses des organes d'assimilation, dans un rapport étroit de causalité, bien qu'il ne soit pas encore complètement expliqué jusqu'ici, avec l'assimilation de l'azote, même quand cet aliment n'existe pas dans le sol sous une forme accessible aux autres espèces végétales.

XV.

Il nous restait à examiner de plus près quelle était l'origine de l'azote assimilé par les légumineuses. Dès lors qu'il ne leur était pas fourni par le sol, l'unique source devait en être l'atmosphère, dans lequel l'azote existe tant à l'état d'élément libre qu'en combinaison avec l'hydrogène ou avec l'oxygène.

La proportion dans laquelle ces dernières combinaisons se rencontrent dans l'air atmosphérique, est vraiment trop faible pour supposer *à priori* qu'il puisse s'agir, dans la question qui nous occupe, d'une *assimilation autre que celle de l'azote élémentaire libre;* mais il fallut naturellement chercher à en donner une démonstration expérimentale : c'est ce que nous avons tenté de deux manières différentes.

En 1886, une plaque d'ardoise, longue de 1^m,60 et large de 0^m,60, fut montée sur un châssis massif en bois, de façon à former la toiture plate d'une petite construction en planches, sous laquelle un homme pouvait facilement manipuler. Dans cette table étaient percées, à 21 centimètres l'une de l'autre, quatre ouvertures circulaires, de 13 centimètres de largeur, et autour de chacune d'elles sur la surface supérieure avait été concentriquement creusée une rainure annulaire de 25 centimètres de diamètre, qui permettait de placer sur chaque trou une cloche de verre de 25 centimètres de diamètre sur 1^m,05 de hauteur et de l'y fixer hermétiquement avec du ciment. Une rainure semblable, mais n'ayant que 15 centimètres de diamètre, était gravée sur la face inférieure de la table, permettant d'assujettir sous chaque ouverture un de nos vases habituels de culture et le préserver du contact de l'air en cimentant son bord supérieur appliqué contre la feuille d'ardoise. Enfin le petit trou d'aération, qui se trouvait au fond de chaque vase étant fermé avec un bouchon et de la laque, le vase situé au-dessous et la cloche de verre qui le recouvrait au-dessus ne formaient plus qu'un seul espace, hermétiquement clos. Nous mettions ainsi à la disposition des plantes qui devaient y croître, un espace libre d'une hauteur que nous n'aurions jamais pu leur offrir, en mettant le vase sous la cloche. Cet avantage nous parut assez considérable pour nous faire choisir cette disposition, quoiqu'elle fût un peu compliquée et, dans bien des cas, incommode.

Comme les cloches du dessus et les vases du dessous n'avaient pas le même diamètre, on put percer trois nouveaux trous, un étroit et deux larges, destinés à laisser passer à travers l'ardoise des tuyaux à gaz, qui dans la partie supérieure aboutissaient à l'intérieur des cloches, tandis qu'à la face inférieure ils prenaient jour librement à côté des vases.

Les tubes larges, dont l'un, le tube adducteur, montait jusqu'à la partie bombée de la cloche, et l'autre, le tube abducteur, s'ouvrait au rez de l'ardoise, furent réunis l'un à l'autre de la façon suivante, pour établir une conduite d'air passant à travers toutes les cloches.

Le tube adducteur de la cloche I fut mis en contact avec l'air extérieur par une allonge, qui traversait la paroi de la construction, tandis que le tube abducteur de cette même cloche était relié à une batterie de vases absorbants, qu'on avait placés en un lieu commode au pied de l'appareil. L'autre extrémité de la batterie d'absorption fut alors réunie au tube adducteur de la cloche II, le tube abducteur de celle-ci réuni au tube adducteur de la cloche III. On relia de la même manière celle-ci à la cloche IV, et enfin on adapta au tube abducteur de cette dernière une trompe à eau de Körting.

On voit que, l'appareil étant bien clos et les vases de cultures lutés, quand la trompe à air de l'extrémité était mise en action, un courant d'air constant devait le traverser et qu'ainsi l'air atmosphérique entré sans altération dans la cloche I, après s'être dépouillé dans les vases absorbants de l'azote combiné qu'il contenait, passait dans la cloche II, de celle-ci dans la cloche III et en dernier lieu dans la cloche IV.

Tout ce système n'avait évidemment pas pour seul but d'établir une ventilation égale dans les quatre cloches placées l'une près de l'autre au moyen d'un aspirateur unique, elle devait en particulier nous permettre, d'une part, de n'introduire dans chaque cloche qu'une atmosphère de même origine, de même composition et en quantité absolument égale, et, d'autre part, de purifier l'air complètement et sûrement des moindres traces d'azote combiné qu'il pouvait contenir, non seulement en le faisant passer dans des milieux absorbants, mais en le soumettant à l'assimilation active des plantes qui végétaient sous la première cloche.

Les troisièmes tubes étroits, indépendants de cette conduite d'air et montant à l'intérieur des cloches jusqu'au tiers environ de leur hauteur, furent employés à amener l'acide carbonique nécessaire : chacun d'eux était relié à un appareil producteur de cet acide, muni d'un flacon laveur. Dans la conduite on avait placé des robinets en verre et de petits ballons à demi remplis d'eau qui, agissant comme des compteurs à bulle, permettaient de régler d'une façon convenable la proportion d'acide carbonique introduite dans chaque cloche. Ces indications doivent suffire à faire comprendre quelle était la disposition générale de l'appareil.

La trompe bien réglée aspirait 8 litres d'air par minute d'une façon constante, ainsi que permettait de le constater un compteur à gaz, inséré entre le Körting et le tube adducteur de la cloche IV : la capacité intérieure des cloches étant de 50 litres en moyenne, l'air se trouvait ainsi complètement renouvelé toutes les 6 minutes environ. Cette rapidité dans la circulation de l'air, répondant à nos désirs, fut maintenue pendant toute la durée de l'expérience. Nous espérions, au moins au début, échapper, grâce à elle, à l'état de malaise qui se manifeste chez les plantes élevées dans de petits espaces clos et surtout éviter dans les vapeurs une tension d'une intensité anormale. (Remarquons, entre parenthèse, que cet espoir fut trompé, car, nos plantes ayant atteint une hauteur considérable et l'évaporation se faisant énergiquement, dès qu'un rayon de soleil perçait à travers la cloche, l'eau ruisselait sur les parois intérieures.)

La batterie d'absorption était assez forte pour qu'on pût en attendre un effet complet même dans ces conditions. Elle se composait de deux flacons laveurs de la plus grande dimension et de quatre hautes éprouvettes absorbantes. Pour remplir la batterie, on avait dû employer un demi-quintal métrique de pierre ponce, qui pour les quatre premiers vases avait été imbibée d'acide sulfurique étendu d'eau et pour les deux autres d'une dissolution de carbonate de soude. On fit en sorte qu'il restât, autant que possible, entre les fragments de pierre ponce, séparés l'un de l'autre, un espace vide de 25 litres environ, de façon que l'air qui traversait les vases, entraîné par le courant supérieur, demeurât toujours à peu près trois minutes en contact avec les surfaces absorbantes.

Quant à l'introduction de l'acide carbonique, nous ne pouvions agir qu'empiriquement. Il était naturel de penser que l'air, en suivant sa route de cloche en cloche, devait voir son acide carbonique de plus en plus épuisé, après avoir satisfait successivement aux besoins des plantes. A quel degré l'était-il? On l'ignorait et l'épuisement devait varier suivant le développement des végétaux; on était certain seulement que les plantes de la dernière cloche pouvaient souffrir dans leur végétation d'un manque relatif de composés carbonés assimilables et il fallait les protéger contre cette éventualité.

Nous réglâmes donc la marche de l'acide carbonique de façon que, pendant la durée de l'expérience, il s'écoulât :

			CENTIM. CUBES.	
			—	
Après la cloche	II,	toujours	2,5	par minute
—	III,	—	2,0	—
—	IV,	—	1,5	—

Il était à supposer que les plantes n'utiliseraient jamais de telles quantités de carbone; car vraisemblablement par ce procédé la teneur de l'air en acide carbonique fut toujours un peu plus forte sous les deux dernières cloches que sous les deux premières et même qu'elle ne l'eût été dans une atmosphère normale. Mais il nous importait peu; le résultat de notre expérience au cas présent ne pouvait être compromis que par un défaut d'acide carbonique, mais ne devait pas souffrir de l'excès.

Les autres conditions spéciales à cette expérience furent les suivantes :

Nous avons dit plus haut (p. 97 et suiv.) qu'en 1886, dix vases entre autres (nos 160-169), remplis de 4 kilogr. de sable chacun, avaient reçu le mélange nutritif habituel, dépourvu d'azote, avec une addition d'infusion de terre provenant de notre champ d'expériences, et qu'au 25 mai chacun de ces vases avait été ensemencé de deux graines de pois. Nous avons dit, de plus, que ces pois, après une levée magnifique, avaient traversé au milieu de juin une courte période d'inanition dont ils s'étaient promptement relevés, et qu'à la fin du même mois ils montraient un développement tout à fait normal et que leur végétation offrait le plus bel aspect.

Sur ces dix vases, qui formaient une série séparée, les cinq numéros 162, 163, 164, 167 et 168 furent retirés. Le n° 162 fut immédiatement récolté, le 2 juillet, afin de constater quelle était à ce moment la quantité de substance sèche produite, ainsi que sa teneur en azote, les quatre autres vases furent portés dans l'appareil que nous venons de décrire; puis, après les avoir bien fixés avec du lut, la trompe à air et l'appareil à dégagement d'acide carbonique furent mis en action.

Pendant le mois de juillet les pois crûrent d'une façon satisfaisante, ils montèrent peu à peu jusqu'au sommet de la cloche, c'est-à-dire qu'ils atteignirent une longueur d'un mètre et quart au moins, et ils fleurirent abondamment.

Mais, à la fin du mois, ils furent gravement atteints par les coups de soleil de quelques jours très chauds. Toutes les fleurs tombèrent, quelques jeunes gousses, qu'ils portaient déjà, se desséchèrent, les feuilles se flétrirent et les tiges elles-mêmes, souffrantes, périrent au sommet.

Pour tenter de sauver les plantes, on jeta une toile sur les cloches, mais elle produisit peu d'effet. Les pois, il est vrai, repoussèrent un certain nombre de tiges nouvelles, sans parvenir néanmoins à reprendre une végétation normale.

Au 1er septembre on fit la récolte qui donna les résultats suivants:

NUMÉROS des vases.	NUMÉROS des cloches.	SUBSTANCE SÈCHE Dans la partie aérienne.	Dans les racines.	Dans la plante entière.
—	—	Gr.	Gr.	Gr.
163	I	13,590	3,375	16,965
164	II	14,600	3,475	18,075
167	III	19,100	3,925	23,025
168	IV	21,000	4,315	25,315

où l'on a trouvé en :

		AZOTE		
		P. 100	P. 100	P. 100
163	I	2,57	3,23	2,70
164	II	2,23	2,18	2,22
167	III	2,18	3,12	2,34
168	IV	3,03	2,74	2,98

et comme quantité en poids:

		AZOTE		
		Gr.	Gr.	Gr.
163	I	0,3492	0,1090	0,458
164	II	0,3256	0,0758	0,401
167	III	0,4164	0,1225	0,539
168	IV	0,6363	0,1182	0,755

Les deux plantes du n° 162, qui avaient été récoltées dès le début de l'expérience, au 2 juillet, avaient fourni :

	GRAMMES.	
Pour l'ensemble des parties aériennes.	2,073	de substance sèche,
— des racines.	1,482	—
Soit au total	3,555	de substance sèche;

et cette substance sèche renfermait :

	P. 100.	GRAMMES.	
Partie aérienne	3,43 =	0,0711	d'azote
Racines	3,90 =	0,0578	—
Soit au total.		0,129	d'azote.

En rappelant ici combien la végétation de toute la série expérimentée était uniforme à ce moment, il nous sera permis de prendre les mêmes chiffres pour la teneur des autres numéros au début de l'expérience, et on voudra bien admettre que, du 2 juillet au 1er septembre, ils avaient produit et assimilé :

VASES.	CLOCHES.	SUBSTANCE SÈCHE.	AZOTE.
		Gr.	Gr.
163	I	13,410	0,329
164	II	14,520	0,272
167	III	19,470	0,410
168	IV	21,760	0,626

Quoique cet essai fût loin d'avoir réussi selon notre désir, puisque nous n'avions pu maintenir jusqu'à la maturité les plantes dans une végétation normale, il n'est cependant pas inutilisable, et il nous semble même, qu'en cet état, sa démonstration vient suffisamment à l'appui de l'opinion, que l'assimilation constatée ici ne pouvait avoir pour source que l'azote libre de l'atmosphère. Suivant les indications données par le compteur, 722 mètres cubes d'air en tout traversèrent l'appareil dans l'espace de temps écoulé du 2 juillet au 1er septembre, et 1gr,637 d'azote pris à cet air fut assimilé par les plantes, soit en moyenne 2gr,27 d'azote par mètre cube d'air. Si on considère que, quelque soin qu'on y mette, on ne peut jamais recueillir tous les produits d'une récolte, sans subir quelque perte, que cette perte au cas présent, due à la mort prématurée de certains organes des plantes, dépassa sans aucun doute la valeur qu'elle aurait eue, si aucun accident ne s'était produit, et que surtout enfin la production et l'assimilation des plantes, que nous observions, furent limitées au mois d'août, mois pendant lequel, seul, elles végétèrent activement et sans être troublées; si, dis-je, on tient compte de ces conditions, on devra conclure que la quantité d'azote tirée d'un mètre cube d'air fut à certains moments beaucoup plus considérable que ne l'exprime le chiffre moyen donné plus haut.

Les données des différents auteurs sur la teneur de l'air atmosphérique en azote combiné, sont extrêmement différentes, mais la plupart du temps elles restent fort loin de la valeur de $2^{gr},27$ par mètre cube. Fresenius a trouvé $0^{gr},17$ et Schlœsing $0^{mg},06$ d'ammoniaque dans un mètre cube d'air, d'où l'on peut inférer que les plantes mises par nous en expérience, n'ont pu se satisfaire avec l'azote combiné, tiré de l'atmosphère, mais uniquement avec l'azote libre.

Mais il est un fait qui parle plus clairement encore. Les plantes des cloches II et IV, qui n'ont reçu d'air que celui qu'on y faisait entrer après l'avoir dépouillé de ces combinaisons azotées, tant au moyen d'un appareil puissant d'absorption que par l'assimilation des plantes qui le recevaient avant elle, ces plantes qui n'avaient à leur disposition aucune autre source d'azote que l'air ambiant, ont pu non seulement végéter et assimiler des quantités notables de cet aliment, mais végéter tout aussi bien et même mieux, si l'on veut, que celles qui, placées sous la cloche I, recevaient l'air atmosphérique avant que sa teneur en combinaisons azotées fût altérée, tout aussi bien enfin que des pois végétant à l'air libre dans des conditions identiques d'ailleurs.

Aux chiffres donnés plus haut il suffira d'ajouter que les plantes du n° 163, placées sous la cloche I, ne furent pas plus atteintes que les autres par le coup de soleil, dont nous avons parlé, mais qu'au mois d'août même et dans aucun autre temps elles ne se sont montrées en meilleure situation que leurs voisines. Nous rappellerons encore, qu'ainsi que nous l'avons dit précédemment (p. 199 et 200), les numéros restants sur les dix vases qui formaient la série soumise à l'expérience (n°s 160-169), et dans lesquels nous avions choisi les cinq vases dont nous nous occupons, continuèrent à végéter à l'air libre dans les conditions habituelles et que leur récolte parvenue à la maturité normale donna les rendements suivants :

NUMÉROS des vases.	TOTALITÉ de la substance sèche de la partie aérienne[1].	TENEUR en azote.
—	—	—
	Gr.	Gr.
160	15,789	0,425
161	18,768	0,493
165	19,743	0,520
169	16,200	0,429

Le numéro 166 fut séparé de la série dès la fin de juin et employé à l'étude des racines.

En 1887, l'expérience dut être recommencée en apportant quelques modifications extérieures à l'appareil, afin d'écarter le danger d'une température exagérée à l'intérieur de la cloche, sans pour cela diminuer l'intensité de la lumière au point d'en faire une cause de souffrance. Mais ces modifications eurent peu d'effet ; dès leur plus tendre jeunesse les plantes furent atteintes de telle sorte qu'il fallut porter tous nos efforts de ce côté et employer simplement les dispositions prises par Boussingault dans son expérience fondamentale bien connue.

Boussingault avait emprisonné ses plantes dans un ballon de verre et les élevant là dans un milieu non seulement dépourvu d'azote, mais encore stérilisé, il démontra d'une façon précise que dans ces conditions il ne se faisait ni production, ni assimilation d'azote.

Pour nous, ce que nous avions appris nous donnait le droit de compter que des légumineuses, élevées dans des conditions exactement semblables, pourraient se développer et assimiler de l'azote en proportion notable, si nous vivifiions la matière du milieu de culture en y introduisant artificiellement des micro-organismes.

Il était facile de donner à un simple ballon de verre une disposition qui permît d'éviter l'excès de chaleur à l'intérieur, ce qui n'était pas possible pour des cloches, exhaussées sur une toiture d'ardoise à couleur foncée et exposées de tous les côtés aux rayons directs du so-

1. On n'a pas tenu compte dans ces 4 numéros de la récolte des racines.

leil, ou ce qu'on n'eût pu réaliser qu'en pratiquant une ventilation énergique, incompatible avec le but de l'expérience.

Dans une bonbonne en verre blanc, avec bouchon en verre rodé, d'une contenance de 44 litres, on plaça 4 kilogr. de sable quartzeux, préalablement porté au rouge pendant deux heures dans le four à réverbère ; puis on l'additionna de :

	GRAMMES.	
Carbonate de chaux	4,000	(Mélangé à l'état sec.)
Monophosphate de potasse	0,544	(Donnés comme solution nutritive.)
Chlorure de potassium	0,298	
Chlorure de calcium	0,222	
Sulfate de magnésie	0,240	

et en outre, de 25 centimètres cubes d'une infusion préparée avec 5 grammes de terre prise à notre champ d'expériences et qui, suivant deux analyses concordantes, contenait $0^{mg},15$ d'azote ; enfin, avec de l'eau distillée on porta l'humidité du sable à 17.5 p. 100, soit 70 p. 100 de sa faculté d'absorption.

Au moyen d'une petite cuillère à long manche, on forma dans le fond du ballon un petit mamelon de sable haut de 10 centimètres environ, dans lequel on planta une graine de pois le 6 juin. — Vase numéro 384.

Ce ballon fut placé sur un tertre convenable à l'intérieur et derrière la paroi nord de la serre, recevant ainsi non seulement de la lumière diffuse, mais de la lumière directe, qui toutefois ayant à traverser une double paroi de verre épais, perdait beaucoup de son intensité par la réflexion et l'absorption.

L'influence de cette disposition avantageuse fut constatée par les observations simultanées suivantes, faites aux jours particulièrement chauds.

Températures :

Le 9 juillet, 2 heures après midi :

	DEGRÉS CENTIGRADES.
Thermomètre enregistreur au soleil	43
— à l'ombre	30
Intérieur des cloches de l'appareil de 1886	42
— du ballon	36

Le 26 juillet, midi :

	DEGRÉS CENTIGRADES.
Thermomètre enregistreur au soleil	41
— à l'ombre	26
Intérieur des cloches de l'appareil de 1886	39
— du ballon	28,5

Le 27 juillet, 11 heures du matin :

	DEGRÉS CENTIGRADES.
Thermomètre enregistreur au soleil	46
— à l'ombre	28
Intérieur des cloches de l'appareil de 1886	42
— du ballon	32

Le pois semé germa normalement dans ces conditions et végéta bien tant que la réserve alimentaire de la graine suffit à sa nutrition, puis au commencement de la quatrième semaine de juin il entra dans un état d'inanition nettement marqué, mais au commencement de juillet il se mit à reverdir et à manifester des dispositions à pousser.

Malheureusement la faible quantité d'acide carbonique primitivement contenue dans l'air confiné n'était naturellement pas suffisante et il fallut songer à en introduire artificiellement, ce qui rendait inévitable l'ouverture temporaire du ballon.

Pour rendre cette opération aussi courte que possible, la quantité d'acide à donner, pur et bien lavé, fut préalablement mesurée dans une cloche munie d'un large tube de dégagement, puis rapidement chassée dans le ballon. (Le temps que dura cette manipulation ne dépassa jamais deux minutes.)

La nécessité d'une addition d'acide carbonique était toujours révélée par la plante elle-même très sûrement et d'une façon précise, par un ralentissement dans la végétation.

Il fut donc donné :

	ACIDE CARBONIQUE.
	Litres.
Au 25 juin	1
Au 9 juillet	2 1/2
Au 21 juillet	2 1/2
Au 29 juillet	2 1/2

La première ouverture du ballon, au 25 juin, fut en même temps utilisée pour l'introduction d'un grain d'avoine et d'un autre de sarrasin, qui furent plantés à côté du jeune pois.

Quant au développement ultérieur de celui-ci, voici ce qui se passa. Après qu'il eut au commencement de juillet complètement triomphé de la période d'inanition, il se mit à croître avec une grande énergie, ainsi qu'il ressort des notes consignées sur notre journal d'observations.

« Au 6 juillet déjà, le pois avait atteint la faible hauteur du ballon. En se développant, la tige se courba et se contourna autour des parois, tellement que sa longueur réelle, le 21 juillet, pouvait être évaluée à 70 ou 75 centimètres environ. Rien dans l'aspect de la plante ne s'offrait d'anormal (V. Pl. VI) ; tige et feuilles étaient vigoureuses, larges, à vrai dire luxuriantes ; leur teinte n'était pas tout à fait aussi foncée que celle des sujets végétant à l'air libre. Deux pousses latérales se forment, atteignant déjà 20 centimètres de longueur au 26 juillet et en même temps apparaissent des fleurs normalement développées. La plante fait effort pour pousser plus loin sa croissance et, en cherchant à sortir de sa prison, la tige principale se brise sous sa propre impulsion. La partie brisée, portant quatre fleurs est retirée le 29 juillet, lors de l'ouverture du ballon et mise en réserve pour être réunie à la récolte. Toutes les pousses latérales s'accumulent l'une contre l'autre dans le col du ballon. Une fleur se met à fruit et on peut reconnaître facilement que la cosse renferme trois grains en préparation.

« Au mois d'août, cette végétation se ralentit peu à peu ; les dernières parties formées dans la tige sont visiblement plus cassantes, on dirait du verre, et elles se fendent çà et là horizontalement, les feuilles nouvellement nées restent étroites, pointues et ont une teinte vert sombre anormale. Dans la troisième semaine d'août, la croissance demeure complètement stationnaire et la plante souffre visiblement. La question est de savoir si c'est par suite d'un manque d'acide carbonique ou d'un excès d'oxygène, qui doit s'être amassé en quantité notable dans le ballon, à la suite de la décomposition de l'acide carbonique.

« Pour en décider, on retira, le 20 août, à deux reprises 50 centimètres cubes environ d'air pris au milieu du ballon pour les soumettre à l'analyse et en même temps on introduisit à nouveau 2 litres et demi d'acide carbonique. L'examen de l'air du ballon donna les résultats suivants :

« 50 centimètres cubes de cet air, mélangés et agités avec de l'eau de baryte, laissent cette eau parfaitement claire (50 centimètres cubes d'air pris dans l'atmosphère pour être comparés avec ce qui a été prélevé dans le ballon, ne donnent, il est vrai, qu'un trouble léger, mais très visible) ; l'acide carbonique du ballon a donc été complètement absorbé par le pois.

« 48^{cmc},35 d'air du ballon, mesurés à 18° C. dans un tube de Sachsse, donnèrent après avoir été traités par la potasse :

48^{cmc},35 à 18° C. et après addition d'acide pyrogallique :
32 ,00 à 18° C. d'où comme teneur de l'air en oxygène :

16^{cmc},35, soit O = 33,8 p. 100 du volume.

« Le nouvel apport d'acide carbonique dans le ballon manque presque complètement son effet habituellement favorable. Dans la semaine qui suit, l'accroissement est faible ; il se forme bien un certain nombre de pousses latérales nouvelles, mais elles ont un aspect anormal, leur teinte est vert très sombre, les parties de la tige sont extraordinairement épaisses et trapues, les *bourgeons-feuilles* peu développés, les feuilles étroites et pointues. La formation florale s'est arrêtée, beaucoup de vieilles feuilles devenues jaunes périssent, ainsi que les extrémités des premières pousses qui se sont enfoncées avec effort dans le col du ballon.

« Il ne peut plus rester de doute, la plante souffre dans le ballon d'un excès de tension de l'oxygène.

« Ce fait reconnu, le ballon est ouvert le 31 août ; les parties du pois qui ont jauni, c'est-à-dire la tige principale, deux vieilles et deux jeunes pousses latérales, sont coupées et enlevées. Puis le ballon est radicalement ventilé, en y faisant passer rapidement au moyen d'une trompe puissante un grand volume d'air (environ 300 litres) et enfin après y avoir fait entrer 2 litres et demi d'acide carbonique, il est fermé à nouveau.

« Ce changement radical de l'air a pour résultat, que dès ce moment les végétations nouvelles, qui se présentent sur les pousses restantes, redeviennent normales, les tiges s'allongent, les jeunes feuilles reprennent plus d'ampleur, et pendant tout le mois de septembre le développement général ne s'écarte pas beaucoup de la vigueur qu'il avait eue aux premiers temps: aussi une nouvelle introduction d'acide carbonique ne nous paraît plus nécessaire et on décide d'arrêter l'expérience au 4 octobre. »

La vie pleine de péripéties de cette plante donne lieu à beaucoup d'observations intéressantes.

Nos dispositions nous permettaient d'introduire l'acide carbonique dans le ballon à certains intervalles et d'en augmenter chaque fois la proportion. En se rappelant que sa contenance totale était de 44 litres et que nous donnions la plupart du temps des doses de 2 litres et demi d'acide carbonique chacune, on constate que la plante se trouvait à certains moments dans une atmosphère contenant plus de 5 p. 100 de son volume de cet acide, sans mourir et même sans souffrir visiblement.

On n'observa aucun malaise dans la plante, en faisant monter graduellement la teneur en oxygène de l'air confiné dans le ballon jusqu'aux environs de 30 p. 100 de son volume; mais dès que ce terme se trouvait dépassé, des phénomènes anormaux se produisaient dans la végétation.

La pousse principale, récoltée le 31 août, y compris la partie supérieure, précédemment cassée et mise à part le 29 juillet, avait atteint une longueur de 88 centimètres et portait une cosse bien conformée de 7 centimètres et demi de longueur, contenant trois grains de bonne constitution, dont un était flétri et les deux autres arrivés à un développement normal (poids sec de ceux-ci : 0g,21 et 0g,22); les deux pousses latérales les plus anciennes étaient longues de 40 et de 45 centimètres.

L'ensemble des produits récoltés, desséché à la température de 100° C. jusqu'à ce qu'il ait atteint un poids constant, a donné :

		SUBSTANCE SÈCHE. Gr.
1re récolte au 31 août, y compris celle du 29 juillet	Grains . . .	0,376
	Paille. . . . } Balles . . . }	6,173
2e récolte faite du reste le 4 octobre	Paille. . . .	2,520
Racines de la plante entière		1,290
Total fourni par la plante entière		10,359

L'avoine et le sarrasin, dont il n'a pas été parlé à nouveau avaient passé, à côté du pois, toute leur existence dans l'inanition. Ils avaient, il est vrai, présenté tous les deux de faibles organes floraux, mais sans parvenir à fructifier.

La totalité de la substance composant ces plantes s'élevait, au 4 octobre, à :

	SUBSTANCE SÈCHE.
	Gr.
Pour l'avoine, plante entière, racines comprises . . .	0,160
Pour le sarrasin, — —	0,036

L'analyse faite suivant la méthode Kjeldahl-Wilfarth a donné dans ces produits comme teneur en azote :

Pois.

		AZOTE TROUVÉ dans la substance sèche.	TENEUR en poids.
		P. 100	Gr.
1re récolte au 31 août. . . .	Graines . . .	3,80	0,0141
	Paille	1,91	
	Balles	1,96	
	Moyenne . .	1,95	0,1204
2e récolte au 4 octobre . . .	Paille	2,46	
		2,48	
	Moyenne . .	2,47	0,0622
	Racines . . .	2,85	0,0368
Total de la plante entière			0,2335

Avoine.

Plante entière, au total	2,06	0,0033

Sarrasin.

Plante entière, au total	1,70	0,0006

En outre, deux analyses du sable, dans lequel les plantes avaient végété, faites sur des échantillons prélevés en octobre après la récolte, ont donné :

	MILLIGR.	
Dans 40 grammes de sable	0,2031	d'azote.
Dans 40 autres grammes	0,2099	—
Soit une moyenne de	0,2065	d'azote.

et pour la masse totale de 4 kilogrammes de sable — 0gr,0207 d'azote.

Nous ajouterons enfin que les grains plantés dans le ballon pour notre expérience de 1887 furent généralement tirés d'une semence d'élite et que leurs poids, à l'état de dessiccation à l'air, étaient les suivants :

	GRAMMES.
Grain de pois	0,2350
Grain d'avoine	0,0454
Grain de sarrasin	0,0226

Ces grains dosaient, suivant les analyses données précédemment dans la description de l'expérience de 1887, les quantités suivantes d'azote :

	GRAMMES.
Grain de pois	0,0081
Grain d'avoine	0,0007
Grain de sarrasin	0,0004

On a réuni ainsi toutes les données indispensables pour établir le chiffre auquel on est parvenu pour le gain d'azote fait dans cette expérience, sauf une seule, la teneur en azote de l'air confiné dans le ballon.

Cet air, pris à l'atmosphère habituelle du jardin de la station d'essais, ne fut malheureusement pas analysé avant le début de l'expérience, ni purifié d'une façon quelconque et renfermait sans aucun doute une certaine quantité d'azote combiné.

Mais si l'on considère que la contenance du ballon était de 44 litres seulement, qu'il ne fut rempli d'air frais que deux fois (le 6 juin et le 20 août) et ne fut ouvert que quatre fois pendant peu de minutes pour l'introduction de l'acide carbonique ; qu'en outre, pour le reste du temps l'appareil fut fermé hermétiquement pendant toute la durée de l'expérience ; enfin, si l'on tient compte, d'une part, de la tension régnant à l'intérieur du ballon, et qui chaque fois qu'il était ouvert se manifestait énergiquement dans le sens positif ou négatif, suivant la température, d'autre part, de la tension, de la haute teneur de l'air confiné en oxygène, teneur anormale révélée par l'analyse du 20 août, on est en droit de conclure que nos plantes pendant tout le temps de leur existence se sont trouvées en contact avec 100 litres tout au plus d'air atmosphérique.

La quantité d'azote combiné dans 100 litres d'air atmosphérique, même en prenant pour base les déterminations les plus élevées, n'atteint pas même la valeur d'un milligramme. On peut donc nous excuser d'avoir négligé l'analyse et la purification préalable de l'air enfermé dans notre ballon, et d'établir de la manière suivante le bilan définitif de l'azote, sans attribuer aucune importance à cette omission :

Azote introduit dans le ballon à l'état de combinaison :

	GRAMMES.
Par l'air, moins de	0,0010
Par le sable énergiquement calciné	Néant.
Par la solution nutritive et l'eau distillée deux fois (en tout 700^{cmc})	Néant.
Par l'infusion de terre (25^{cmc})	0,0002
Par les *trois graines ensemencées* :	
Pois	0,0081
Avoine	0,0007
Sarrasin	0,0004
Soit au total	0,0104

En revanche, il a été extrait en azote combiné :

	GRAMMES.
Des plantes récoltées, etc. :	
Pois	0,2335
Avoine	0,0033
Sarrasin	0,0006
Resté dans le sol	0,0207
Soit au total	0,258

D'où il résulte un gain de 0^{gr},248 en azote combiné qui n'a pu être emprunté qu'à l'azote élémentaire libre de l'air atmosphérique.

XVI.

Jusqu'ici, à l'exception de la dernière expérience, nous n'avons porté aucune attention sur les modifications accidentelles que peut subir la teneur du sol en azote pendant la végétation. Nous nous sommes tenus pour autorisés à le faire, puisque la tâche précise que nous nous étions imposée tout d'abord et dont nous avons posé les termes, n'embrassait que l'examen de la différence typique avec laquelle se fait l'assimilation de l'azote par les céréales et par les légumineuses, soumises aux mêmes conditions. Aussi nous avait-il paru suffisant de montrer que cette différence dans le cas qui nous occupait, était indépendante complètement d'une acquisition éventuelle d'azote, due aux propriétés chimiques et physiques du sol. La question de l'amélioration de la terre restait provisoirement en dehors du chemin que nous avions à parcourir. Mais nous aurions laissé dans notre travail une lacune, qu'on pourrait nous reprocher, à juste titre, si nous n'avions porté aucune attention sur ces modifications. Aussi n'avons-nous pas manqué d'effectuer un certain nombre de déterminations de l'azote par des analyses faites sur le sol après l'enlèvement de la récolte. Nous avons cru néanmoins pouvoir nous borner à une seule série d'expériences, en ne nous servant que du sol dans lequel ont été pratiquées les cultures de pois de l'année 1887.

Comme conclusion, je donne ici les résultats obtenus en faisant encore remarquer que les analyses ont été faites exactement comme celles que nous avons décrites p. 90 pour le sable employé comme milieu de culture, c'est-à-dire suivant la méthode Kjeldahl-Wilfarth, sur 40 grammes du sol pour chaque analyse, avec addition de sucre et en nous servant d'une liqueur titrée étendue.

Après la récolte des pois, le sol contenait :

TABLEAU.

NUMÉROS des vases.	AZOTE			
		Trouvé dans 40 gr. de sol	Par kilogr. de sol.	Total par vase (4000 gr).
		Mgr.	Gr.	Gr.
		0,1760	0,0044	0,0176
323		0,1768	0,0044	0,0177
		0,2022	0,0051	0,0202
	En moyenne. . . .	0,1850	0,0046	0,0185
327		0,3520	0,0088	0,0352
329		0,1557	0,0039	0,0156
		0,2708	0,0068	0,0271
332		0,2843	0,0071	0,0284
	En moyenne. . . .	0,2776	0,0069	0,0278
333		0,3317	0,0083	0,0332
335		0,3182	0,0080	0,0318
337		0,4942	0,0124	0,0494
341		0,5348	0,0134	0,0535
		0,1828	0,0046	0,0183
342		0,1828	0,0046	0,0183
	En moyenne. . . .	0,1828	0,0046	0,0183
		0,4130	0,0103	0,0413
		0,4062	0,0102	0,0406
343		0,4733	0,0118	0,0473
	En moyenne. . . .	0,4308	0,0108	0,0431
		0,4604	0,0115	0,0460
346		0,4942	0,0124	0,0494
	En moyenne. . . .	0,4773	0,0119	0,0477
348		0,3656	0,0091	0,0366
		0,9749	0,0245	0,0975
352[1]		0,9548	0,0239	0,0955
		0,9883	0,0247	0,0988
	En moyenne. . . .	0,9727	0,0243	0,0973
354		0,2640	0,0066	0,0264
		0,1219	0,0030	0,0122
362		0,1151	0,0029	0,0115
	En moyenne. . . .	0,1185	0,0030	0,0119
		0,2573	0,0064	0,0257
363		0,2573	0,0064	0,0257
	En moyenne. . . .	0,2573	0,0064	0,0257
		0,3250	0,0081	0,0325
364		0,3317	0,0083	0,0332
	En moyenne. . . .	0,3284	0,0082	0,0328
		0,2302	0,0058	0,0230
365		0,2979	0,0074	0,0298
	En moyenne. . . .	0,2641	0,0066	0,0264
		0,2302	0,0058	0,0230
369		0,2370	0,0059	0,0237
	En moyenne. . . .	0,2336	0,0058	0,0234
370		0,3520	0,0088	0,0352

1. Dans le sable du numéro 352, il se montre de l'acide nitrique en proportion considérable, tandis que dans les autres numéros examinés il n'y avait que des traces soit de nitrates, soit de nitrites.

Avant de commencer l'expérience, on avait trouvé dans le sable une teneur moyenne en azote de 0gr,036 par kilogr., soit 0gr,0144 par vase contenant 4 kilogr. de sable.

Ce chiffre est une moyenne déduite de 16 analyses, dont quelques-unes ont varié considérablement en plus ou en moins, et comme précisément les déterminations trouvées pour l'azote après la récolte accusent des différences semblables (ce qui ne peut surprendre en songeant à la nature de notre matériel expérimental), il semble que pour découvrir les modifications qu'a subies la teneur du sol en azote pendant la végétation, il est plus exact de laisser de côté ces chiffres moyens et de prendre pour base les minima et les maxima directement obtenus.

Nous allons donc procéder en groupant nos divers numéros dans le tableau suivant, de façon à en donner une meilleure vue d'ensemble.

Le milieu de culture (4,000 gr. par vase) renfermait :

NUMÉROS des vases.	SUBSTANCE sèche contenue dans les pois récoltés.	AZOTE. Avant le commencement de l'expérience.		AZOTE. Après la clôture de l'expérience.		AZOTE. Variations trouvées d'après	
		Minima.	Maxima.	Minima.	Maxima.	les chiffres minima.	les chiffres maxima.
	Gr.	Gr.	Gr.	Gr.	Gr.	Gr.	Gr.
		I. Avec mélange nutritif dépourvu d'azote.					
		a) *Sans infusion de terre (les pois n'ont pas poussé).*					
323	0,741	0,007	0,022	0,018	0,020	+ 0,011	− 0,002
329	0,842	0,007	0,022	0,016	0,016	+ 0,009	− 0,006
342	0,919	0,007	0,022	0,018	0,018	+ 0,011	− 0,004
362	0,861	0,007	0,022	0,012	0,012	+ 0,005	− 0,010
			Moyenne de tous les nombres.			+ 0,0035	
		b) *Avec infusion de terre (les pois ont plus ou moins bien poussé).*					
327	20,096	0,007	0,022	0,035	0,035	+ 0,028	+ 0,013
332	12,563	0,007	0,022	0,027	0,028	+ 0,020	+ 0,006
333	17,129	0,007	0,022	0,033	0,033	+ 0,026	+ 0,011
335	13,508	0,007	0,022	0,032	0,032	+ 0,025	+ 0,010
337	19,711	0,007	0,022	0,049	0,049	+ 0,042	+ 0,027
341	15,926	0,007	0,022	0,053	0,053	+ 0,046	+ 0,031
343	6,571	0,007	0,022	0,041	0,047	+ 0,034	+ 0,025
			Moyenne de tous les nombres.			+ 0,0246	
		II. Avec doses de nitrates.					
		a) *Sans infusion de terre.*					
346	11,076	0,007	0,022	0,046	0,049	+ 0,039	+ 0,027
348	11,278	0,007	0,022	0,037	0,037	+ 0,030	+ 0,015
				Moyenne	. . .	+ 0,0278	

NUMÉROS des vases.	SUBSTANCE sèche contenue dans les pois récoltés.	AZOTE. Avant le commencement de l'expérience.		Après la clôture de l'expérience.		Variations trouvées d'après	
		Minima.	Maxima.	Minima.	Maxima.	les chiffres minima.	les chiffres maxima.
	Gr.	Gr.	Gr.	Gr.	Gr.	Gr.	Gr.
		b) *Avec infusion de terre.*					
352	13,599	0,007	0,022	0,095	0,099	+ 0,088	+ 0,077[1]
354	18,362	0,007	0,022	0,026	0,026	+ 0,019	+ 0,004
		Moyenne du numéro 354				+ 0,0115	
		III. Avec doses de carbonate de chaux.					
		a) *Sans aucune addition.*					
363	7,102 ?	0,007	0,022	0,026	0,026	+ 0,019	+ 0,004
		Moyenne				+ 0,0115	
		b) *Avec infusion de terre.*					
364	14,298	0,007	0,022	0,033	0,033	+ 0,026	+ 0,011
365	2,825	0,007	0,022	0,023	0,030	+ 0,016	+ 0,008
		Moyenne				+ 0,0153	
		c) *Avec doses de nitrates.*					
369	7,609	0,007	0,022	0,023	0,024	+ 0,016	+ 0,002
		Moyenne				+ 0,0090	
		d) *Avec nitrates et infusion de terre.*					
370	20,486	0,007	0,022	0,035	0,035	+ 0,028	+ 0,013
		Moyenne				+ 0,0205	

1. Suivant ce qui a été dit en note, p. 213, l'azote du sol trouvé dans le numéro 352 se composait d'un reste des doses de nitrates données qui n'avaient pas été complètement assimilées par les plantes, aussi ce numéro doit-il être écarté des calculs faits pour établir le gain en azote.

De ces chiffres nous tirons les conclusions suivantes :

1. — Le sable quartzeux, employé comme milieu de culture, s'était, dans tous les cas et sans exception, enrichi en azote pendant la durée de nos expériences.

2. — Cet accroissement était plus important pour les numéros dans lesquels les plantes végétaient plus ou moins activement, que pour ceux dans lesquels, subissant l'inanition, elles demeuraient à peu près sans production.

3. — Mais le gain en azote a été faible partout, parfois même beaucoup plus que ne l'ont signalé d'autres observateurs qui employaient des terres humiques ou lehmeuses (100 milligrammes et plus d'azote par kilogr. de terre).

Dans les quatre premiers numéros, où la végétation a été nulle ou à peu près, le gain en azote s'est élevé en moyenne à $0^{gr},0035$ par vase, c'est-à-dire à $0^{mg},88$ par kilogr. de sable ;

Dans les 7 numéros suivants (327-343), qui portaient des plantes en bon état de végétation, la moyenne s'est élevée à $0^{gr},0246$ par vase, ou $6^{mg},15$ par kilogr. de sable ; dans les 8 derniers numéros (346-370), la moyenne a été de $0^{gr},0173$ par vase, soit $4^{mg},33$ par kilogr. de sable; et dans le numéro 341, où a été constaté le gain le plus élevé en azote, les chiffres ayant été trouvés de $0^{gr},046$ (chiffres minima retranchés), $0^{gr},031$ (chiffres maxima retranchés). La moyenne fut $0^{gr},0385$ et par conséquent $0^{mg},63$ par kilogr. de sable.

4. — Presque tout l'excédent d'azote accumulé se trouvait dans le sable sous forme de combinaisons organiques.

Ces résultats n'offrent dans leur ensemble rien d'obscur, rien même qui puisse laisser une incertitude à l'esprit.

Dans nos cultures expérimentales, le sol n'était pas absolument inaccessible aux poussières organiques et organisées ; dans tous nos vases, nous l'avons dit, une végétation cryptogamique se développait plus ou moins, plus tôt ou plus tard ; la récolte ne pouvait jamais, en outre, être si complètement effectuée qu'il ne restât dans le sol des débris végétaux encore vivants de toute nature et des portions de ramifications des plus fines des racines.

Ceci suffit bien, il nous semble, non seulement à rendre compte de ce fait que notre sable s'est enrichi en azote pendant le cours de la végétation et que cet enrichissement était plus considérable dans les vases où les plantes végétaient vigoureusement que dans ceux où se produisait le contraire, mais même à expliquer d'une façon certaine la quantité d'azote acquise. Nous n'avons donc pas besoin de recourir à l'intervention encore fort obscure des sécrétions radicales, quoiqu'il soit possible qu'elles existent et que nous inclinions même à penser qu'elles mériteraient d'être prises en considération.

Nous attachons une certaine valeur à cette observation que le gain d'azote fait par le sol y existait presque exclusivement sous forme de combinaisons organiques. Elle ne contient certainement pas la preuve directe de l'inexactitude de l'hypothèse qui admet l'assimilation indirecte de l'azote dans d'autres conditions, telles, par exemple, que la culture dans un sol humique ou lehmeux, mais elle nous autorise, en présence des résultats fournis par nos expériences dans le sable quartzeux, à ne pas nous incliner devant cette décision hypothétique.

Pour terminer, il nous reste à montrer que les bilans de l'azote, ainsi que les conclusions que nous en avons tirées plus haut, sans tenir compte des modifications subies en cours d'expérience par la teneur en azote du sol, ne perdent rien de leur valeur, si l'on y a égard ; et nous croyons, par le groupement suivant, pouvoir démontrer le plus simplement du monde que les chiffres donnés pour le gain de l'azote sont seulement un peu plus élevés, mais que leur signification n'est en rien altérée.

Expérience de 1887 sur les pois.

NUMÉROS des vases.	BILAN DE L'AZOTE				
	Sans tenir compte de l'azote du sol.			En tenant compte de l'azote du sol.	
	Azote donné par la semence et en nitrates.	Azote trouvé dans la plante entière.	Gain en azote de la plante seule.	Gain en azote fait par le sol.	Gain en azote fait par la plante et le sol réunis.
	Gr.	Gr.	Gr.	Gr.	Gr.
323	0,016	0,013	— 0,003[1]	+ 0,005	+ 0,002[1]
329	0,016	0,014	— 0,002	+ 0,002	+ 0,000
342	0,016	0,014	— 0,002	+ 0,004	+ 0,002
362	0,016	0,011	— 0,005	— 0,003	— 0,008
327	0,016	0.636	+ 0,620	+ 0,021	+ 0,641
332	0,016	0,331	+ 0,315	+ 0,013	+ 0,328
333	0,016	0,489	+ 0,473	+ 0,019	+ 0,492
335	0,016	0,294	+ 0,278	+ 0,018	+ 0,296
337	0,016	0,499	+ 0,483	+ 0,035	+ 0,518
341	0,016	0,451	+ 0,435	+ 0,039	+ 0,474
343	0,016	0,176	+ 0,160	+ 0,030	+ 0,190
346	0,128	0,112	— 0,016	+ 0,033	+ 0,017
348	0,240	0,170	— 0,070	+ 0,023	— 0,047
352	0,128	0,291	+ 0,166	+ 0,012	+ 0,178
354	0,240	0,399	+ 0,159	+ 0,012	+ 0,171
364	0,016	0,388	+ 0,372	+ 0,019	+ 0,391
365	0,016	0,048	+ 0,032	+ 0,012	+ 0,044
369	0,128	0,097	— 0,031	+ 0,009	— 0,022
370	0,128	0,295	+ 0,167	+ 0,021	+ 0,188

1. La raison, pour laquelle nous n'envisageons pas, malgré le changement de signe, la transformation de — $0^{gr},003$ d'azote en + $0^{gr},002$, dans le bilan combiné de la plante et du sol réunis, comme altérant la signification du résultat, n'aura pas besoin d'un plus ample examen, si l'on tient compte des sources d'erreur contenues dans les déterminations qui ont servi de base à ces chiffres.

XVII.

Voici, résumés dans les propositions suivantes, les résultats de notre travail.

L'assimilation et la production des céréales, orge et avoine, sur lesquelles ont porté nos expériences ont toujours été presque uniformément nulles dans un sol dépourvu d'azote, qu'il fût ou non stérilisé.

Par une addition de nitrate incorporé au sol, une végétation normale se manifestait alors dans ces plantes et leur développement était toujours dans un rapport à peu près direct avec la quantité de nitrate donnée.

Tant que les doses de nitrate ne sont pas sorties des limites dans lesquelles la teneur en azote du sol se trouvait à son minimum d'action, comme facteur de la végétation, à une partie d'azote du sol a constamment correspondu le même rendement approximatif, soit 90 à 100 parties de substance sèche fournie par la végétation aérienne des plantes.

Dans les récoltes d'orge et d'avoine, qu'elles aient crû dans un milieu dépourvu d'azote, dans un sol pauvrement ou richement doté de cet aliment, jamais on n'a retrouvé plus, ni même autant d'azote qu'il en existait dans le sol, sous forme de combinaisons assimilables, au début de l'expérience.

Rien n'a indiqué que les céréales puisent ou qu'il leur soit possible de puiser dans d'autres sources que le sol une quantité appréciable de l'azote employé à leur nutrition.

Les légumineuses expérimentées par nous, pois, serradelles et lupins, se sont exactement comportées comme les céréales dans un milieu de culture stérilisé et maintenu en état de stérilisation.

Croissance et assimilation ont été chez elles toujours et uniformément à peu près nulles dans ce cas.

Une addition de nitrates dans le sol poussait néanmoins les légumineuses à se développer et leur production fut alors dans un rapport presque direct avec la quantité d'azote fournie au sol, tout le temps que celui-ci se trouva à son degré minimum comme facteur de la végétation.

Dans les produits récoltés on ne découvrit aucun excédent d'azote pouvant avoir une autre origine que le sol.

L'expérience fondamentale de Boussingault a été effectuée dans ces conditions et les conclusions qu'on en a tirées n'ont de valeur que pour ce cas particulier (sol stérilisé).

Dans certaines circonstances, néanmoins, les légumineuses ont pu croître dans un sol non stérilisé, même quand il était dépourvu de combinaisons azotées assimilables ou n'en contenait que des traces, quand les cultures expérimentales étaient maintenues à l'air libre, sans couverture pendant le temps de la végétation ; et on était certain d'obtenir cette croissance, en donnant au sol, dépourvu d'azote, un extrait préparé par la lixiviation dans l'eau distillée, suivie d'un repos, d'une faible quantité (1-2 p. 100) de terre convenablement choisie dans un bon sol cultivé.

Ce dernier traitement produisait chez les légumineuses non seulement une végétation généralement normale, qui était la règle, mais exceptionnellement parfois un développement d'une luxuriance étonnante ; dans ce cas, en outre, les produits récoltés accusèrent constamment un excédent d'azote très net et souvent fort élevé, qui ne pouvait avoir son origine dans le sol.

Un gain d'azote semblable, quoique moins important, fut acquis par les légumineuses après une addition d'infusion de terre dans un sol, qui, sans être complètement dépourvu de nitrates, n'en contenait pas une quantité suffisante pour satisfaire aux exigences de ces plantes.

Les céréales, au contraire, n'ont jamais montré de dispositions à croître dans un sol dont l'azote était absent, même quand il n'était pas stérilisé, et jamais on n'y a constaté de gain d'azote appréciable. Une dose d'infusion de terre dans l'un et dans l'autre cas est restée sans influence visible sur l'orge et sur l'avoine.

L'action particulière et fort importante exercée par l'extrait terreux sur l'assimilation de l'azote par les légumineuses et sur leur végétation, n'a pas pu s'expliquer par la teneur de cet extrait, soit en azote, soit en tout autre aliment propre à ces plantes.

Car, dès qu'on faisait bouillir l'extrait ou même qu'on le portait simplement à la température de 70°, il perdait, sans aucune exception, toute sa vertu.

La même espèce de légumineuse fut influencée de façon très inégale par des infusions de terre d'origines différentes, comme une infusion de terre de même origine donnée à des espèces différentes produisit des effets variables. C'est ainsi que l'extrait aqueux provenant d'une terre à betteraves sucrières de première qualité, dans laquelle depuis longtemps des pois et différentes variétés de trèfle s'étaient succédé comme récolte intercalaire, mais où il n'avait jamais été cultivé de serradelle ni de lupin, favorisa sûrement et à un haut degré la végétation, l'assimilation et la fixation de l'azote par les pois, mais, à la faible dose employée par nous, n'eut jamais la moindre action sur le développement de la serradelle et des lupins.

Dans un milieu dont les matériaux étaient dépourvus d'azote, la croissance des légumineuses, due à l'introduction d'une infusion de terre, se distingua essentiellement et très visiblement de la végétation de celles qui se trouvaient dans un sol stérilisé alimenté de nitrates, c'est-à-dire que, pour le premier cas, après la période de germination, les plantes entrèrent dans un état particulier d'inanition, accompagné de phénomènes très caractéristiques, état que suivit, après peu de jours, ou même après un temps plus long, souvent, un développement énergique et très rapide.

Dans un sol stérilisé et maintenu dans le même état pendant la période de végétation, ou alimenté avec une infusion inactive, on ne remarqua pas de production de tubérosités sur les racines, soit que ce sol étant dépourvu d'azote, les plantes y eussent depuis longtemps langui d'inanition, soit que contenant des nitrates en plus ou moins grande quantité, les plantes, pour cette raison, y atteignissent un développement plus ou moins considérable.

Dans un milieu de culture, au contraire, dont les matériaux non stérilisés avaient reçu une infusion de terre possédant toute sa vertu, la formation de protubérances radicales normalement développées fut toujours manifeste et avec elle se produisait une assimilation importante d'azote à l'état constant de combinaison, dont on ne devait pas chercher la source dans le sol. La formation des tubérosités et l'acquisition d'azote se montrèrent même ici non seulement dans un sol dépourvu d'azote, mais aussi dans celui qui renfermait une certaine quantité de nitrates, insuffisante néanmoins pour satisfaire aux exigences de la plante ; seulement, dans ce dernier cas le résultat était quantitativement plus faible.

Sur un seul et même pied de légumineuse, moitié du système radical donna naissance à des protubérances et l'autre moitié en fut privée par ce seul fait que la première plongeant dans un milieu privé d'azote y avait reçu quelque peu d'infusion terreuse non stérilisée, tandis que l'autre, placée dans des conditions exactement semblables, avait été alimentée d'une solution stérilisée par l'ébullition.

La formation des tubérosités non seulement eut lieu tout au début du premier stade de développement de la plante, mais se montra même très clairement dans l'état d'inanition qui le précédait, quoique cet état obligeât les plantes à résorber les organes d'assimilation les plus indispensables, afin de prolonger leur existence. Un accroissement évident des légumineuses suivit toujours le développement des tubérosités radicales.

Une végétation active accompagnée d'une importante assimilation d'azote put être obtenue chez les légumineuses dans un sol dépourvu de cet aliment quand on les faisait végéter dans une atmosphère purifiée de toute combinaison azotée ou dans un volume d'air limité qui ne pouvait leur fournir que des traces d'azote en combinaison.

De ces résultats purement objectifs nous tirons les conclusions suivantes :

1° Les légumineuses diffèrent fondamentalement des graminées dans leur mode de nutrition relativement à l'azote ;

2° Les graminées ne peuvent satisfaire à leur besoin d'azote qu'au moyen des combinaisons assimilables existant dans le sol et leur développement est toujours en rapport direct avec l'approvisionnement d'azote que le sol met à leur disposition ;

3° En dehors de l'azote du sol, les légumineuses ont à leur service une seconde source où elles peuvent puiser de la façon la plus abondante tout l'azote qu'exige leur alimentation, ou compléter ce qui leur manque quand la première source est insuffisante ;

4° Cette seconde source, c'est l'azote libre, l'azote élémentaire de l'atmosphère qui la leur offre ;

5° Les légumineuses ne possèdent pas par elles-mêmes la faculté d'assimiler l'azote libre de l'air; il est absolument nécessaire que l'action vitale des micro-organismes du sol leur vienne en aide pour atteindre ce résultat;

6° Pour que l'azote libre de l'air puisse servir à l'alimentation des légumineuses, la seule présence d'organismes inférieurs dans le sol ne suffit pas, il faut encore que certains d'entre eux entrent en relations symbiotiques avec les plantes ;

7° Les tubérosités radicales ne doivent pas être considérées comme de simples réservoirs de substances albuminoïdes ; ils sont dans une relation de cause à effet avec l'assimilation de l'azote libre.

Ces conclusions ne portent naturellement que sur les variétés des légumineuses qui ont fait l'objet de nos expériences et les propositions formulées aux alinéas 5 et 6 ne pourront avoir qu'une valeur hypothétique, tant qu'on ne sera pas plus exactement renseigné sur les relations réciproques des micro-organismes et des légumineuses. Mais des expériences comme celles de M. Ward, celles de Bréal[1] plus récentes, de Vuillemin[2] et en particulier de Prazmowski[3], promettent de jeter bientôt une lumière plus vive sur cette question.

Les résultats que nous donnons ci-dessus, on peut facilement s'en convaincre, sont en concordance parfaite avec les assertions, dont, en septembre 1886, nous tentions de donner les motifs dans la 29e section du 59e congrès des naturalistes allemands[4]. Dans les objections qui leur ont été faites déjà, nous ne trouvons rien qui nous mette dans l'obligation de renoncer à notre opinion, basée sur les expériences précédemment décrites. Un grand nombre d'expériences, effectuées dans le courant de cette année, soit pour contrôler, soit pour compléter les observations antérieures, confirment, autant que les résultats jusqu'ici permettent d'en juger, les anciennes expériences faites dans cette direction et ne les contredisent en rien.

1. *Comptes rendus*, CVII, p. 397.
2. *Annal. de la Sc. agr.*, t. I, 1888.
3. *Botan. Ctrbl.*, XXXVI, p. 248.
4. *Tageblatt*, p. 290.

XVIII.

Il n'était pas originairement dans notre intention, nous l'avons déjà dit, d'examiner de près la question de savoir si et comment les légumineuses peuvent être regardées comme des plantes améliorantes dans le sens agricole du terme ; mais elle est dans un rapport tellement étroit avec le mode particulier d'assimilation de l'azote par ces plantes et, d'autre part, nos résultats ont déjà servi si souvent à formuler des conclusions à ce point de vue, que votre rapporteur se tient pour obligé de prendre position, par quelques mots, sur ce terrain plein d'intérêt.

La question de l'influence améliorante des légumineuses se pose aujourd'hui, à mon avis, de la façon suivante :

Une bonne récolte peut être obtenue avec une légumineuse dans un sol peu riche ou même pauvre en aliments azotés, et cette récolte contient toujours considérablement plus d'azote que n'en accuserait, dans les mêmes conditions, une récolte de céréales aussi bonne relativement.

Le capital engrais de l'exploitation s'enrichit en azote par les légumineuses, en même temps que celles-ci d'un autre côté laissent dans le sol une grande quantité de racines dont la teneur en azote est très élevée.

Mais cet excédent d'azote ne tire, pour aucune part, son origine dans l'approvisionnemont du sol, qui est uniquement affecté aux besoins d'aliments azotés des autres plantes culturales ; ce gain se puise à des sources qui sont inaccessibles à celles-ci, dont l'utilisation ne coûte rien au cultivateur et qui n'exigent aucune restitution par l'engrais.

Voici des preuves à l'appui de cette dernière proposition.

Le processus des combinaisons et des dissociations de l'azote dans le sol est encore peu connu en général et rien n'est certain non plus sur ses effets quantitatifs ; les légumineuses ont-elles le pouvoir de favoriser les premières et de modérer les secondes? L'obscurité la plus complète règne encore sur cette question. Il est néanmoins vraisemblable que certaines variétés de légumineuses par la longue durée de leur végétation, d'autres par l'allongement relatif de leur période d'assimilation sont mieux douées que d'autres plantes culturales, de la faculté d'utiliser les combinaisons azotées qui se rencontrent dans l'air, ainsi que celles qui se produisent par précipitation météorique, et d'empêcher l'entraînement par les eaux de l'acide nitrique du sol. Toutefois le gain d'azote qui peut en résulter ne franchira jamais, au point de vue quantitatif, des limites modestes.

En revanche, les expériences de Rothamsted établissent avec certitude que certaines variétés de légumineuses, pourvues de racines plongeant profondément, peuvent aller chercher des quantités notables d'aliments azotés dans des régions du sous-sol qui restent toujours inaccessibles aux autres plantes.

Pour moi, je regarde comme étant également bien établi que certaines variétés de légumineuses, sinon toutes, ont la faculté, avec le concours de micro-organismes, d'utiliser l'azote libre existant dans l'air à l'état élémentaire, et de l'emmagasiner sous forme de matières albuminoïdes. Cette source d'azote est inépuisable et peut, dans des conditions favorables, suffire à elle seule pour satisfaire aux exigences des légumineuses et leur permettre d'atteindre à un développement normal, luxuriant même.

Ces faits, on le voit, suffisent à justifier pleinement, ainsi qu'à démontrer scientifiquement :

Premièrement, la vieille affirmation, due à l'expérience et à laquelle de tout temps se sont attachés les praticiens, que les légumineuses doivent être regardées, en économie rurale, comme des plantes améliorantes;

En second lieu, cette sentence de Liebig : « L'étoile polaire de tout progrès en agriculture est la connaissance des sources naturelles où l'on peut puiser tout l'azote dont on a besoin. »

Enfin, le système d'exploitation rurale de Schultz-Lupitz, qui est établi sur ce principe.

Dans tous les cas, on doit encore considérer que la source d'alimentation accessible aux autres plantes culturales, c'est-à-dire l'approvisionnement du sol en combinaisons d'azote assimilable, n'est en aucune façon dédaignée par les légumineuses, qui l'utilisent tout aussi bien et en usent toujours avant tout autre.

C'est ainsi, sans aller plus loin, que l'action améliorante des légumineuses non seulement se manifeste clairement dans tous les sols pauvres en humus et en azote, mais, en fait, y est plus considérable que dans des terrains plus riches et même que dans les meilleurs sols de culture.

Je crois cependant qu'on n'est pas obligé de conclure de là *à priori* que cette action doive être nulle, ou même seulement à peu près nulle, dans toutes les terres riches qui se trouvent en bon état de culture.

Une belle récolte de légumineuses ne renferme pas seulement plus d'azote qu'une récolte également belle de céréales, ayant végété dans les mêmes conditions; elle exige aussi une alimentation azotée plus considérable; mais les sols qui contiennent des combinaisons d'azote assimilable, en plus grande quantité que ne l'exige la production d'une bonne récolte de céréales, sont rares.

Je crois que l'action améliorante des légumineuses non seulement se fait sentir sur les terres, dont on ne peut élever le rendement en céréales par un engrais azoté, mais je suis convaincu qu'on doit lui accorder une véritable importance économique et que certainement c'est à elle qu'est due l'écrasante supériorité de tous les sols arables cultivés selon les lois agronomiques.

La totalité de l'azote contenu dans une récolte quelconque de légumineuses ne peut sans aucun doute être mise au compte de l'amélioration seule de la terre, mais, à peu d'exceptions près, on est en droit d'en regarder une certaine portion comme constituant un gain net d'azote.

Je suis d'avis que là doivent s'arrêter nos conclusions et qu'on ne pourra en tirer de plus étendues au profit de la pratique agricole, tant qu'on ne sera pas mieux fixé sur la nature et sur le mode d'existence des micro-organismes, dont l'action coopère à l'assimilation de l'azote par les légumineuses; mais le temps n'en est pas venu encore.

DOCUMENTS ANALYTIQUES

QUI ONT SERVI

AUX DÉTERMINATIONS DE L'AZOTE

I. — PRODUITS RÉCOLTÉS

A. — Suivant la méthode de Dumas avec l'appareil de Kreussler et suivant ses prescriptions. *Landwirthsch. Versuchs-Stationen.* (Vol. XXXI, p. 207.)

NUMÉROS des vases.	NATURE du produit.	QUANTITÉ de substance sèche analysée.	VOLUMES de gaz mesurés.	TEMPÉRATURE.	PRESSION barométrique réduite à 0°.	AZOTE TROUVÉ [1].		ANALYSTES [2].
		Gr.	Gr.	0° C.	mm	mgr.	p. 100.	
				ANNÉE 1884.				
20	Orge, grains. .	1,0040	10,5	18	773,4	12,12	1.20	R.
85	Pois, grains . .	0,8885	27,6	20	767,0	31,80	3.58	R.
90	Pois, grains . .	0,8865	35,0	17	764,0	40,77	4.59	R.
				ANNÉE 1885.				
94	Pois, grains . .	0,9348	39,4	19	765,0	45,60	4.87	R.
105	Pois, grains . .	0,9880	45,6	16	757,0	52,95	5.36	R.
105	Pois, balles et paille . . .	0,9410	21,0	20	767,0	24,11	2.56	R.
109	Pois, grains . .	0,9435	42,6	20	761,0	48,84	5.15	R.
109	Pois, balles et paille . . .	0,9403	10,5	17	765,0	12,02	1.28	R.

(1) Corrigé en retranchant 0mgr,32 pour l'air restant.
(2) R = Dr H. Rœmer. — Wf. = Dr H. Wilfarth. — M. = H. Mœller. — Wm. = G. Wimmer.

B. — Méthode Varrentrapp-Will. (20 cent. cubes $H^2SO^4 = 0^g,1334$ Az.)

Liqueurs titrées.

a.	$20^{cm3},0$ NaOH	= 20 cent. cubes H^2SO^4	— 1 cent. cube NaOH	= $0^{gr},00667$ Az.	
b.	54 ,2 $Ba(OH)^2$	= 20 — H^2SO^4	— 1 — $Ba(OH)^2$	= 0 ,00246 Az.	
c.	54 ,1 $Ba(OH)^2$	= 20 — H^2SO^4	— 1 — $Ba(OH)^2$	= 0 ,00247 Az.	
d.	54 ,6 $Ba(OH)^2$	= 20 — H^2SO^4	— 1 — $Ba(OH)^2$	= 0 ,00244 Az	
e.	65 ,7 $Ba(OH)^2$	= 20 — H^2SO^4	— 1 — $Ba(OH)^2$	= 0 ,00203 Az.	

NUMÉROS des vases.	NATURE des produits analysés.	POIDS de la substance sèche employée.		TITRE DE LA LIQUEUR. Rapport avec H^2SO^4 indiqué ci-dessus.	Quantité consommée.	Reste.	AZOTE.		ANALYSTES.
		Gr.		Cm. c.	Cm. c.	Cm. c.	Mgr.	P. 100.	
				ORGE 1883.					
1	Grains.	1,3970	*b.*	54,2	44,9	9,3	22,89	1.64	R.
	Balles.	1,1472	*d.*	54,6	52,5	2,1	5,13	0.45	R.
		0,9035	*d.*	54,6	52,8	1,8	4,40	0.48	R.
	Paille.	1,0462	*d.*	54,6	52,6	2,0	4,89	0.47	R.
		1,1221	*e.*	65,7	63,3	2,4	4,87	0.43	R.
	Racines (avec sable)	10,0572	*a.*	20,0	19,1	0,9	6,00	—	R.
		10,3240	*e.*	65,7	62,5	3,2	6,50	—	R.
2 et 4 réunis.	Grains.	1,3550	*b.*	54,2	46,5	7,7	18,95	1.40	R.
	Balles.	1,0225	*c.*	54,1	52,4	1,7	4,19	0.41	R
		0,9720	*e.*	65,7	63,7	2,0	4,06	0.42	R.
	Paille.	0,9955	*d.*	54,6	52,7	1,9	4,64	0.47	R.
		1,0250	*d.*	54,6	52,7	1,9	4,64	0.45	R.
	Racines (avec sable)	11,3151	*d.*	54,6	52,3	2,3	5,62	—	R.
		9,7713	*e.*	65,7	63,3	2,4	4,87	—	R.
5	Grains.	1,2977	*b.*	54,2	47,1	7,1	17,47	1.35	R.
	Balles.	1,2112	*b.*	54,2	52,1	2,0	4,93	0.41	R.
	Paille.	1,0000	*d.*	54,6	52,8	1,8	4,40	0.44	R.
		0,9639	*d.*	54,6	52,8	1,8	4,40	0.46	R.
	Racines (avec sable)	10,8705	*d.*	54,6	52,4	2,2	5,88	—	R.
		9,9975	*e.*	65,7	63,4	2,3	4,67	—	R.
7 et 8 réunis.	Grains.	1,3396	*b.*	54,2	47,2	7,0	17,23	1.29	R.
	Balles.	1,0120	*c.*	54,1	52,5	1,6	3,94	0.39	R.
	Paille.	1,0135	*c.*	54,1	52,4	1,7	4,19	0.41	R.
		1,0504	*e.*	65,7	63,6	2,1	4,26	0.41	R.
	Racines (avec sable)	10,1150	*e.*	65,7	63,7	2,0	4,06	—	R.
		10,4095	*d.*	54,6	52,6	2,0	4,89	—	R.
9 et 10 réunis.	Grains.	0,9112	*c.*	54,1	49,6	4,5	11,09	1.22	R.
	Balles.	0,7506	*c.*	54,1	53,0	1,1	2,71	0.36	R.
	Paille.	0,9862	*c.*	54,1	52,6	1,5	3,70	0.37	R.
		1,0300	*e.*	65,7	63,9	1,8	3,66	0.35	R.
	Racines (avec sable)	7,4475	*a.*	20,0	19,2	0,8	5,34	—	R.
		3,8490	*e.*	65,7	64,2	1,5	3,05	—	R.
12	Grains.	0,9786	*b.*	54,2	49,4	4,8	11,81	1.21	R.
	Balles.	0,2170	*c.*	54,1	53,85	0,25	0,62	0.28	R.
	Paille.	0,9742	*b.*	54,2	52,9	1,3	3,20	0.33	R.
	Racines (avec sable)	9,7275	*d.*	54,6	53,3	1,3	3,18	—	R.
		6,9712	*e.*	65,7	64,4	1,3	2,64	—	R.
13	Plante entière. . .	»	*a.*	20,0	19,2	0,8	5,34	—	R.
14	Plante entière. . .	»	*a.*	20,0	19,2	0,8	5,34	—	R.

NUMÉROS des vases.	NATURE des produits analysés.	POIDS de la substance sèche employée.		TITRE DE LA LIQUEUR. Rapport avec H^2SO^4 indiqué ci-dessus.	Quantité con-sommée.	Reste.	AZOTE.		ANALYSTES.
		Gr.		Cm. c.	Cm. c.	Cm. c.	Mgr.	P. 100.	
				AVOINE 1883.					
35	Grains	1,3895	*b.*	54,2	45,6	8,6	21,17	1.52	R.
	Balles	1,0023	*b.*	54,2	48,8	5,4	13,19	1.32	R.
	Paille	1,0095	*b.*	54,2	52,6	1,6	3,94	0.39	R.
		0,9355	*b.*	54,2	52,7	1,5	3,69	0.39	R.
	Racines (avec sable)	10,4852	*a.*	20,0	19,5	0,5	0,03	—	R.
		10,4330	*a.*	20,0	19,5	0,5	0,03	—	R.
36 et 37 réunis.	Grains	1,4188	*b.*	54,2	46,3	7,8	19,44	1.37	R.
	Balles	1,3607	*b.*	54,2	47,2	7,0	17,23	1.27	R.
	Paille	1,2595	*b.*	54,2	52,3	1,9	4,68	0.37	R.
		1,0377	*b.*	54,2	52,6	1,6	3,93	0.37	R.
	Racines (avec sable)	10,9880	*e.*	65,7	63,9	1,8	3,66	—	R.
		10,6527	*a.*	20,0	19,5	0,5	3,34	—	R.
38	Grains	1,3210	*b.*	54,2	46,8	7,4	18,21	1.38	R.
	Balles	0,5168	*b.*	54,2	51,7	2,5	6,15	1.20	R.
	Paille	1,1220	*b.*	54,2	52,7	1,5	3,69	0.33	R.
	Racines (avec sable)	9,4978	*e.*	65,7	62,8	2,9	5,89	—	R.
		10,0562	*a.*	20,0	19,0	1,0	6,67	—	R.
40 et 41 réunis.	Grains	1,5157	*b.*	54,2	46,1	8,1	19,93	1.32	R.
		1,2715	*b.*	54,2	47,4	6,8	16,74	1.32	R.
	Balles	0,5925	*b.*	51.2	51,4	2,8	6,89	1.16	R.
	Paille	1,3209	*b.*	54,2	52,3	1,9	4,68	0.35	R.
		1,1133	*e.*	65,7	63,9	1,8	3,66	0.33	R.
	Racines (avec sable)	10,1124	*a.*	20,0	19,5	0,5	3,34	—	R.
		10,9762	*e.*	65,7	64,1	1,6	3,25	—	R.
42 et 43 réunis.	Grains	1,1814	*b.*	51,2	47,8	6,4	15,75	1 33	R.
		1,4030	*b.*	54,2	46,6	7,6	18,70	1.33	R.
	Balles	0,2978	*b.*	54,2	52,8	1,4	3,45	1.16	R.
	Paille	1,1012	*b.*	54,2	52,8	1,4	3,45	0.31	R.
	Racines (avec sable)	10,0682	*a.*	20,0	19,3	0,7	4,67	—	R.
		10,8735	*e.*	65,7	63,5	2,2	4,67	—	R.
45	Plante entière	»	*a.*	20,0	19,3	0,7	4,67	—	R.
46	Plante entière	»	*a.*	20,0	19,2	0,8	5,34	—	R.

C. — Suivant la méthode de Kjeldahl-Wilfarth.

20^{cmc} H^2SO^4 — { 1 = 0^{gr},1355 Az. 3 = 0^{gr},1359 Az. / 2 = 0 ,1353 — 4 = 0 ,1303 — }

Liqueurs titrées.

f. 60^{cmc},00 $H^4Az(OH)$ = 20 cmc. H^2SO^4 — 1 cmc. $H^4Az(OH)$ = 0^{gr},00226 Az.
g. 55 ,50 NaOH = 20 — H^2SO^4 — 1 — NaOH = 0 ,00243 Az.
h. 54 ,98 NaOH = 20 — H^2SO^4 — 1 — NaOH = 0 ,00245 Az.
i. 40 ,20 $Ba(OH)^2$ = 20 — H^2SO^4 — 1 — $Ba(OH^2)$ = 0 ,00343 Az.
k. 42 ,20 NaOH = 20 — H^2SO^4 — 1 — NaOH = 0 ,00320 Az.
m. 39 ,55 $Ba(OH)^2$ = 20 — H^2SO^4 — 1 — $Ba(OH)^2$ = 0 ,00338 Az.
n. 55 ,00 NaOH = 20 — H^2SO^4 — 1 — NaOH = 0 ,00247 Az.
o. 51 ,20 NaOH = 20 — H^2SO^4 — 1 — NaOH = 0 ,00266 Az.
p. 51 ,00 NaOH = 20 — H^2SO^4 — 1 — NaOH = 0 ,00267 Az.
r. 53 ,20 NaOH = 20 — H^2SO^5 — 1 — NaOH = 0 ,00245 Az.

On a mesuré tantôt 20 cent. cubes, tantôt 10 cent. cubes H^2SO^4.

NUMÉROS des vases.	NATURE des produits analysés.	POIDS de la substance sèche employée.		TITRE DE LA LIQUEUR. Rapport avec H^2SO^4 indiqué ci-dessus.	Quantité con-sommée.	Reste.	AZOTE.		ANALYSTES.
		Gr.		Cm. c.	Cm. c.	Cm. c.	Mgr.	P. 100.	
				ORGE 1884.					
15	Grains	0,7540	*g.*	55,50	49,78	5,72	13,89	1.84	Wm.
		0,9672	*m.*	40,35[1]	35,10	5,25	17,72	1.83	Wf.
	Balles	0,9330	*g.*	55,50	53,15	2,35	5,71	0.61	Wm.
	Paille	1,4630	*g.*	55,50	52,05	3,45	8,38	0.57	Wm.
		1,9068	*m.*	39,55	36,20	3,35	11,31	0.59	Wf.
	Racines[2]	1,5385	*g.*	55,50	50,20	5,30	12,88	0.84	Wm.
17 et 18 réunis.	Grains	1,7997	*g.*	55,50	44,30	11,20	27,21	1.51	Wm.
	Balles	1,6610	*g.*	55,50	52,00	3,50	8,50	0.51	Wm.
	Paille	1,5200	*g.*	55,50	52,60	2,90	7.04	0.46	Wm.
		0,7155	*h.*	54,98	53,70	1,28	3,15	0.44	Wm.
	Racines	1,8688	*g.*	55,50	50,30	5,20	12,63	0.68	Wm.
20	Grains	0,9365	*g.*	55,50	50,30	5,20	12,63	1.35	Wm.
	Balles	0,8920	*g.*	55,50	53,85	1,65	3,89	0.44	Wm.
	Paille	1,3495	*g.*	55,50	53,60	1,90	4,62	0.34	Wm.
		1,8900	*m*	39,55	37,60	1,95	6,58	0.35	Wf.
	Racines	1,1505	*g.*	55,50	52,40	3,10	7,53	0.66	Wm.
21 et 22 réunis.	Grains	0,9500	*g.*	55,50	50,38	5,12	12,44	1.31	Wm.
	Balles	0,6320	*g.*	55,50	54,30	1,20	2,91	0.46	Wm.
	Paille	2,1980	*g.*	55,50	52,10	3,40	8,26	0.38	Wm.
	Racines	1,6935	*g.*	55,50	51,50	4,00	9,72	0.57	Wm.
23	Semence	0,7385	*g.*	55,50	52,10	3,40	8,26	1.12	Wm.
	Balles	0,2450	*g.*	55,50	55,00	0,50	1,21	0.49	Wm.
	Paille	1,0772	*g.*	55,50	54,00	1,50	3,64	0.34	Wm.
	Racines	0,6370	*g.*	55,50	53,98	1,52	3,69	0.58	Wm.
				ORGE 1886.					
26	Grains	1,3700	*h.*	54,98	48,00	6,98	17,13	1.25	Wm.
	Balles / Paille	0,8270	*h.*	54,98	53,60	1,38	3,39	0.41	Wm.
27	Grains	0,7262	*g.*	27,75	23,62	4,13	10,03	1.38	Wm.
	Balles / Paille	0,6440	*g.*	27,75	27,00	0,75	1,82	0.28	Wm.
29	Plante entière	0,3[illegible]40	*g.*	27,75	26,80	0,95	2,27	0.66	Wm.
30	Plante entière	0,4074	*g.*	27,75	27,02	0,73	1,75	0.43	Wm.

1. On avait mesuré $20^{cmc},4$ H^2SO^4.
2. Chaque fois qu'a été employée la méthode de Kjeldahl, la quantité indiquée comme soumise à l'analyse ne comprend pour les racines que de la matière végétale puro. Pour l'obtenir, on introduisait une quantité déterminée de la masse radicale avec le sable qu'elle contenait, dans le *Zersetzungskolben*, puis l'opération terminée, le sable était séparé par un lessivage et pesé à nouveau.

NUMÉROS des vases.	NATURE des produits analysés.	POIDS de la substance sèche employée.		TITRE DE LA LIQUEUR. Rapport avec H^2SO^4 indiqué ci-dessus.	Quantité consommée.	Reste.	AZOTE.		ANALYSTES.
		Gr.		Cm. c.	Cm. c.	Cm. c.	Mgr.	P. 100	
				AVOINE 1884.					
47 et 49 réunis.	Grains	0,8580	*h.*	54,98	50,40	4,58	11,38	1.31	Wm.
	Balles	1,0630	*f.*	60,00	55,30	4,70	10,63	1.00	Wm.
	Paille	2,0050	*f.*	60,00	57,80	2,20	4,97	0.25	Wm.
		2,1325	*f.*	60,00	57,80	2,20	4,97	0.23	Wm.
	Racines	1,0070	*f.*	60,00	57,80	2,20	4,97	0.49	Wm.
50 et 51 réunis.	Grains	0,7315	*h.*	54,98	51,20	3,78	9,31	1.27	Wm.
	Balles	0,5905	*f.*	60,00	57,80	2,20	4,98	0.84	Wm.
	Paille	1,1355	*h.*	54,98	53,82	1,16	2,86	0.25	Wm.
	Racines	0,8385	*f.*	60,00	58,20	1,80	4,07	0.49	Wm.
53 et 55 réunis.	Grains	2,5675	*i.*	40,20	34,60	5,60	19,21	1.23	Wf.
		1,4345	*i.*	40,20	34,80	5,40	18,72	1.29	Wf.
	Balles	0,2880	*f.*	60,00	59,10	0,90	2,04	0.71	Wm.
	Paille	1,9410	*f.*	60,00	58,00	2,00	4,52	0.23	Wm.
	Racines	1,2605	*g.*	55,50	52,80	2,70	6,56	0.52	Wm.
				AVOINE 1885.					
56	Grains	0,7900	*h.*	51,98	50,43	1,55	10,22	1.42	Wm.
	Balles. Paille	0,6120	*g.*	27,75	27,00	0,75	1,77	0.29	Wm.
58	Grains	0,7578	*h.*	51,98	50,88	4,10	10,08	1.33	Wm.
	Balles. Paille	0,4848	*g.*	27,75	27,23	0,52	1,26	0.26	Wm.
60	Plante entière	0,3060	*g.*	27,75	26,70	1,05	2,54	0.83	Wm.
61	Plante entière	0,3670	*g.*	27,75	26,20	1,55	3,74	1.02	Wm.
				POIS 1883.					
66	Grains	2,0000	*f.*	60,00	34,30	25,70	58,13	2.91	Wm.
	Balles. Paille	2,0000	*f.*	60,00	54,10	5,90	13,35	0.67	Wm.
	Racines	0,2510	*g.*	27,75	25,05	2,70	6,56	2.61	Wm.
67	Grains	1,5000	*f.*	60,00	38,90	21,10	47,73	3.18	Wm.
	Balles. Paille	2,0000	*f.*	60,00	51,85	8,15	18,44	0.92	Wm.
	Racines	0,4569	*g.*	27,75	22,70	5,05	12,27	2.68	Wm.
71	Grains	1,5000	*f.*	60,00	43,40	16,60	37,55	2.51	Wm.
	Balles. Paille	2 0000	*f.*	60,00	54,00	6,00	13,57	0.68	Wm.
	Racines	0,2535	*h.*	54,98	52,10	2,88	7,09	2.79	Wm.

NUMÉROS des vases.	NATURE des produits analysés.	POIDS de la substance sèche employée.		TITRE DE LA LIQUEUR. Rapport avec H^2SO^4 indiqué ci-dessus.	Quantité consommée.	Reste.	AZOTE.		ANALYSTES.
		Gr.		Cm. c.	Cm. c.	Cm. c.	Mgr.	P. 100.	
				POIS 1883 (*suite*).					
72	Grains	1,0955	*g.*	55,50	43,10	12,40	30,12	2.75	Wm.
	Balles	0,3330	*g.*	55,50	54,70	0,80	1,94	0.58	Wm.
	Paille	1,6770	*g.*	55,50	43,35	12,15	29,51	1.77	Wm.
	Racines	0,3365	*h.*	27,49	22,95	4,54	11,18	3.32	Wm.
74	Grains	0,6330	*f.*	60,00	52,20	7,80	17,64	2.78	Wm.
	Balles. Paille	2,0000	*f.*	60,00	52,50	7,50	16,96	0.85	Wm.
	Racines	0,2965	*h.*	54,98	51,64	3,34	8,22	2.77	Wm.
76	Grains. Balles. Paille	1,7810	*f.*	60,00	50,60	9,40	21,26	1.19	Wm.
	Racines	0,2195	*g.*	27,75	25,65	2,10	5,10	2.32	Wm.
78	Grains	1,2840	*f.*	60,00	46,40	13,60	30,76	2.39	Wm.
	Balles. Paille	2,3685	*f.*	60,00	51,50	8,50	19,23	0.81	Wm.
	Racines	0,4651	*g.*	27,75	21,90	2,85	6,92	1.49	Wm.
79	Grains	1,5190	*f.*	60,00	44,50	15,59	35,06	2.31	Wm.
	Balles. Paille	1,9330	*f.*	60,00	50,30	9,70	21,94	1.14	Wm.
	Racines	0,2350	*g.*	27,75	24,90	2,85	6,92	2.94	Wm.
				POIS 1884.					
80	Grains	0,6225	*g.*	27,75	17,10	10,65	25,87	4.15	Wm.
	Balles	0,5140	*g.*	27,75	26,41	1,34	3,26	0.63	Wm.
	Paille	0,8110	*g.*	27,75	25,15	2,60	6,32	0.78	Wm.
	Racines	0,2765	*g.*	27,75	25,40	2,35	5,71	2.06	Wm.
81	Grains	0,5755	*g.*	27,75	19,65	8,10	19,68	3.42	Wm.
	Balles	0,5050	*g.*	27,75	26,70	1,05	2,55	0.51	Wm.
	Paille	0,7210	*g.*	27,75	24,50	3,25	7,89	1.09	Wm.
	Racines	0,6764	*g.*	27,75	22,60	5,15	12,51	1.85	Wm.
83	Grains	0,7220	*g.*	27,75	18,30	9,45	21,15	2.93	Wm.
	Balles	0,5175	*g.*	27,75	26,50	1,25	3,04	0.59	Wm.
	Paille	0,7640	*g.*	27,75	24,00	3,75	9,11	1.19	Wm.
84	Grains	0,8655	*g.*	27,75	16,40	10,35	27,57	3.18	Wm.
	Balles	0,4578	*g.*	27,75	26,85	0,90	2,19	0.48	Wm.
	Paille	0,7910	*g.*	27,75	24,90	2,85	6,92	0.87	Wm.
	Racines	0,2745	*g.*	27,75	25,10	2,65	6,44	2.35	Wm.

NUMÉROS des vases.	NATURE des produits analysés.	POIDS de la substance sèche employée.		TITRE DE LA LIQUEUR. Rapport avec H^2SO^4 indiqué ci-dessus.	Quantité con-sommée.	Reste.	AZOTE.		ANALYSTES.
		Gr.		Cm. c.	Cm. c.	Cm. c.	Mgr.	P. 100.	
				POIS 1884 (*suite*).					
85	Grains.	0,5860	*g.*	55,50	46,90	8,60	20,89	3.57	Wm.
	Balles. . . . . . . / Paille.	2,0650	*f.*	60,00	50,30	9,70	21,94	1.06	Wm.
	Racines.	0,3925	*g.*	27,75	23,30	4,45	10,81	2.75	Wm.
87	Grains.	0,7170	*g.*	27,75	16,50	11,25	27,33	3.81	Wm.
	Balles.	0,5513	*g.*	27,75	26,20	1,55	3,77	0.68	Wm.
	Paille.	0,9335	*g.*	27,75	23,20	4,55	11,05	1.18	Wm.
	Racines.	0,3240	*g.*	27,75	24,35	3,40	8,26	2.55	Wm.
89	Grains.	1,0095	*f.*	60,00	43,10	16,90	38,23	3.79	Wm.
	Balles. . . . . . . / Paille.	1,7937	*f.*	60,00	49,00	11,00	24,88	1.38	Wm.
	Racines.	0,3965	*g.*	27,75	23,90	3,85	9,35	2.36	Wm.
90	Grains.	0,7442	*g.*	55,50	41,80	13,70	33,28	4.47	Wm.
	Balles. . . . . . . / Paille.	1,9435	*k.*	42,20	32,95	9,25	29,58	1.52	Wm.
	Racines.	0,6020	*g.*	27,75	20,25	7,50	18,22	3.02	Wm.
91	Grains.	0,8915	*g.*	27,75	17,35	10,40	25,24	2.83	Wm.
	Balles.	0,4625	*h.*	27,50	26,60	0,90	2,22	0.47	Wm.
	Paille.	1,0465	*g.*	27,75	23,05	4,70	11,42	1.09	Wm.
	Racines.	0,3059	*g.*	27,75	25,30	2,45	5,95	1.94	Wm.
				POIS 1885.					
94	Grains.	1,5770	*i.*	40,20	18,50	21,70	74,43	4.72	Wf.
		1,4090	*i.*	40,20	21,10	19,10	65,51	4.65	Wf.
	Balles.	1,9340	*i.*	40,20	34,20	6,00	20,58	1.06	Wf.
	Paille.	1,8250	*i.*	40,20	34,40	5,80	19,89	1.09	Wf.
	Racines.	0,6195	*g.*	55,50	46,49	9,10	22,10	3.58	Wm.
95	Semence.	0,8557	*g.*	27,75	12,50	15,25	37,05	4.33	Wm.
	Balles.	0,8385	*g.*	27,75	25,83	1,92	4,69	0.56	Wm.
	Paille.	0,5095	*g.*	27,75	25,00	2,75	6,67	1.31	Wm.
	Racines.	0,5180	*g.*	27,75	21,20	6,55	14,90	3.07	Wm.
98	Grains.	1,1470	*i.*	40,20	28,00	12,20	41,85	3.65	Wf.
		2,0380	*i.*	40,20	18,30	21,90	75,12	3.68	Wf.
	Balles.	1,7370	*i.*	40,20	37,00	3,20	10,98	0.63	Wf.
	Paille.	1,8940	*i.*	40,20	36,60	3,60	12,35	0.65	Wf.
	Racines.	0,6055	*g.*	55,50	49,42	6,08	14,77	2.44	Wm.

NUMÉROS des vases.	NATURE des produits analysés.	POIDS de la substance sèche employée.		TITRE DE LA LIQUEUR. Rapport avec H^2SO^4 indiqué ci-dessus.	Quantité consommée.	Reste.	AZOTE.		ANALYSTES.
		Gr.		Cm. c.	Cm. c.	Cm. c.	Mgr.	P. 100.	
				POIS 1885 (*suite*).					
102	Grains.	0,6681	*g.*	27,75	15,82	11,98	28,93	4.33	Wm.
	Balles.	0,6895	*g.*	27,75	25,90	1,85	4,49	0.65	Wm.
	Paille.	0,5078	*g.*	27,75	24,04	3,71	9,01	1.77	Wm.
	Racines	0,2840	*g.*	55,50	53,45	2,05	4,98	1.75	Wm.
104	Grains.	0,5120	*g.*	27,75	20,05	7,70	18,70	3.65	Wm.
	Balles.	0,2636	*g.*	27,75	26,80	0,95	2,31	0.87	Wm.
	Paille.	0,4270	*g.*	27,75	25,10	2,65	6,49	1.50	Wm.
	Racines	0,3482	*g.*	27,75	25,15	2,60	6.32	1.82	Wm.
105	Grains.	1,7270	*i.*	40,20	13,40	26,80	91,92	5.32	Wf.
		1,3260	*i.*	40,20	19,60	20,60	70,66	5.33	Wf.
	Balles.	1,9620	*i.*	40,20	26,15	14,05	48,19	2.46	Wf.
	Paille.	1,5870	*i.*	40,20	28,70	11.50	39,44	2.49	Wf.
	Racines	0,8280	*g.*	55,50	41,10	14,40	34,98	4.22	Wm.
		0,7620	*k.*	27,49	13,64	13,85	34,10	4.47	Wm.
108	Grains.	0,9015	*g.*	27,75	11,70	16,05	38,99	4.32	Wm.
	Balles.	0,7001	*g.*	27,75	26,20	1,55	3,77	0.54	Wm.
	Paille.	0,6030	*g.*	27,75	24,70	3,05	7,41	1.23	Wm.
	Racines	0,6195	*g.*	55,50	50,70	4,80	10,66	1.72	Wm.
109	Grains.	1,2625	*i.*	40,20	21,80	18,40	63,11	5.00	Wf.
		1,6635	*i.*	40,20	15,80	24,40	83,69	5.03	Wf.
	Balles.	1,6900	*i.*	40,20	34,60	5,60	19,21	1.14	Wf.
	Paille.	2,0555	*i.*	40,20	33,40	6,80	23,32	1.13	Wf.
	Racines	0,6310	*g.*	27,75	20,45	7,30	16,42	2,59	Wm.
111	Grains.	1,4040	*i.*	40,20	24,50	15,70	53,85	3.83	Wf.
		1,7820	*i.*	40,20	20,60	19,60	67,23	3.77	Wf.
	Balles.	1,9280	*i.*	40,20	36,20	4,00	13,72	0.71	Wf.
	Paille.	1,7775	*i.*	40,20	36,40	3,80	13,03	0.73	Wf.
	Racines	0,4695	*g.*	27,75	24,30	3,45	8,38	1.78	Wm.
112	Grains.	1,4440	*i.*	40,20	22,50	17,70	60,71	4.20	Wf.
		1,7540	*i.*	40,20	18,60	21,60	74,09	4.22	Wf.
	Balles.	2,0330	*i.*	40,20	34,80	5,40	18,52	0.91	Wf.
	Paille.	1,6777	*i.*	40,20	35,60	4,60	15,78	0 94	Wf.
	Racines	0,4107	*g.*	55,50	52,01	3,49	8,46	2.06	Wm.
113	Grains.	1,6658	*h.*	54,98	28,90	26,08	64,21	3.86	Wm.
	Balles.	0,5785	*h.*	54,98	53,60	1,38	3,40	0.58	Wm.
	Paille.	0,6580	*g.*	27,75	24,40	3,35	7,63	1.16	Wm.
	Racines	0,4343	*g.*	27,75	24,00	3,75	9,11	2.09	Wm.

NUMÉROS des vases.	NATURE des produits analysés.	POIDS de la substance sèche employée.		TITRE DE LA LIQUEUR. Rapport avec H^2SO^4 indiqué ci-dessus.	Quantité con-sommée.	Reste.	AZOTE.		ANALYSTES.
		Gr.		Cm. c.	Cm. c.	Cm. c.	Mgr.	P. 100.	
	POIS 1885 (*suite*).								
115	Grains.	0,3292	*g.*	27,75	22,30	5,45	13,24	4.02	Wm.
	Balles.	0,3880	*g.*	27,75	25,70	2,05	4,98	1.28	Wm.
	Paille	0,2100	*g.*	27,75	26,55	1,20	2,92	1.39	Wm.
	Racines	0,2362	*g.*	55,50	54,00	1,50	3,64	1.54	Wm.
Employés à l'ensemencement	Grains.	2,0275	*h.*	54,98	22,20	32,78	80,69	3.98	Wm.
		1,2360	*h.*	54,98	34,82	20,16	49,56	4.01	Wm.
	ORGE 1886								
119	Grains.	1,1440	*p.*	25,50	20,50	5,00	13,33	1.17	Wm.
	Balles. . . . . . . Paille	1,4630	*n.*	55,00	52,25	2,75	7,79	0.53	Wm.
121	Grains.	2,1140	*n.*	55,00	46,21	8,79	21,71	1.02	Wm.
	Balles. . . . . . . Paille	1,5085	*n.*	55,00	52,50	2,50	7,17	0.48	Wm.
122	Balles. . . . . . . Paille	0,3095	*n.*	27,50	26,60	0,90	2,22	0.72	Wm.
123	Grains.	0,0320	*o.*	25,60	25,30	0,30	0,80	2.49	Wm.
	Balles. . . . . . . Paille	0,4935	*n.*	27,50	26,25	1,25	3,09	0.63	Wm.
	AVOINE 1886								
124	Grains.	1,2785	*n.*	55,00	48,18	6,82	16,85	1.32	Wm.
	Balles. . . . . . . Paille	1,3910	*n.*	27,50	25,00	2,50	6,18	0.44	Wm.
126	Grains.	1,9910	*n.*	27,50	17,80	9,70	23,96	1.20	Wm.
	Balles. . . . . . . Paille	1,9010	*n.*	55,00	52,40	2,60	6,42	0.34	Wm.
128	Balles. . . . . . . Paille	0,2630	*n.*	27,50	26,80	0,70	1,73	0.65	Wm.
129	Grains. . . . . . . Balles. . . . . . . Paille	0,2925	*n.*	27,50	26.90	0,60	1,48	0.57	Wm.

NUMÉROS des vases.	NATURE des produits analysés.	POIDS de la substance sèche employée.		TITRE DE LA LIQUEUR. Rapport avec H^2SO^4 indiqué ci-dessus.	Quantité consommée.	Reste.	AZOTE.		ANALYSTES.
		Gr.		Cm. c.	Cm. c.	Cm. c.	Mgr.	P. 100.	
				AVOINE 1887					
214	Grains	0,0670	*n.*	27,50	27,18	0,32	0,79	1.18	Wm.
	Balles	0,0260	*n.*	27,50	27,35	0,15	0,37	1.42	Wm.
	Paille	0,4960	*n.*	27,50	26,08	1,42	3,51	0.71	Wm.
	Racines	0,3193	*n.*	27,50	26,67	0,83	2,05	0.64	Wm.
215	Grains	0,0350	*n.*	27,50	27,38	0,12	0,29	0.85	Wm.
	Balles	0,0600	*n.*	27,50	27,30	0,20	0,49	0.82	Wm.
	Paille	0,5080	*n.*	27,50	26,26	1,24	3,06	0.60	Wm.
	Racines	0,3763	*n.*	27,50	26,50	1,00	2,47	0.66	Wm.
216	Grains	0,0480	*n.*	27,50	27,15	0,35	0,86	1.80	Wm.
	Balles	0,0940	*n.*	27,50	27,10	0,40	0,99	1.05	Wm.
	Paille	0,5170	*n.*	27,50	26,37	1,13	2,79	0.54	Wm.
	Racines	0,3205	*n.*	27,50	26,68	0,82	2,03	0.63	Wm.
217	Grains	0,1580	*n.*	27,50	26,49	1,01	2,49	1.58	Wm.
	Balles	0,0690	*n.*	27,50	27,28	0,22	0,54	0.79	Wm.
	Paille	0,5110	*n.*	27,50	26,65	0,85	2,10	0.41	Wm.
	Racines	0,3124	*n.*	27,50	26,90	0,60	1,42	0.43	Wm.
218	Grains	0,1450	*n.*	27,50	26,68	0,82	2,03	1.39	Wm.
	Balles	0,0610	*n.*	27,50	27,33	0,17	0,42	0.69	Wm.
	Paille	0,4520	*n.*	27,50	26,70	0,80	1,97	0.44	Wm.
	Racines	0,6545	*n.*	27,50	26,53	0,97	2,40	0.37	Wm.
219	Grains	0,0920	*n.*	27,50	26,85	0,65	1,61	1.74	Wm.
	Balles	0,0790	*n.*	27,50	27,21	0,29	0,72	0.91	Wm.
	Paille	0,4970	*n.*	27,50	26,42	1,08	2,67	0.54	Wm.
	Racines	0,2726	*n.*	27,50	26,90	0,60	1,42	0.51	Wm.
220	Grains	1,3760	*n.*	27,50	18,73	8,77	21,66	1.57	Wm.
	Balles. Paille	1,1898	*n.*	27,50	25,68	1,82	4,49	0.38	Wm.
	Racines	0,6346	*n.*	27,50	25,95	1,55	3,83	0.60	Wm.
221	Grains	1,5270	*n.*	27,50	18,25	9,25	22,85	1.49	Wm.
	Balles. Paille	1,2805	*n.*	27,50	25,80	1,70	4,19	0.33	Wm.
	Racines	0,7812	*n.*	27,50	26,20	1,30	3,21	0.41	Wm.
222	Grains	1,2140	*n.*	27,50	21,00	6,50	16,05	1.32	Wm.
	Balles	0,6380	*n.*	27,50	25,41	2,09	5,16	0.81	Wm.
	Paille	1,5210	*n.*	27,50	26,28	1,22	3,01	0.19	Wm.
	Racines	0,9398	*n.*	27,50	25,42	2,08	5,14	0.55	Wm.
223	Grains	1,1565	*n.*	27,50	21,03	6,47	15,98	1.38	Wm.
	Paille	1,7455	*n.*	27,50	25,70	1,80	4,45	0.25	Wm.
	Racines	0,5360	*n.*	27,50	26,25	1,25	3,09	0.58	Wm.

NUMÉROS des vases.	NATURE des produits analysés.	POIDS de la substance sèche employée.		TITRE DE LA LIQUEUR. Rapport avec H^2SO^4 indiqué ci-dessus.	Quantité consommée.	Reste.	AZOTE.		ANALYSTES.
		Gr.		Cm. c.	Cm. c.	Cm. c.	Mgr.	P. 100.	
				AVOINE 1887 (*suite*).					
224	Grains	1,2260	*n.*	27,50	19,70	7,80	19,27	1.57	Wm.
	Balles. Paille	1,0359	*n.*	27,50	26,10	1,40	3,46	0.33	Wm.
	Racines	1,0097	*n.*	27,50	25,42	2,08	5,14	0.51	Wm.
225	Grains	1,2970	*n.*	27,50	19,85	7,65	18,89	1.46	Wm.
	Balles. Paille	1,1250	*n.*	27,50	26,10	1,40	3,46	0.31	Wm.
	Racines	0,7969	*n.*	27,50	25,80	1,70	4,20	0.53	Wm.
226	Grains	1,2570	*n.*	27,50	18,80	8,70	21,49	1.71	Wm.
	Balles	1,0620	*n.*	27,50	24,02	3,48	8,59	0.81	Wm.
	Paille	1,7360	*n.*	27,50	25,90	1,60	3,95	0.23	Wm.
	Racines	0,7108	*n.*	27,50	26,10	1,40	3,46	0.49	Wm.
227	Grains	1,1343	*n.*	27,50	20,60	6,90	17,04	1.50	Wm.
	Balles	0,6505	*n.*	27,50	25,30	2,20	5,43	0.84	Wm.
	Paille	1,4170	*n.*	27,50	26,05	1,45	3,58	0.25	Wm.
	Racines	0,9689	*o.*	25,60	23,30	2,30	6,11	0.63	Wm.
228	Grains	1,0665	*n.*	27,50	20,95	6,55	16,18	1.51	Wm.
	Balles. Paille	1,1280	*n.*	27,50	26,01	1,49	3,68	0.32	Wm.
	Racines	0,7317	*n.*	27,50	26,02	1,48	3,65	0.50	Wm.
229	Grains	1,3730	*n.*	27,50	19,21	8,29	20,48	1.49	Wm.
	Balles. Paille	0,9550	*n.*	27,50	26,10	1,40	3,46	0.36	Wm.
	Racines	0,9465	*n.*	27,50	25,70	1,80	4,15	0.47	Wm.
230	Grains	1,2795	*n.*	27,50	20,94	7,46	18,87	1.47	Wm.
	Balles	0,5335	*n.*	27,50	24,90	2,60	6,42	1.20	Wm.
	Paille	1,4095	*n.*	27,50	25,98	1,52	3,75	0.27	Wm.
	Racines	1,3235	*n.*	55,00	52,45	2,55	6,10	0.46	Wm.
231	Grains	1,2745	*n.*	27,50	20,48	7,02	17,34	1.36	Wm.
	Balles	1,0320	*n.*	27,50	23,99	3,51	8,67	0.84	Wm.
	Paille	1,2328	*n.*	27,50	26,48	1,02	2,52	0.20	Wm.
	Racines	1,0770	*n.*	27,50	25,38	2,12	5,24	0.48	Wm.
232	Grains	0,2340	*n.*	27,50	25,78	1,72	4,25	1.81	Wm.
	Balles	0,0800	*n.*	27,50	27,22	0,28	0,69	0.86	Wm.
	Paille	0,6670	*n.*	27,50	26,34	1,16	2,86	0.43	Wm.
	Racines	0,5095	*n.*	27,50	26,25	1,25	3,09	0.61	Wm.

NUMÉROS des vases.	NATURE des produits analysés.	POIDS de la substance sèche employée.		TITRE DE LA LIQUEUR. Rapport avec H^2SO^4 indiqué ci-dessus.	Quantité consommée.	Reste.	AZOTE.		ANALYSTES.
		Gr.		Cm. c.	Cm. c.	Cm. c.	Mgr.	P. 100.	
	AVOINE 1887 (*suite*).								
233	Grains.	0,2930	*n.*	27,50	25,60	1,90	4,69	1.60	Wm.
	Balles.	0,0630	*n.*	27,50	27,30	0,20	0,49	0.78	Wm.
	Paille.	0,6900	*n.*	27,50	26,39	1,11	2,74	0.39	Wm.
	Racines.	0,5183	*n.*	27,50	26,28	1,22	3,01	0.58	Wm.
Employés à l'ensemencement.	Grains.	0,8390	*p.*	51,00	45,75	5,25	14,00	1.67	Wm.
	SARRASIN 1887								
234	Balles. Paille.	0,0350	*p.*	25,50	25,10	0,40	1,07	3.05	Wm.
235	Grains.	0,0090	*p.*	25,50	25,35	0,15	0,40	4.44	Wm.
	Balles. Paille.	0,0510	*p.*	25,50	25,00	0,50	1,33	2.61	Wm.
236	Balles. Paille.	0,0230	*p.*	25,50	25,08	0,42	1,12	4.87	Wm.
237	Balles. Paille.	0,0400	*p.*	25,50	25,08	0,42	1,12	2.80	Wm.
238	Balles. Paille.	0,0420	*p.*	25,50	25,10	0,40	1,07	2.54	Wm.
239	Grains.	0,0040	*p.*	25,50	25,42	0,08	0,21	5.33	Wm.
	Balles. Paille.	0,0610	*p.*	25,50	25,05	0,45	1,20	1.97	Wm.
240	Grains.	0,0830	*p.*	25,50	25,04	0,46	1,23	1.48	Wm.
	Balles. Paille.	0,1890	*p.*	25,50	24,77	0,73	1,95	1.03	Wm.
241	Grains.	0,0130	*p.*	25,50	25,38	0,12	0,32	2.46	Wm.
	Balles. Paille.	0,1440	*p.*	25,50	24,77	0,73	1,95	1.35	Wm.
Employés à l'ensemencement.	Grains.	1,1976	*p.*	51,00	42,73	8,27	22,05	1.84	Wm.
	SERRADELLE 1887								
242	Paille. Racines.	0,0920	*n.*	27,50	27,00	0,50	1,23	1.34	Wm.
243	Paille. Racines.	0,0625	*n.*	27,50	27,03	0,47	1,16	1.85	Wm.

NUMÉROS des vases.	NATURE des produits analysés.	POIDS de la substance sèche employée.		TITRE DE LA LIQUEUR. Rapport avec H^2SO^4 indiqué ci-dessus.	Quantité consommée.	Reste.	AZOTE.		ANALYSTES.
		Gr.		Cm. c.	Cm. c.	Cm. c.	Mgr.	P. 100.	
				SERRADELLE 1887 (*suite*).					
244	Fruits.	1,3475	*n.*	55,00	36,70	18,30	45,20	3.36	Wm.
	Paille.	2,3568	*n.*	27,50	10,81	16,69	41,22	1.75	Wm.
	Racines	0,8711	*n.*	27,50	18,15	9,35	22,09	2.65	Wm.
245	Fruits.	1,2885	*n.*	55,00	36,15	18,85	46,56	3.61	Wm.
	Paille	2,1142	*n.*	27,50	11,40	16,10	39,77	1.88	Wm.
	Racines	1,6165	*n.*	27,50	9,61	17,89	44,19	2.73	Wm.
246	Paille . . . . / Racines	0,0810	*n.*	27,50	27,10	0,40	0,99	1.18	Wm.
247	Paille. . . . . . . / Racines	0,1090	*n.*	27,50	26,95	0,55	1,36	1.25	Wm.
248	Fruits.	1,2725	*n.*	27,50	3,35	24,15	59,65	4.69	Wm.
	Paille.	0,4140	*n.*	27,50	17,25	10,25	25,32	1.79	Wm.
	Racines	1,6010	*n.*	55,00	36,03	18,97	46,85	2.77	Wm.
249	Fruits.	0,6571	*n.*	27,50	15,78	11,72	28,95	4.41	Wm.
	Paille	1,6636	*n.*	27,50	13,75	13,75	33,96	2.04	Wm.
	Racines	1,1890	*n.*	27,50	14,25	13,25	32,69	2.75	Wm.
250	Fruits.	0,1790	*n.*	27,50	24,80	2,70	6,77	3.78	Wm.
	Paille	2,2179	*n.*	27,50	11,40	16,10	39,77	1.77	Wm.
	Racines	1,4391	*n.*	27,50	12,48	15,02	37,10	2.58	Wm.
251	Paille	1,0617	*n.*	27,50	18,68	8,82	21,79	2.05	Wm.
	Racines	1,0690	*n.*	27,50	16,50	11,00	27,17	2.51	Wm.
252	Paille . . . . / Racines	0,0750	*n.*	27,50	27,08	0,42	1,03	1.38	Wm.
253	Paille . . . . / Racines	0,0545	*n.*	27,50	27,20	0,30	0,74	1.36	Wm.
254	Paille	1,9245	*n.*	27,50	20,80	6,70	16,55	0.86	Wm.
	Racines	0,5989	*n.*	27,50	24,19	3,31	8,18	1.37	Wm.
255	Paille	2,0780	*n.*	27,50	20,13	7,37	18,20	0 88	Wm.
	Racines	0,4348	*n.*	27,50	25,18	2,32	5,73	1.32	Wm.
256	Fruits.	0,2135	*n.*	27,50	25,70	1,80	4,24	1.94	Wm.
	Paille	1,7554	*n.*	27,50	20,55	6,95	17,17	0.97	Wm.
	Racines	0,2765	*p.*	25,50	23,88	1,62	4,32	1.56	Wm.
257	Paille	1,7278	*n.*	27,50	21,09	6,41	15,83	0.92	Wm.
	Racines	1,5315	*n.*	55,00	45,28	9,72	24,01	1.43	Wm.
258	Paille	2,6895	*n.*	27,50	13,35	14,15	34,95	1.30	Wm.
	Racines	1,1858	*n.*	27,50	15,60	11,90	29,39	2.48	Wm.
259	Paille	2,1196	*n.*	27,50	15,59	11,91	29,42	1.39	Wm.
	Racines	1,2073	*n.*	27,50	14,38	13,12	32,41	2.68	Wm.

NUMÉROS des vases.	NATURE des produits analysés.	POIDS de la substance sèche employée.		TITRE DE LA LIQUEUR. Rapport avec H^2SO^4 indiqué ci-dessus.	Quantité consommée.	Reste.	AZOTE.		ANALYSTES.
		Gr.		Cm. c.	Cm. c.	Cm. c.	Mgr.	P. 100.	
				SERRADELLE 1887 (*suite*).					
260	Paille	1,6806	*n.*	27,50	18,10	9,40	23,22	1.38	Wm.
	Racines	0,7664	*n.*	27,50	19,65	7,85	19,39	2.53	Wm.
261	Paille	1,6310	*n.*	27,50	16,50	11,00	27,17	1.67	Wm.
	Racines	1,2929	*n.*	27,50	13,25	14,25	35,20	2.71	Wm.
262	Paille. Racines	0,2090	*n.*	27,50	26,60	0,90	2,22	1.06	Wm.
263	Paille. Racines	0,2715	*n.*	27,50	26,42	1,08	2,67	0.98	Wm.
264	Paille. Racines	0,3160	*n.*	27,50	26,50	1,00	2,47	0.78	Wm.
265	Paille. Racines	0,2970	*n.*	27,50	26,10	1,40	3,46	1.16	Wm.
266	Paille. Racines	0,1350	*n.*	27,50	26,92	0,58	1,43	1.06	Wm.
267	Paille. Racines	0,0920	*n.*	27,50	27,00	0,50	1,23	1.34	Wm.
268	Fruits	1,0135	*n.*	55,00	42,80	12,20	30,13	2.73	Wm.
	Paille	1,5140	*n.*	27,50	15,09	12,41	30,65	2.02	Wm.
	Racines	1,3895	*n.*	27,50	11,00	16,50	40,76	2.93	Wm.
269	Fruits	0,4810	*n.*	27,50	20,40	7,10	18,15	3.77	Wm.
	Paille	1,4975	*n.*	27,50	15,90	11,60	28,65	1.91	Wm.
	Racines	1,1578	*n.*	27,50	14,75	12,75	31,49	2.71	Wm.
270	Paille	0,6205	*n.*	27,50	24,95	2,55	6,30	1.02	Wm.
	Racines	0,7023	*n.*	27,50	22,70	4,80	11,86	1.69	Wm.
271	Fruits	0,0400	*n.*	27,50	27,04	0,46	1,14	2.84	Wm.
	Paille	1,4345	*n.*	27,50	22,70	4,80	11,86	0.83	Wm.
	Racines	0,5840	*p.*	25,50	22,07	3,43	9,14	1.56	Wm.
Employés à l'ensemencement.	Fruits	0,7404	*p.*	51,00	39,95	11,05	29,46	3.98	Wm.
				LUPINS 1887					
276	Grains	0,5301	*p.*	51,00	36,60	14,40	38,39	7.24	Wm.
	Balles	0,8470	*p.*	25,50	22,25	3,25	8,66	1.02	Wm.
	Paille	1,0820	*p.*	25,50	16,90	8,60	22,93	2.12	Wm.
	Racines	0,8425	*p.*	25,50	20,60	4,90	13,06	1.55	Wm.

NUMÉROS des vases.	NATURE des produits analysés.	POIDS de la substance sèche employée.		TITRE DE LA LIQUEUR. Rapport avec H^2SO^4 indiqué ci-dessus.	Quantité consommée.	Reste.	AZOTE.		ANALYSTES.
		Gr.		Cm. c.	Cm. c.	Cm. c.	Mgr.	P. 100.	
				LUPINS 1887 (*suite*).					
277	Grains.	0,8524	*p.*	25,50	1,48	24,02	64,04	7.51	Wm.
	Balles.	1,0645	*p.*	25,50	23,50	2,00	5,33	0.50	Wm.
	Paille.	1,0355	*p.*	25,50	18,62	6,88	18,34	1.77	Wm.
	Racines	0,5555	*p.*	25,50	21,68	3,82	10,18	1.83	Wm.
281	Paille. . . . . . . Racines	0,5860	*p.*	25,50	20,90	4,60	12,26	2.09	Wm.
282	Paille. . . . . . . Racines	0,3725	*p.*	25,50	21,10	4,40	11,73	3.15	Wm.
283	Grains.	1,1229	*p.*	51,00	26,25	24,75	65,98	5.88	Wm.
	Balles.	0,8116	*p.*	25,50	24,00	1,50	4,00	0.48	Wm.
	Paille	0,7922	*p.*	25,50	19,30	6,20	16,53	2.08	Wm.
	Racines	0,9010	*p.*	25,50	17,15	8,35	22,26	2.47	Wm.
284	Paille. . . . . . . Racines	0,8880	*p.*	25,50	15,83	9,67	25,78	2.90	Wm.
285	Paille . . . . Racines	0,9185	*f.*	29,95	23,50	6,45	14,60	1.59	M.
286	Paille. . . . . . . Racines	0,8000	*f.*	29,95	23,95	6,00	13,57	1.70	M.
287	Grains.	0,6770	*p.*	51,00	30,24	20,76	55,35	8.18	Wm.
	Paille . . . . Balles.	0,8850	*p.*	25,50	21,88	3,62	9,65	1.09	Wm.
	Racines	1,0551	*p.*	25,50	17,41	8,09	21,57	2.04	Wm.
288	Grains.	0,8005	*p.*	25,50	1,10	24,40	65,05	8.07	Wm.
	Paille . . . . Balles.	0,6918	*p.*	25,50	21,21	4,29	11,44	1.65	Wm.
	Racines	1,3652	*p.*	25,50	12,10	13,40	35,72	2.62	Wm.
289	Paille . . . . Racines	0,9210	*f.*	29,95	24,10	5,85	13,23	1.44	M.
290	Paille . . . . Racines	1,0210	*f.*	29,95	24,05	5,90	13,35	1.31	M.
291	Grains.	0,8065	*p.*	25,50	1,10	24,40	65,05	7.94	Wm.
	Paille . . . . Balles.	0,9594	*p.*	25,50	19,52	5,98	15,94	1.66	Wm.
	Racines	1,4714	*p.*	25,50	10,22	15,28	40,74	2.77	Wm.
292	Grains.	1,2286	*p.*	51,00	16,98	34,02	90,70	7.38	Wm.
	Paille . . . . Balles.	1,4414	*p.*	25,50	20,85	4,65	12,40	0.86	Wm.
	Racines	0,8690	*p.*	25,50	18,90	6,60	17,60	2.02	Wm.

NUMÉROS des vases.	NATURE des produits employés.	POIDS de la substance sèche employée.		TITRE DE LA LIQUEUR: Rapport avec H^2SO^4 indiqué ci-dessus.	Quantité consommée.	Reste.	AZOTE.		ANALYSTES.
		Gr.		Cm. c.	Cm. c.	Cm. c.	Mgr.	P. 100.	
	LUPINS 1887 (*suite*).								
307	Grains	0,6170	*p.*	25,50	7,65	17,85	47,59	7.71	Wm.
	Balles	1,2030	*p.*	25,50	23,82	1,68	4,48	0.37	Wm.
	Paille	0,8681	*p.*	25,50	20,88	4,62	12,32	1.42	Wm.
	Racines	0,6536	*p.*	25,50	20,75	4,75	12,66	1.94	Wm.
320	Grains	0,8090	*p.*	25,50	3,10	22,40	59,72	7.38	Wm.
	Balles	0,7411	*p.*	25,50	21,75	3,75	10,00	1.35	Wm.
	Paille	0,7334	*p.*	25,50	20,15	5,35	14,26	1.94	Wm.
	Racines	0,7995	*p.*	25,50	20,50	5,00	13,33	1.67	Wm.
321	Grains	0,8880	*p.*	25,50	0,40	25,10	66,92	7.54	Wm.
	Balles	1,1645	*p.*	25,50	21,82	3,68	9,81	0.84	Wm.
	Paille	0,7351	*p.*	25,50	19,82	5,68	15,14	2.06	Wm.
	Racines	0,6474	*p.*	25,50	21,66	3,84	10,24	1.58	Wm.
Employés à l'ensemencement.	Grains	0,8690	*p.*	25,50	3,17	22,33	59,53	6.85	Wm.
	POIS 1886								
130	Grains	1,0340	*f.*	60,00	39,90	20,10	45,39	4.39	Wm.
	Paille. Balles	1,8930	*f.*	60,00	47,30	12,70	28,77	1.52	Wm.
131	Grains	2,3775	*n.*	55,00	7,80	47,20	116,58	4.91	Wm.
	Paille. Balles	2,5565	*n.*	55,00	34,35	20,65	47,01	1.84	Wm.
135	Grains. Paille. Balles	0,9165	*n.*	55,00	46,30	8,70	21,49	2.34	Wm.
143	Grains. Paille. Balles	1,8160	*n.*	27,50	11,70	15,80	39,03	2.15	Wm.
144	Grains. Paille. Balles	1,2052	*n.*	27,50	16,18	11,32	27,96	2.32	Wm.
147	Grains	0,7800	*n.*	55,00	42,20	12,80	31,62	4.06	Wm.
	Balles. Paille	2,5500	*n.*	55,00	38,15	16,85	41,62	1.63	Wm.
155	Grains	2,7297	*n.*	55,00	6,55	48,45	119,67	4.38	Wm.
	Balles. Paille	2,2740	*n.*	55,00	41,98	13,02	32,16	1.41	Wm.

NUMÉROS des vases.	NATURE des produits analysés.	POIDS de la substance sèche employée.		TITRE DE LA LIQUEUR. Rapport avec H^2SO^4 indiqué ci-dessus.	Quantité consommée.	Reste.	AZOTE.		ANALYSTES.
		Gr.		Cm. c.	Cm. c.	Cm. c.	Mgr.	P. 100.	
	POIS 1886 (*suite*).								
156	Grains. . . . . . . Balles. . . . . . . Paille	2,1280	*n.*	27,50	5,27	22,23	54,91	2.58	Wm.
158	Grains.	0,9815	*f.*	60,00	39,25	20,75	46,92	4.78	Wm.
	Balles. . . . . . . Paille	2,0985	*f.*	60,00	48,90	11,10	24,97	1.19	Wm.
159	Grains. . . . . . . Balles. . . . . . . Paille	0,9267	*n.*	55,00	47,30	7,70	19,02	2.05	Wm.
160	Grains.	1,0930	*n.*	55,00	32,85	22,15	54,71	5.00	Wm.
	Balles. . . . . . . Paille	1,9065	*n.*	55,00	44,62	10,38	25,64	1.35	Wm.
161	Grains.	1,0615	*f.*	60,00	39,00	21,00	47,45	4.47	Wm.
	Balles. . . . . . . Paille	1,9830	*f.*	60,00	52,20	7,80	17,45	0.88	Wm.
165	Grains.	1,0290	*f.*	60,00	40,80	19,20	43,42	4.22	Wm.
	Balles. . . . . . . Paille	2,1430	*f.*	60,00	47,20	12,80	28,72	1.34	Wm.
169	Grains.	2,4155	*n.*	55,00	9,90	45,10	111,39	4.61	Wm.
	Balles. . . . . . . Paille	2,6530	*n.*	55,00	36,80	18,20	44,95	1.69	Wm.
170	Plante entière. . .	0,5150	*g.*	27,75	24,58	3,17	7,71	1.50	M.
171	Plante entière. . .	0,5588	*g.*	27,75	24,37	3,38	8,22	1.47	M.
	POIS 1887								
322	Paille.	0,5430	*f.*	29,95	26,70	3,25	7,36	1.36	M.
	Racines	0,2360	*f.*	29,95	27,60	2,35	5,30	2.25	M.
323	Paille.	0,4400	*f.*	29,95	27,15	2,80	6,34	1.44	M.
	Racines	0,3040	*f.*	29,95	27,20	2,75	6,22	2.05	M.
324	Paille. . . . . . . Racines	0,9270	*o.*	25,60	20,30	5,30	14,07	1.52	Wm.
325	Grains.	1,4600	*o.*	51,20	21,30	29,90	79,34	5.44	Wm.
	Paille. . . . . . . Balles.	1,1440	*p.*	25,50	18,88	6,62	17,65	1.54	Wm.
	Racines	0,4653	*p.*	25,50	21,28	4,22	11,25	2.42	Wm.

NUMÉROS des vases.	NATURE des produits analysés.	POIDS de la substance sèche employée.		TITRE DE LA LIQUEUR. Rapport avec H^2SO^4 indiqué ci-dessus.	Quantité consommée.	Reste.	AZOTE.		ANALYSTES.
		Gr.		Cm. c.	Cm. c.	Cm. c.	Mgr.	P. 100.	
				POIS 1887 (*suite*).					
326	Grains.	0,9567	*o.*	25,60	5,15	20,45	54,30	5.68	Wm.
	Balles. . . . . . . Paille	0,6950	*p.*	25,50	19,90	5,60	14,93	2.15	Wm.
	Racines	0,6295	*p.*	25,50	19,85	5,65	15,06	2.39	Wm.
327	Grains.	1,3016	*o.*	51,20	25,50	25,70	68,23	5.24	Wm.
	Balles. . . . . . . Paille	0,8860	*p.*	25,50	18,90	6,60	17,60	1.99	Wm.
	Racines	0,2519	*p.*	25,50	22,59	2,91	7,76	3.08	Wm.
328	Paille	0,5790	*f.*	29,95	26,55	3,40	7,70	1.33	M.
	Racines	0,3190	*f.*	29,95	26,90	3,05	6,90	2.16	M.
329	Grains.	0,0165	*o.*	25,60	25,27	0,33	0,88	5.31	Wm.
	Balles.	0,0265	*o.*	25,60	25,31	0,29	0,77	2.91	Wm.
	Paille	0,5170	*f.*	29,95	26,90	3,05	6,90	1.33	M.
	Racines	0,2820	*f.*	29,95	27,60	2,35	5,32	1.89	M.
330	Paille . . . . Racines	0,7875	*o.*	25,60	20,90	4,70	12,48	1.58	Wm.
331	Grains.	1,1424	*o.*	25,60	3,60	22,00	58,41	5.11	Wm.
	Balles. . . . . . . Paille	0,7362	*p.*	25,50	20,00	5,50	14,66	1.99	Wm.
	Racines	1,2200	*f.*	29,95	14,00	15,95	36,10	2.96	M.
332	Grains.	2,1556	*o.*	51,20	17,50	33,70	89,47	4.15	Wm.
	Balles. . . . . . . Paille	0,6254	*p.*	25,50	21,95	3,55	9,46	1.51	Wm.
	Racines	0,6580	*f.*	29,95	17,80	12,15	27,50	2.99	M.
333	Grains.	1,2310	*o.*	25,60	0,45	25,15	66,77	5.41	Wm.
	Balles. . . . . . . Paille	0,9738	*p.*	25,50	18,54	6,96	18,53	1.90	Wm.
	Racines	0,9404	*p.*	25,50	14,21	11,29	30,10	3.20	Wm.
334	Grains.	1,6624	*o.*	51,20	26,88	24,32	64,57	3.88	Wm.
	Balles. . . . . . . Paille	0,6346	*p.*	25,50	23,14	2,36	6,29	0.99	Wm.
	Racines	0,5850	*f.*	29,95	20,60	9,35	21,20	3.62	M.
335	Grains.	1,3162	*o.*	51,20	34,88	16,32	43,33	3.29	Wm.
	Balles. . . . . . . Paille	0,5824	*p.*	25,50	23,82	1,68	4,48	0.77	Wm.
	Racines	0,8700	*f.*	29,95	21,60	8,35	18,90	1.17	M.

NUMÉROS des vases.	NATURE des produits analysés.	POIDS de la substance sèche employée.		TITRE DE LA LIQUEUR. Rapport avec H^2SO^4 indiqué ci-dessus.	Quantité consommée.	Reste.	AZOTE.		ANALYSTES.
		Gr.		Cm. c.	Cm. c.	Cm. c.	Mgr.	P. 100.	
	POIS 1887 (*suite*).								
336	Grains.	1,7212	*o.*	51,20	28,95	22,25	59,07	3.43	Wm.
	Balles. Paille.	0,6666	*p.*	25,50	23,25	2,25	6,00	0.90	Wm.
	Racines.	1,0930	*f.*	29,95	17,80	12,15	27,50	2.52	M.
337	Balles. Paille.	1,2196	*p.*	25,50	14,00	11,50	30,66	2.51	Wm.
	Racines.	0,7239	*p.*	25,50	18,16	7,34	19,57	2.70	Wm.
338	Grains.	1,1486	*o.*	51,20	25,23	25,97	68,95	6.00	Wm.
	Balles. Paille.	0,7530	*p.*	25,50	19,35	6,15	16,40	2.18	Wm.
	Racines.	0,7349	*p.*	25,50	17,58	7,92	21,12	2.87	Wm.
339	Grains.	0,4200	*o.*	25,60	19,02	6,58	17,47	4.16	Wm.
	Balles. Paille.	0,9266	*p.*	25,50	16,03	9,47	25,25	2.72	Wm.
	Racines.	0,5983	*p.*	25,50	19,10	6,40	17,06	2.85	Wm.
340	Grains.	0,0175	*o.*	25,60	25,19	0,41	1,09	6.22	Wm.
	Balles. Paille.	1,0385	*p.*	25,50	16,27	9,23	24,61	2.37	Wm.
	Racines.	0,5585	*p.*	25,50	20,18	5,32	14,18	2.54	Wm.
341	Grains.	0,5248	*o.*	25,60	15,03	10,57	28,06	5.35	Wm.
	Balles. Paille.	1,1120	*p.*	25,50	14,15	11,35	30,26	2.72	Wm.
	Racines.	0,4210	*p.*	25,50	20,82	4,68	12,48	2.96	Wm.
342	Paille.	0,6540	*g.*	55,50	51,90	3,60	8,74	1.34	Wm.
	Racines.	0,2646	*p.*	25,50	23,65	1,85	4,93	1.86	Wm.
343	Grains.	1,9063	*o.*	51,20	22,75	28,45	75,53	3.96	Wm.
	Balles. Paille.	2,3575	*g.*	55,50	46,50	9,00	21,86	0.93	Wm.
	Racines.	0,3672	*p.*	25,50	22,90	2,60	6,93	1.89	Wm.
344	Grains.	0,6265	*o.*	25,60	20,02	5,58	14,82	2.23	Wm.
	Balles. Paille.	2,4762	*g.*	55,50	47,50	8,00	19,43	0.78	Wm.
	Racines.	0,2811	*p.*	25,50	23,44	2,06	5,49	1.95	Wm.
345	Grains.	0,2280	*o.*	25,60	21,08	4,52	12,00	5.26	Wm.
	Balles. Paille.	1,0115	*p.*	25,50	19,65	5,85	15,60	1.54	Wm.
	Racines.	0,2716	*p.*	25,50	22,85	2,65	7,07	2.67	Wm.

NUMÉROS des vases.	NATURE des produits analysés.	POIDS de la substance sèche employée.		TITRE DE LA LIQUEUR. Rapport avec H^2SO^4 indiqué ci-dessus.	Quantité consommée.	Reste.	AZOTE.		ANALYSTES.
		Gr.		Cm. c.	Cm. c.	Cm. c.	Mgr.	P. 100.	
				POIS 1887 (*suite*).					
346	Grains	0,1460	*o.*	25,60	23,41	2,19	5,81	3.98	Wm.
	Balles. Paille.	1,0199	*p.*	25,50	23,00	2,50	6,67	0.65	Wm.
	Racines	0,5752	*p.*	25,50	19,68	5,82	15,52	2.70	Wm.
347	Paille	0,9484	*p.*	25,50	19,65	5,85	15,60	1.64	Wm.
	Racines	0,7048	*p.*	25,50	17,79	7,71	20,55	2.92	Wm.
348	Grains	0,7915	*o.*	25,60	14,41	11,19	29,71	3.75	Wm.
	Balles. Paille.	0,9900	*p.*	25,50	21,21	4,29	11,44	1.16	Wm.
	Racines	0,7694	*p.*	25,50	18,09	7,41	19,76	2.57	Wm.
349	Grains	0,4633	*o.*	51,20	43,39	7,81	20,74	4.48	Wm.
	Balles. Paille.	0,6705	*p.*	25,50	23,03	2,47	6,59	0.98	Wm.
	Racines	0,8684	*p.*	25,50	17,18	8,32	22,18	2.55	Wm.
350	Grains	1,4665	*o.*	51,20	21,40	29,80	79,22	5.40	Wm.
	Balles. Paille.	1,8418	*g.*	55,50	49,55	5,95	13,55	0.74	Wm.
	Racines	0,5395	*p.*	25,50	22,35	3,15	8,40	1.56	Wm.
351	Grains	0,4675	*o.*	25,60	21,15	4,45	11,81	2.53	Wm.
	Balles. Paille.	2,0930	*g.*	55,50	48,70	6,80	16,52	0.79	Wm.
	Racines	0,6548	*p.*	25,50	20,81	4,69	12,50	1.91	Wm.
352	Paille	1,1564	*p.*	25,50	16,22	9,28	24,74	2.14	Wm.
	Racines	0,7058	*p.*	25,50	19,03	6,47	17,25	2.44	Wm.
353	Grains	0,2125	*o.*	25,60	21,30	4,30	11,42	5.37	Wm.
	Balles. Paille.	1,0685	*p.*	25,50	17,33	8,17	12,78	1.20	Wm.
	Racines	0,4393	*p.*	25,50	21,52	3,98	10,61	2.42	Wm.
354	Paille	0,9374	*p.*	25,50	18,05	7,45	19,86	2.12	Wm.
	Racines	0,5562	*p.*	25,50	20,14	5,36	14,29	2.57	Wm.
355	Grains	0,5935	*o.*	25,60	14,50	11,10	29,47	4.97	Wm.
	Balles. Paille.	1,1710	*p.*	25,50	19,90	5,60	14,95	1.28	Wm.
	Racines	0,5838	*p.*	25,50	19,99	5,51	14,69	2.52	?
356	Paille	0,9540	*f.*	29,95	25,30	4,65	10,52	1.10	M.
	Racines	0,3850	*f.*	29,95	26,05	3,90	8,82	2.29	M.
357	Paille	0,9400	*g.*	55,50	50,81	4,69	11,39	1.21	Wm.
	Racines	0,3683	*p.*	25,50	22,90	2,60	6,93	1.88	Wm.

NUMÉROS des vases.	NATURE des produits analysés.	POIDS de la substance sèche employée.		TITRE DE LA LIQUEUR. Rapport avec H^2SO^4 indiqué ci-dessus.	Quantité consommée.	Reste.	AZOTE.		ANALYSTES.
		Gr.		Cm. c.	Cm. c.	Cm. c.	Mgr.	P. 100.	
	POIS 1887 (*suite*).								
358	Paille. Racines.	1,2645	*o.*	25,60	18,21	7,39	19,62	1.55	Wm.
359	Balles.	0,0270	*o.*	25,60	25,38	0,22	0,58	2.15	Wm.
	Paille.	0,6870	*f.*	29,95	25,70	4,25	9,62	1.38	M.
	Racines.	0,3300	*f.*	29,95	26,45	3,50	7,92	2.40	M.
360	Paille.	0,7280	*f.*	29,95	25,90	4,05	9,17	1.26	M.
	Racines.	0,3430	*f.*	29,95	27,10	2,85	6,35	1.85	M.
361	Paille. Racines.	1,1545	*o.*	25,60	19,41	6,19	16,43	1.42	Wm.
362	Paille. Racines.	0,8406	*p.*	25,50	20,80	4,70	12,53	1.49	Wm.
363	Grains.	1,7060	*o.*	51,20	30,48	20,72	55,01	3.22	Wm.
	Balles. Paille.	0,6490	*p.*	25,50	21,76	3,74	9,97	1.05	Wm.
364	Grains.	1,3876	*o.*	51,20	29,50	21,70	57,72	4.46	Wm.
	Balles. Paille.	1,1804	*p.*	25,50	20,80	4,70	12,53	1.06	Wm.
	Racines.	0,2983	*p.*	25,50	22,61	2,89	7,70	2.58	Wm.
365	Grains.	0,8990	*o.*	51,20	41,94	9,26	24,59	2.73	Wm.
	Balles. Paille.	1,5725	*o.*	25,60	19,39	6,21	16,49	1.05	Wm.
	Racines.	0,3530	*o.*	25,60	22,88	2,72	7,22	2.05	Wm.
366	Grains.	0,6185	*o.*	25,60	19,83	5,77	15,32	2.48	Wm.
	Balles. Paille.	2,6270	*g.*	55,50	48,45	7,05	17,12	0.65	Wm.
	Racines.	0,7190	*p.*	25,50	20,71	4,79	12,77	1.78	Wm.
367	Grains.	0,4865	*o.*	25,60	21,48	4,12	10,94	2.25	Wm.
	Balles. Paille.	2,6802	*g.*	55,50	48,20	7,30	17,73	0.66	Wm.
	Racines.	0,5710	*p.*	25,50	22,28	3,22	8,58	1.50	Wm.
368	Grains.	1,1705	*o.*	25,60	14,85	10,75	28,54	2.44	Wm.
	Balles. Paille.	0,6732	*p.*	25,50	23,81	1,69	4,51	0.67	Wm.
	Racines.	0,7528	*p.*	25,50	19,70	5,80	15,46	2.05	Wm.
369	Grains.	1,3435	*o.*	25,60	13,30	12,30	32,66	2.43	Wm.
	Balles. Paille.	0,6920	*p.*	25,50	23,60	1,90	5,07	0.73	Wm.
	Racines.	0,4689	*p.*	25,50	22,40	3,10	8,26	1.76	Wm.

NUMÉROS des vases.	NATURE des produits analysés.	POIDS de la substance sèche employée.		TITRE DE LA LIQUEUR. Rapport avec H^2SO^4 indiqué ci-dessus.	Quantité consommée.	Reste.	AZOTE.		ANALYSTES.
		Gr.		Cm. c.	Cm. c.	Cm. c.	Mgr.	P. 100.	
	POIS 1887 (*suite*).								
370	Grains	0,8650	*o.*	51,20	34,37	16,83	44,68	5.17	Wm.
370	Balles. Paille	1,0425	*p.*	25,50	20,10	5,40	14,40	1.38	Wm.
370	Racines	0,3592	*p.*	25,50	22,39	3,11	8,29	2.31	Wm.
371	Paille	0,1550	*p.*	25,50	16,93	8,57	22,85	1.98	Wm.
371	Racines	0,5990	*p.*	25,50	18,88	6,62	17,65	2.95	Wm.
Employés à l'ensemencement.	Grains	1,7040	*g.*	55,50	27,60	27,38	67,41	3.96	Wm.
	POIS 1886 (élevés sous cloches).								
163	Balles. Paille	2,0230	*f.*	60,00	37,00	23,00	51,99	2.57	Wm.
163	Racines	0,7648	*n.*	27,50	17,50	10,00	24,70	3.23	Wm.
164	Balles. Paille	1,9800	*f.*	60,00	40,45	19,55	44,15	2.23	Wm.
164	Racines	0,5764	*n.*	27,50	22,41	5,09	12,57	2.18	Wm.
167	Balles. Paille	1,9305	*f.*	60,00	41,40	18,60	42,08	2.18	Wm.
167	Racines	0,7160	*n.*	27,50	18,46	9,04	22,33	3.12	Wm.
168	Balles. Paille	2,0070	*f.*	60,00	33,10	26,90	60,81	3.03	Wm.
168	Racines	0,8639	*n.*	27,50	13,85	13,65	23,72	2.74	Wm.
	PLANTES 1887 (élevées dans le ballon de verre).								
	POIS N° 384.								
	Balles et paille. 1re récolte	0,6295	*r.*	26,60	21,68	4,92	12,05	1.91	Wm.
	Balles et paille. 1re récolte	0,8954	*r.*	26,60	19,34	7,26	17,79	1.99	Wm.
	Paille. 2e récolte	0,7450	*r.*	26,60	19,07	7,53	18,45	2.46	Wm.
	Paille. 2e récolte	0,6900	*r.*	26,60	19,52	6,98	17,10	2.48	Wm.
	Grains	0,3760	*r.*	29,95	23,70	6,25	14,14	3.80	M.
	Racines	1,1520	*r.*	26,60	13,22	13,38	32,78	2.85	Wm.
	AVOINE								
	Plante entière	0,1600	*r.*	26,60	25,25	1,35	3,31	2.06	Wm.
	SARRASIN								
	Plante entière	0,0360	*r.*	26,60	26,35	0,25	0,61	1.70	Wm.

II. — SABLE QUARTZEUX EMPLOYÉ COMME SOL DE CULTURE

Méthode Kjeldahl-Wilfarth. — L'ammoniaque a été distillée sans addition d'acide avec refroidissement convenable de l'appareil et titrée avec l'acide sulfurique. Indicateur : l'acide rosolique.

a) Sans addition de sucre.

1 cent. cube H^2SO^4 = $0^{gr},0068$ Az.

SABLE prélevé.	H^2SO^4 absorbé.	AZOTE TROUVÉ en tout.	AZOTE TROUVÉ par kilogr. de sable.	ANALYSTES.
—	—	—	—	—
Gr.	Milligr.	Milligr.	Milligr.	
20	0,005	0,034	0,0017	Wf.
20	0,010	0,068	0,0034	Wf.

b) Avec addition de $0^{gr},5$ de sucre pour chacun.

α. 1 cent. cube H^2SO^4 = 0,00068 Az.

$0^{gr},5$ de sucre pris séparément

	ONT ABSORBÉ H^2SO^4.	ET DONNÉ en azote.	ANALYSTES.
	—	—	—
	Cm. c.	Milligr.	
	0,06	0,041	M.
	0,09	0,061	M.
	0,07	0,048	M.
	0,07	0,048	M.
	0,10	0,068	M.
En moyenne. . . .	0,078	0,053	

SABLE prélevé.	H^2SO^4 absorbé en tout.	H^2SO^4 absorbé après soustraction de $0^{cm^3},078$.	AZOTE TROUVÉ en tout.	AZOTE TROUVÉ par kilogr. de sable.	ANALYSTES.
—	—	—	—	—	—
Gr.	Cm. c.	Cm. c.	Milligr.	Gr.	
40	0,24	0,16	0,109	0,0027	M.
40	0,28	0,20	0,136	0,0034	M.
40	0,30	0,22	0,150	0,0037	M.
40	0,40	0,32	0,218	0,0054	M.
50	0,40	0,32	0,218	0,0044	M.
50	0,40	0,32	0,218	0,0044	M.
50	0,30	0,22	0,150	0,0030	M.
50	0,37	0,29	0,197	0,0039	M.

β. 1 cent. cube H^2SO^4 = $0^{gr},000677$ Az.

0gr,5 de sucre pris séparément

	ONT ABSORBÉ H^2SO^4.	ET DONNÉ en azote.	ANALYSTES.
	—	—	—
	Cent. cubes.	Milligr.	
	0,16	0,010	Wm.
	0,20	0,014	Wm.
	0,16	0,010	Wm.
	0,19	0,013	Wm.
	0,16	0,010	Wm.
En moyenne. . . .	0,17	0,011	

SABLE	H^2SO^4 absorbé		AZOTE TROUVÉ		
prélevé.	en tout.	après soustraction de 0cm³,17.	en tout.	par kilogr. de sable.	ANALYSTES.
—	—	—	—	—	—
Gr.	Cm. c.	Cm. c.	Milligr.	Gr.	
40	0,44	0,27	0,183	0,0046	Wm.
40	0,38	0,21	0,142	0,0035	Wm.
40	0,35	0,18	0,122	0,0030	Wm.
40	0,38	0,21	0,142	0,0035	Wm.
40	0,36	0,19	0,129	0,0032	Wm.
40	0,40	0,23	0,156	0,0039	Wm.
40	0,20	0,03	0,020	0,0005	Wm.
40	0,20	0,03	0,020	0,0005	Wm.
40	0,21	0,04	0,027	0,0007	Wm.
40	0,19	0,02	0,014	0,0003	Wm.
40	0,19	0,02	0,014	0,0003	Wm.

III. — SABLE QUARTZEUX EMPLOYÉ COMME SOL DE CULTURE, PRÉLEVÉ DANS LES VASES ET ANALYSÉ APRÈS LA RÉCOLTE.

Méthode, sucre, H^2SO^4, comme ci-dessus II, *b*, β. — Dans chaque analyse on a traité 40 grammes de sable et on s'est servi de 0gr,5 de sucre.

TABLEAU.

NUMÉROS des vases.	H^2SO^4 absorbé		Azote trouvé		ANALYSTES.
		après soustraction de $0^{cm^3},17$.		pour la totalité du vase.	
	Cm. c.	Cm. c.	Mgr.	Gr.	
		a) Sol de culture de pois de 1887.			
323	0,43	0,26	0,1760	0,0176	Wm.
	0,44	0,27	0,1768	0,0177	Wm.
327	0,69	0,52	0,3520	0,0352	Wm.
329	0,40	0,23	0,1557	0,0156	Wm.
332	0,57	0,40	0,2708	0,0271	Wm.
	0,59	0,42	0,2843	0,0284	Wm.
333	0,66	0,49	0,3317	0,0332	Wm.
335	0,64	0,47	0,3182	0,0318	Wm.
337	0,90	0,73	0,4942	0,0494	Wm
341	0,96	0,79	0,5348	0,0535	Wm.
342	0,44	0,27	0,1828	0,0183	Wm.
	0,44	0,27	0,1828	0,0183	Wm.
343	0,78	0,61	0,4130	0,0413	Wm.
	0,77	0,60	0,4062	0,0406	Wm.
346	0,85	0,68	0,4604	0,0460	Wm.
	0,90	0,73	0,4942	0,0494	Wm.
348	0,71	0,54	0,3656	0,0366	Wm.
352	1,61	1,44	0,9749	0,0975	Wm.
	1,58	1,41	0,9548	0,0955	Wm.
354	0,56	0,39	0,2640	0,0264	Wm.
362	0,35	0,18	0,1219	0,0122	Wm.
	0,34	0,17	0,1151	0,0115	Wm.
363	0,55	0,38	0,2573	0,0257	Wm.
	0,55	0,38	0,2573	0,0257	Wm.
364	0,65	0,48	0,3250	0,0325	Wm.
	0,66	0,49	0,3317	0,0332	Wm.
365	0,51	0,34	0,2302	0,0230	Wm.
	0,61	0,44	0,2979	0,0298	Wm.
369	0,51	0,34	0,2302	0,0230	Wm.
	0,52	0,35	0,2370	0,0237	Wm.
370	0,69	0,52	0,3520	0,0352	Wm.
		b) Sol prélevé dans le ballon de verre.			
384	0,47	0,30	0,2031	0,0203	Wm.
	0,48	0,31	0,2099	0,0210	Wm.

IV. — LES INFUSIONS DE TERRE

Méthode Kjeldahl-Wilfarth.— L'ammoniaque sans addition d'acide, distillée à basse température, a été titrée avec l'acide sulfurique. Indicateur : l'acide rosolique.

1 cent. cube $H^2SO^4 = 0^{gr},0069$ azote.

INFUSION DE TERRE.			H^2SO^4 absorbée.	CORRESPONDANT en azote à milligr.	ANALYSTES.
Donnée à	Genre de terre infusée.	Quantité soumise à l'analyse.			
—	—	—	—	—	—
		Cm. c.	Cm. c.		
		Année 1886.			
Pois	L. I.	25	0,05	0,35	M.
		Année 1887.			
Avoine et sarrasin.	L. I.	25	0,04	0,28	M.
		25	0,05	0,35	M.
		25	0,05	0,35	M.
Pois	L. I.	25	0,03	0,21	M.
		25	0,03	0,21	M.
	L. II.	25	0,04	0,28	M.
		25	0,04	0,28	M.
	S. I.	25	0,10	0,69	M.
		25	0,10	0,69	M.
	S. II.	25	0,02	0,14	M.
		25	0,02	0,14	M.
Serradelle	L. I.	25	0,03	0,21	M.
		25	0,03	0,21	M.
	S. I.	25	0,02	0,14	M.
		25	0,02	0,14	M.
Lupins	L. I.	50	0,07	0,49	M.
		50	0,07	0,49	M.

EXPLICATION DES PLANCHES

PLANCHE I.

État de développement de quelques pieds de serradelle, faisant partie de la série C dans les expériences de 1887 (v. p. 114 et suiv.), d'après une photographie prise le 1er août.

Comme milieu de culture, on avait employé pour tous les numéros du sable quartzeux stérilisé, qui avait été additionné d'un mélange nutritif dépourvu d'azote.

Mais en outre avaient reçu :

Les nos 242 et 243, rien;

Les nos 244, 245, 248, 249 et 250, une infusion de 5 grammes chacun de terre sableuse légère prise dans un champ de lupins;

Les nos 246 et 247, la même infusion, après l'avoir portée préalablement à la température d'ébullition

Les nos 266 à 269 eurent d'abord leur sable mélangé d'une grande quantité de carbonate de chaux, égale à 1 p. 100 du sol, puis les nos 266 et 267 ne reçurent rien de plus.

Les nos 268 et 269 furent additionnés d'infusion de terre, comme plus haut.

Les deux nos 264 et 265 enfin reçurent la même infusion, mais stérilisée par coction, et de plus on donna à chacun d'eux 0gr,041 de nitrate de chaux, soit 0gr,007 d'azote.

PLANCHE II.

Lupins de la série D dans l'expérience de 1887 (v. p. 121 et suiv.). Photographie prise le 26 juillet.

Les nos 291 et 292 ont été cultivés dans un sable quartzeux stérilisé avec solution nutritive dépourvue d'azote et addition d'une infusion faite avec 10 gr. de terre sableuse prise à un champ de lupins.

PLANCHE III.

État de développement de quelques pieds de pois de la série E dans l'expérience de 1887 (v. p. 125 et suiv.), d'après une photographie prise le 27 juillet.

Tous les numéros étaient comme milieu de culture dans du sable quartzeux stérilisé, et partout fut donnée une dose égale de solution nutritive sans azote.

Outre cela, on donna :

Aux nos 325, 326, 327, 337, 338, 339, 340 et 341 un extrait aqueux, préparé pour chacun avec 5 grammes d'une terre cultivée, et on employa à cet effet :

Pour les nos 325, 326 et 327, la terre marno-lehmeuse humique d'un champ de betteraves sucrières (L. I.);

Pour les nos 337 et 338, la même terre prise à une autre place (L. II), et

Pour les nos 339, 340 et 341, une terre sableuse du diluvium prise à un champ de lupins.

Les nos 322, 323 et 324 n'avaient reçu aucune addition de cette nature, et

Les nos 328, 329 et 330 avaient été pourvus d'extrait aqueux, exactement comme les nos 325, 326 et 327, mais après qu'il avait été stérilisé à une température de 100° C.

PLANCHE IV.

Disposition de l'expérience faite sur la production des tubérosités radicales chez les légumineuses et décrite p. 192 et suiv.

La solution aqueuse dépourvue d'azote avec une addition d'infusion terreuse est partagée également entre les deux vases A et B; mais la moitié que reçoit B a été préalablement stérilisée par coction.

Le pois du n° 380, pris à l'état d'inanition, est fixé au point de contact des deux vases de façon qu'une moitié de son système radical plonge dans la solution non stérilisée A et l'autre dans la solution stérilisée B.

PLANCHE V.

Cette planche représente le même plant du n° 380, photographié le 21 août, après avoir été soumis pendant trois semaines à l'expérience; à ce moment, la moitié du système radical végétant dans la solution non stérilisée avait formé de nombreuses protubérances à l'état rudimentaire, tandis que la moitié qui se trouvait dans la solution stérilisée n'en présentait absolument aucune.

Pour rendre la figure plus facile à comprendre, la plante fut tirée de l'appareil et son système radical disposé entre deux plaques de verre.

PLANCHE VI.

État de développement des trois plantes : pois, n° 384, avoine et sarrasin, appartenant à l'expérience décrite p. 204 et suiv., d'après épreuve photographique prise le 26 juillet.

Les plantes ont végété dans le sable quartzeux calciné, ayant reçu une solution nutritive sans azote et un peu d'infusion terreuse. (Expérience fondamentale de Boussingault modifiée.)

Bernburg, 30 octobre 1888.

Nancy, impr. Berger-Levrault et Cie.

Annales de la Science Agronomique Française et Etrangère, t. I, 1890.

RECHERCHES SUR L'ALIMENTATION DES GRAMINÉES ET DES LÉGUMINEUSES

Par MM. H. HELLRIEGEL ET WILFARTH

PL. I.

250 248 249 244 245 268 269

264 265 246 247 242 243 266 267

SERADELLA 1887.

Annales de la Science Agronomique Française et Etrangère, t. I, 1890.

RECHERCHES SUR L'ALIMENTATION DES GRAMINÉES ET DES LÉGUMINEUSES

Par MM. H. HELLRIEGEL ET WILFARTH

PL. II.

LUPINS 1887

Annales de la Science Agronomique Française et Étrangère, t. I, 1890.

RECHERCHES SUR L'ALIMENTATION DES GRAMINÉES ET DES LÉGUMINEUSES

Par MM. H. HELLRIEGEL ET WILFARTH

PL. III.

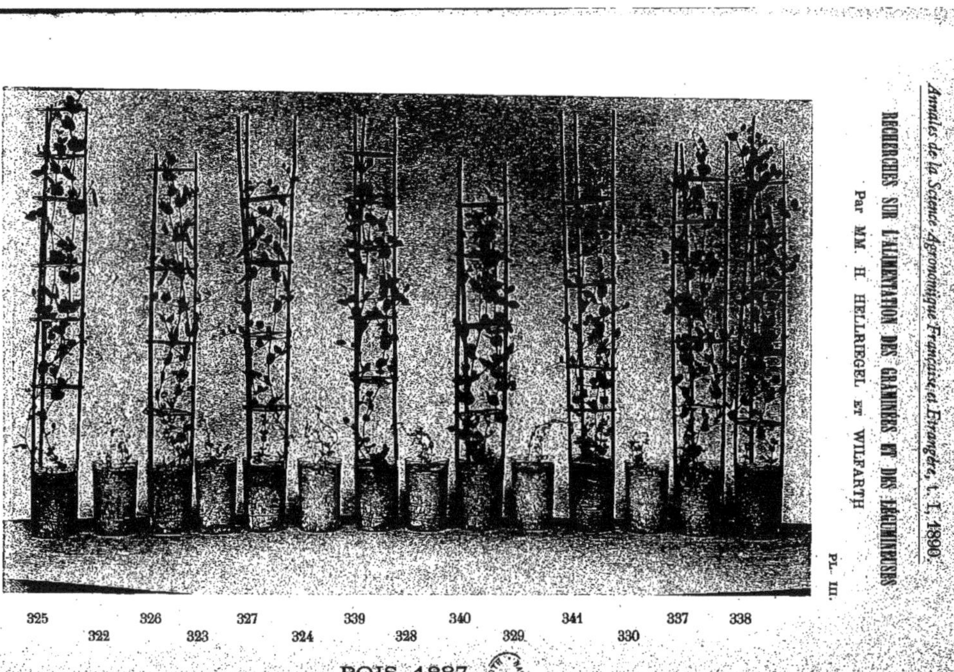

325 326 327 339 340 341 337 338

322 323 324 328 329 330

POIS 1887

Annales de la Science Agronomique Française et Etrangère, t. I, 1890.

RECHERCHES SUR L'ALIMENTATION DES GRAMINÉES ET DES LÉGUMINEUSES

Par MM. H. HELLRIEGEL ET WILFARTH

PL. IV.

B

Solution nutritive
stérilisée.

A

Non stérilisée

POIS — N° 380.

RECHERCHES SUR L'ALIMENTATION DES GRAMINÉES ET DES LÉGUMINEUSES

Par MM. H. HELLRIEGEL ET WILFARTH

PL. V.

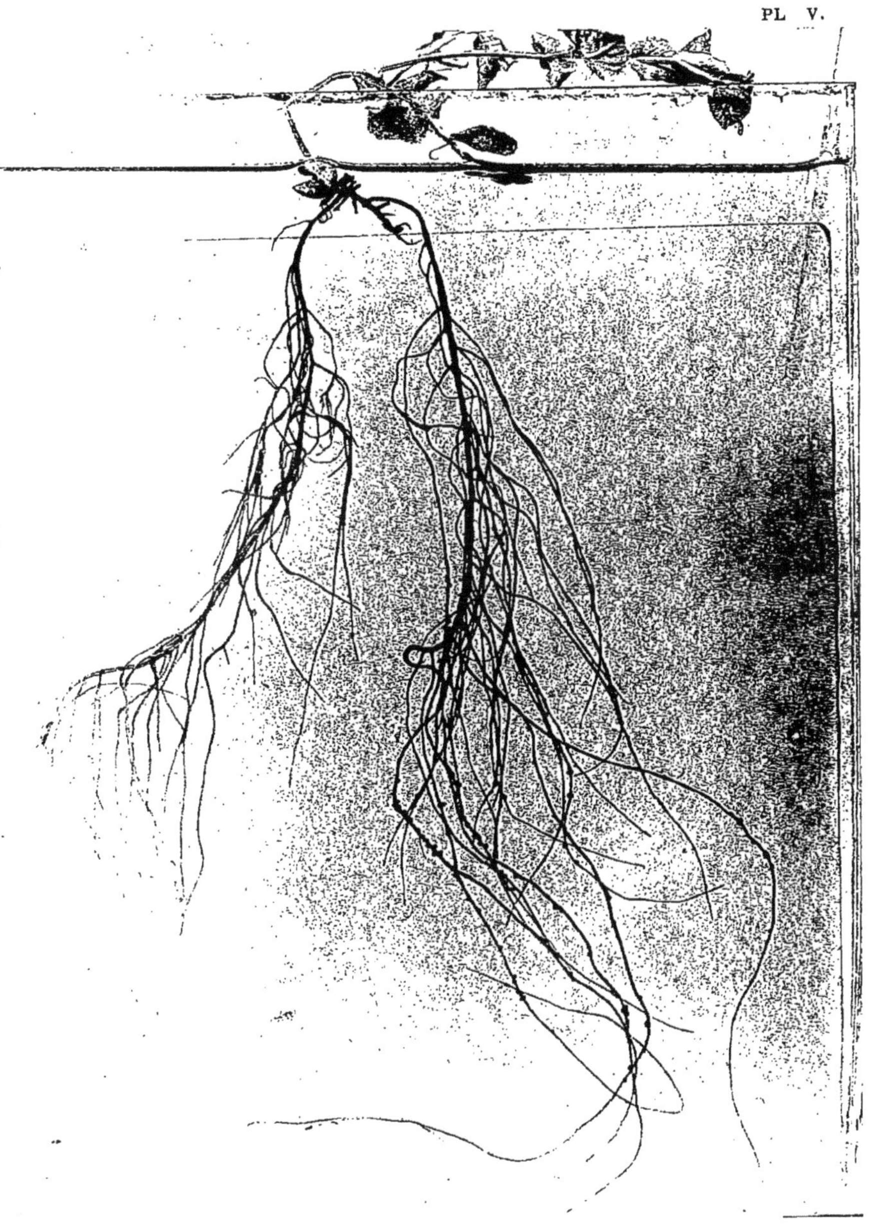

Système radiculaire

du vase **B** stérilisé	du vase **A** non stérilisé

POIS — N° 380.

Annales de la Science Agronomique Française et Etrangère, t. I, 1890.

RECHERCHES SUR L'ALIMENTATION DES GRAMINÉES ET DES LÉGUMINEUSES

Par MM. H. HELLRIEGEL ET WILFARTH

PL. VI.

Sarrasin Avoine

POIS — N° 384.

Comptes rendus des travaux du Congrès international des Directeurs des Stations agronomiques (Société nationale d'encouragement à l'agriculture, assemblée générale de 1881), publiés, au nom du bureau, par L. Grandeau, commissaire général du congrès. — Vol. gr. in-8° de 495 pages . 7 fr. 50 c.

Annales de l'Institut national agronomique. Administration, enseignement et recherches. — Publication du ministère de l'agriculture et du commerce. — Volumes grand in-8°, avec gravures et planches.

Volumes parus : I à VI, épuisés. — VII, 1884. **12 fr.** — VIII, 1884, **6 fr.** — IX, 1886, **10 fr.** — X, 1887, **10 fr.** — XI, 1890, **20 fr.**

Annales de la Station agronomique de l'Est. Chimie et physiologie appliquées à la sylviculture (Travaux de 1868 à 1878), par L. Grandeau. — Volume grand in-8° de 415 pages. . . . . 9 fr.

La Production agricole en France, son présent et son avenir, par L. Grandeau. Suivie de : *Données statistiques sur la question du blé,* par E. Cheysson, et de l'*Étude géologique sur les terres à blé en France et en Angleterre,* par A. Ronna. Vol. in-8° de 128 pages, avec deux cartes et deux diagrammes hors texte. 3 fr.

Le Blé aux États-Unis. Production, transport, commerce, par A. Ronna, ingénieur, vice-président du groupe de l'agriculture à l'Exposition universelle de 1878. 1880. Un volume in-8°, broché . . . . 5 fr.

Le Commerce des blés et la concurrence de l'Inde orientale, par le Dr Julius Wolf, professeur à l'Université de Zurich. Traduit de l'allemand par Henry Grandeau, docteur ès sciences, chef des travaux agronomiques à la Faculté des sciences de Nancy, sous-directeur de la Station agronomique de l'Est. Un volume grand in-8°, broché . . . . 4 fr.

Études expérimentales sur l'Alimentation du cheval de trait. Rapports adressés au Conseil d'administration de la Compagnie générale des voitures, par L. Grandeau et A. Leclerc, directeurs du laboratoire de la Compagnie générale des voitures de Paris. — 1er *et* 2e *mémoires,* 1883. — Un volume in-4° de 370 pages, avec figures et 18 planches in-folio, broché. . . . . 25 fr.

— 3e *mémoire,* 1887. Un volume grand in-8° de 119 pages, avec 11 planches in-folio, broché. . . . . 7 fr. 50 c.

— 4e *mémoire.* 1889. Un volume gr. in-8° de 130 pages, broché. . . . 5 fr.

Traité de sylviculture, par L. Boppe, professeur à l'École nationale forestière, membre du Conseil supérieur d'agriculture, 1889. Un volume grand in-8° de 480 pages. Broché. . . . . 8 fr. 50 c.

Relié . . . . 10 fr.

Cours de Technologie forestière, créé à l'École de Nancy, par H. Nanquette, directeur honoraire de l'École. Édition entièrement nouvelle publiée par L. Boppe, professeur de sylviculture à l'École nationale forestière. Un volume grand in-8° avec 3 planches en couleur hors texte et 92 fig. dans le texte. Broché. 10 fr.

Relié. . . . . 11 fr. 50 c.

Cours d'aménagement des forêts, enseigné à l'École forestière, par Ch. Broilliard, professeur à l'École forestière, 1878. Un volume in-8° de 364 pages, avec carte . . . . 10 fr.

Essai sur les repeuplements artificiels et les restaurations des vides et clairières des forêts, par A. Noel, sous-inspecteur des forêts. (Ouvrage couronné par la Société des agriculteurs de France.) 1882. Un volume in-8°. . . 6 fr.

Guide pratique de reboisement, par Th. Rousseau, conservateur des forêts. 2e édition, revue, corrigée et augmentée. 1890. Volume in 12, br. 1 fr. 25 c.

La Sylviculture pratique. Les boisements productifs en toutes situations, mise en valeur des sols pauvres, par Alph. Fillon, inspecteur des forêts. (Médaille d'or de la Société nationale et centrale d'agriculture.) 1890. Un vol. in-12, broché . . . . 3 fr.

Pâturages et forêts. Mise en valeur des terres incultes du massif central de la France, par F. Gerhart, inspecteur des forêts. 1890. Grand in-8°, avec une planche en héliotypie, broché . . . . 2 fr. 50 c.

Guide du géologue en Lorraine, par G. Bleicher, professeur d'histoire naturelle à l'Université de Nancy. Joli volume in-12 avec 14 figures et 2 planches, broché . . . . 3 fr. 50 c.

Nancy, imp. Berger-Levrault et Cie.

www.ingramcontent.com/pod-product-compliance
Ingram Content Group UK Ltd.
Pitfield, Milton Keynes, MK11 3LW, UK
UKHW020132130726
13696UKWH00001B/319